多媒体技术与应用

DUOMEITI JISHU YU YINGYONG

魏迎梅　谢毓湘　康　来　郭延明　蒋　杰　编著

国防科技大学出版社
·长沙·

内容提要

本书作为多媒体技术的入门教程，旨在从应用的角度介绍图像、音频、视频、动画等多媒体相关概念、处理方法和应用案例，以提高学习者的多媒体应用能力和基本信息素养。

全书共7章，主要内容包括多媒体技术概述、图像基础与图像处理、音频基础与音频处理、视频基础与视频处理、计算机动画技术、虚拟现实技术和智能媒体处理技术。

本书是计算机应用普及类教材，可供高等院校各专业本科生、多媒体制作职业培训人员、广大的多媒体制作爱好者学习参考。

图书在版编目（CIP）数据

多媒体技术与应用 / 魏迎梅等编著. -- 长沙 : 国防科技大学出版社，2025. 5. -- ISBN 978-7-5673-0676-9

Ⅰ. TP37

中国国家版本馆 CIP 数据核字第 2024Y643B8 号

多媒体技术与应用

DUOMEITI JISHU YU YINGYONG

魏迎梅　谢毓湘　康　来　郭延明　蒋　杰　编著

责任编辑：王　康
责任校对：吉志发
出版发行：国防科技大学出版社　　地　　址：长沙市开福区德雅路109号
邮政编码：410073　　电　　话：(0731) 87028022
印　　制：国防科技大学印刷厂　　开　　本：710×1000　1/16
印　　张：22.25　　插　　页：2
字　　数：404千字
版　　次：2025年5月第1版　　印　　次：2025年5月第1次
书　　号：ISBN 978-7-5673-0676-9
定　　价：89.00元

网址：https://www.nudt.edu.cn/press/

序

多媒体技术是信息技术的重要发展方向之一，自诞生以来，就一直改变着人们的生活方式以及信息交流方式。具有多媒体功能的智能终端的普及，使得普通用户也可以方便地获取各种多媒体数据。自媒体的繁荣不仅促进了经济的发展，丰富了信息的交流传播形式，也使得每一个人都可以成为多媒体数据的生产者和多媒体信息的发布者。目前，以图像、视频、音频为代表的多媒体数据已成为大数据时代的主要数据源，也是各类应用系统的重要数据基础。对这些数据进行加工处理，使其能够更有效地为我们的工作和生活服务，已成为人们工作生活中必备的基本信息素养。

多媒体技术研究范围广，难度跨度大。如果利用适合的多媒体工具，一个小学生也可制作出自己的多媒体作品，但是要实现对监控视频的自动分析，则需要学习最先进的人工智能算法。千里之行，始于足下，本书定位于面向应用的入门学习，旨在帮助学习者掌握多媒体基本概念和基础知识，了解多媒体技术前沿，掌握多媒体数据的获取、表示和处理的基本方法，具备在实际工作生活中对媒体数据的加工处理和应用能力，具体学习内容包括图像、音频、视频的基本知识、处理和制作方法，以及计算机动画技术、虚拟现实技术、智能多媒体技术等前沿拓展知识。为了更好地理解和运用所学的概念和知识，本书将引导大家学习使用图像处理工具 Photoshop、音频处理工具 Audition 和视频编辑工具 Premiere。一方面，它们是当前最主流的媒体处理工具，使用这些工具加工处理多媒体数据，是最实用的多媒体应用技术之一，有很强的应用需求和实用性；另一方面，这些工具软件中集成了多媒体处理领域的成熟技术，体现了最先进研究成果的落地应用。这里也需要指出，我们学习的重点不是记住操作步骤，而是在使用的过程中更好地理解各种媒体的基本知识和特点，只有知其然，并知其所以然，才可以灵活地使用这些工具处理各种具体的应用案例。

本书是“多媒体应用技术”慕课课程的配套教材，该课程已在“学堂在线”“中国大学 MOOC”“军职在线”等平台上线，读者可以在线同步学习。

本书共 7 章。

第 1 章多媒体技术概述，介绍多媒体技术的概念、主要技术特征及其产生与发展历程。

第 2 章图像基础与图像处理，介绍数字图像的基本概念和技术参数，图像压缩算法、图像文件格式、图像处理技术等基础知识，以及图像处理软件 Photoshop 的使用与应用案例。

第 3 章音频基础与音频处理，介绍音频基本概念、音频压缩与音频文件格式，语音识别、语音合成等音频处理技术，以及音频处理软件 Audition 的使用与应用案例。

第 4 章视频基础与视频处理，介绍视频的基本概念，视频的数字化，视频压缩与视频文件格式，视频结构化分析、视频内容分析等视频处理技术，以及视频处理软件 Premiere 的使用与应用案例。

第 5 章计算机动画技术，介绍动画的原理、种类及特点，以及三维动画技术、过程动画技术、变形动画技术和关节动画技术等的最新发展与应用。

第 6 章虚拟现实技术，介绍虚拟现实的基本概念、位置跟踪、交互输入、VR 显示、VR 建模等关键技术和应用。

第 7 章智能媒体处理技术，介绍智能媒体语义理解的科学问题、热点研究方向、面临的挑战及发展趋势，语音交互、动作交互、互动显示、多模态交互等智能媒体交互技术前沿及应用。

本书强调学以致用，立足于以学习需求牵引学习过程的设计理念，弱化了传统课程中对媒体处理软件面面俱到的详细介绍，围绕应用问题和应用案例介绍媒体处理技术和处理工具。书中的所有应用案例，在头歌（Educoder）实践平台的同名课程中都有配套的实训项目，读者可通过边学边练进一步提升多媒体应用能力。

本书第 1 章、第 2 章（2.1~2.4）、第 5 章、第 6 章由魏迎梅撰写；第 3

章（3.1~3.4）、第4章（4.1~4.4）由谢毓湘撰写；2.5节、2.6节、7.2节由康来撰写；3.5节由蒋杰撰写；4.5节和7.1节由郭延明撰写。全书由魏迎梅统稿、审校。

多媒体技术是一门综合性很强、发展很快的技术，限于作者的能力水平，书中难免存在错误和不妥之处，敬请读者批评指正。

编　者

2025年1月

Contents 目录

第1章　多媒体技术概述

多媒体技术是信息技术的重要发展方向之一，多媒体技术的出现，使得计算机能够接收、处理、存储、传输和显示图、文、声、像，甚至手势、动作、触感等多种媒体信息，使人们能够以更自然的方式使用计算机，扩大了计算机应用的范围。目前，多媒体技术已经渗透到人类生活的各个角落，并不断改变着人们的生活方式以及信息交流方式。

视频电话、网上购物、电子地图、语音导航等多媒体应用系统已融入我们的日常生活；手写输入、语音输入、人脸识别、指纹识别、全息显示等多媒体交互技术使得我们可以随时随地无障碍地使用计算机设备，具有多媒体功能的智能终端的普及，使得普通用户也可以方便地获取各种多媒体数据。自媒体的繁荣不仅促进了经济的发展，丰富了信息的交流传播形式，也使得每个人都可以成为多媒体数据的生产者和多媒体信息的发布者。

以图像、视频、音频为代表的多媒体数据已成为大数据时代的主要数据源，也是各类应用系统的重要数据基础。对这些数据进行加工处理，使其能够更有效地为工作和生活服务，已成为人们必备的基本信息素养。

本章主要介绍多媒体的含义和基本特征、多媒体技术的产生和发展、多媒体技术的研究热点与应用等基础知识。

1.1　多媒体的含义和基本特征

1.2.1　媒体、多媒体与多媒体技术

对于“多媒体”，不同的应用领域有不同的说法，并没有统一的定义。“多媒体”一词译自英文“Multimedia”，它由“multiple”和“media”复合而

成，显然，核心词是 media，中文翻译为媒体。

简单地说，媒体是承载信息的载体，是信息的表现形式。客观世界有各种各样的信息形式，它们都是自然界和人类社会活动中原始信息的具体描述和表现。媒体种类众多，根据人们从感知信息到理解和交流信息的过程，国际电报电话咨询委员会 CCITT（Consultative Committee for International Telegraph and Telephone）将媒体分为 5 类。

（1）感觉媒体（Perception medium）

感觉媒体是直接作用于感觉器官用于感知信息的媒体，是人们接触信息的感觉形式，简单说就是人们的视觉、听觉、触觉等。

（2）表示媒体（Representation medium）

表示媒体是为了加工、处理、传输感觉媒体而人为研究出来的媒体，即信息的表示方式。表示媒体并不是客观存在的。例如，要表示视觉媒体感知到的天鹅，可以用语言、文字写出来，或者画一个图形，或者用一张拍摄的照片，或者播一段天鹅湖的乐谱，或者制作一个二维码。所有这些语言、文字、图形、图像、乐谱、二维码都不是客观存在的，都是人们研究出来的用以表示信息的，或者说是对信息的一种编码方式，它们都属于表示媒体。多媒体技术的主要研究对象就是图像、音频、视频、动画等表示媒体。

（3）表现媒体/显示媒体（Presentation medium）

表现媒体，又称为显示媒体，是表示信息的方式，是在用计算机处理时，获取和再现信息内容的外部设备。表现媒体是通信中使电信号与感觉媒体之间产生转换用的媒体，简单地说就是进行信息输入和输出的物理设备，包括键盘、鼠标、手柄、相机、显示器、打印机、音箱、触屏等。

（4）存储媒体（Storage medium）

存储媒体指存储表示媒体的物理介质，例如计算机硬盘，DVD、VCD 等各种光盘，以及 U 盘、SD 卡等各种闪存介质。

（5）传输媒体（Transmission medium）

传输媒体指传输表示媒体的物理介质，包括同轴电缆、双绞线和光缆等有线传输媒介以及无线电、微波、激光、红外等无线传输媒介。

由此可见，媒体的概念非常广泛，与承载、表达、显示、传递信息有关的一切介质，都属于媒体的范畴。

所谓多媒体，从文字上理解就是多种媒体的综合，但事实上，并不是简单地把多种媒体“放”在一起就是多媒体了，尽管不同领域对多媒体的定义多种多样，但人们普遍认为，多媒体是指能够同时获取、处理、编辑、存储和展示两个以上不同类型信息媒体的技术，这些信息媒体包括文本、声音、图形、图像、动画、音频、视频等。从这个含义中可以看到，人们常说的多媒体最终被归结为一种“技术”，不是指多种媒体本身，而是指处理和应用它的一整套技术。因此，多媒体实际上常被当作多媒体技术的同义语。

多媒体技术往往与计算机技术联系起来，这是由于计算机的数字化及交互式处理能力，极大地推动了多媒体技术的发展。通常可以把多媒体看作是先进的计算机技术与视频、音频、通信等技术融为一体而形成的新技术或新产品。计算机综合处理文本、图形、图像、音频、视频等多种媒体信息，使多种信息建立逻辑连接，集成为一个系统并具有交互性。

多媒体技术的发展改变了计算机的使用领域，使计算机由办公室、实验室中的专用品变成了信息社会的普通工具，广泛应用于工业生产管理、学校教育、公共信息咨询、商业广告、军事指挥与训练，甚至家庭生活与娱乐等领域。

1.2.2　多媒体技术的基本特征

多媒体技术不是各种信息媒体的简单复合，它是一种把文本、图形、图像、动画、音频、视频等形式的信息结合在一起，并通过计算机进行综合处理和控制，能支持完成一系列交互式操作的信息技术。借助多媒体技术，计算机处理的信息不再局限于 0、1 这样的数字或者简单的文本，而是能支持图文声像等更丰富多样的表现形式，并且实现多种媒体信息的集成，以及处理这些媒体的设备集成，这是让计算机更加人性化所必须的条件。从与计算机打交道的角度，多媒体技术提供了更有效地控制和使用信息的交互手段。因此，多样性、集成性、交互性被称为多媒体技术的三大基本特征。

（1）多样性

人类对于信息的接收和产生主要在 5 个感觉空间内，即视觉、听觉、触觉、嗅觉和味觉，其中前三者占了 95% 以上的信息量。借助于这些多感觉形式的信息交流，人类对于信息的处理可以说是得心应手。但是，计算机以及与之类似的一系列设备，都远远没有达到人类的水平。在许多方面必须把人类的信息进行转换之后才可以使用。信息只能按照单一的形态（如二进制数）才能被加工处理。可以说，在信息交互方面计算机的水平并不高。多媒体技术将机器处理的信息多样化或多维化，使之在信息交互的过程中，具有更加广阔和自由的空间。多媒体的信息多维化不仅针对输入，而且还针对输出，目前主要包括视觉和听觉两个方面。通过对多维化的信息进行变换、组合和加工，可以大大丰富信息的表现效果，增强人们对信息的理解能力。

（2）集成性

多媒体技术的集成性应该说是在系统级的一次飞跃。早期多媒体中的各项技术都可以单独使用，但很难有很大的作为，因为它们是单一的、零散的，如单一的图像、声音等。信息空间不完整，如仅有静态图像而无动态视频，仅有语音而无图像等，都将限制信息的有效使用和空间信息组织。同样，信息交互手段的单调性也会制约应用的发展。

多媒体的集成性主要表现在两个方面，即多媒体信息的集成和处理多媒体信息的设备集成。对于前者而言，各种信息媒体尽管可能会是多通道的输入或输出，但应该成为一体。这种集成包括信息的多通道统一获取、多媒体信息的统一存储与组织、多媒体信息表现合成等各方面。对于后者而言，指的是多媒体的各种设备应该成为一体。对于硬件来说，应该具有能够处理多媒体信息的高速 CPU 系统、大容量的存储、适合多媒体多通道的输入输出能力及外设、宽带的通信网络接口等。对于软件来说，应该有集成一体化的多媒体操作系统、适合于多媒体信息管理和使用的软件系统和创作工具、高效的各类应用软件等。同时还要在网络的支持下，集成构造出支持广泛信息应用的信息系统，1 +1 >2 的系统特性将在多媒体信息系统中得到充分的体现。

（3）交互性

多媒体的交互性能为用户提供更加有效地控制和使用信息的手段，同时也为应用开辟了更加广阔的领域。

交互可以增加对信息的注意和理解，延长信息保留的时间。但在单一的文本空间中，这种交互的效果和作用很差，只能使用信息，很难做到自由地控制和干预信息的处理。当引入交互性时，活动本身作为一种媒体介入了信息转变为知识的过程。借助于活动，人们可以获得更多的信息，改变使用信息的方法。因此，交互性一旦被赋予了多媒体信息空间，就可以带来很大的作用。例如，以前人们到达一个陌生的城市，只能借助于纸质地图册去查找地点和路线，不仅信息获取困难，而且获取的信息非常有限。电子地图的出现改善了这一情况，但单一的关键字查询方式限制了其应用的范围。如今，通过手机上的在线地图系统，可以很容易查找定位目标地点、最短路径、实时道路交通状况等，甚至可以进一步获得图文并茂的衣食住行信息，还可以迅速反馈补充新信息。而在获取和反馈信息时，可以综合使用键盘输入、手写输入、语音输入、手势输入等多种交互手段，方便快捷地完成各种查询和控制操作。可以说，良好的交互性已经成为用户评价此类多媒体应用系统的一个主要指标，也是多媒体技术能够广泛深入各个应用领域的重要原因之一。

1.2 多媒体技术的产生与发展

多媒体技术是在计算机技术、通信网络技术、大众传播技术等现代信息技术不断进步的条件下，由多学科不断融合、相互促进而产生和发展起来的。

从 1946 年第一台计算机诞生之后，在各行各业应用需求的驱动下，计算机从只能认识 0、1 组合的二进制代码，逐渐发展成能处理文本和简单几何图形系统。

最早研究和提出多媒体系统的分别是计算机工业的代表 IBM、Intel、Apple 及 Commodore 公司，家用电器工业的代表 Philips、Sony 等。它们从两个方面提出的发展方向和目标可以说是不谋而合，都是要推出能够交互式综合处理多媒体信息的设备或系统。1984 年，美国 Apple 公司推出被认为是代表多媒体技术兴起的 Macintosh 系列机。1985 年，美国 Commodore 公司的 Amiga 计算机问世，成为多媒体技术先驱产品之一。1986 年 3 月，Philips 和 Sony 两家公司宣布发明了交互式光盘系统（CD－I），这是集文字、图像和声音于一体化的多媒体系统。1987 年，美国 RCA 公司展示了交互式数字影像系统（DVI），它以 PC 技术为基础，用标准光盘来存储和检索活动影像、静止图像、声音和其他数据。后来，Intel 公司接受了这项技术转让，于 1989 年宣布把 DVI 开发为大众化商品。DVI 可使计算机能够处理影像视频信息，这就使得计算机跨入了传统的电视领域。Microsoft 等一大批软件开发商以多媒体应用为契机，推出各类多媒体软件和 CD 光盘，造就了一大批计算机的多媒体应用和用户。而以 Philips 和 Sony 公司为代表的家用电器工业，将电视技术进行改进，使其向智能化、有交互能力的方向发展。后来，它们又与通信网络普遍结合，开发出电视机顶盒、大规模视频服务器，显示了交互式电视的潜在能力。通信工业也不甘落后，通信网络技术从电报电话，发展到计算机网络、公共通信网以及广播电视网三网合一，通信带宽、信息传递范围和质量不断提高，为提供更广泛的多媒体综合信息服务奠定基础。可视电话、视频会议、远程服务、综合电话终端等都是通信业在技术上的新发展。

20 世纪 90 年代以来，多媒体技术逐渐成熟，JPEG、MPEG、VCD、DVD 等一系列媒体压缩、存储、传输的国际标准的提出，以及计算机、通信、家电和娱乐业的大规模联合，使得多媒体技术走向实用化、普及化之路，促成了多媒体技术广泛应用于教育培训、文化传媒、医疗卫生、旅游娱乐、军事训练等各个领域。

1.3 多媒体技术的研究热点与应用

多媒体技术涉及的研究内容非常广泛，主要包括：

（1）多媒体基础技术，如媒体采集、存储、压缩编码技术等；

（2）多媒体硬件平台技术，如扫描仪、绘图板、触屏、光存储等多媒体采集、交互和存储设备等；

（3）多媒体软件技术，如媒体素材采集和制作软件、多媒体创作软件和开发工具等；

（4）多媒体交互技术，如语音输入、视线追踪、手写输入、手势识别、感觉反馈等技术；

（5）网络多媒体技术，如多媒体通信技术、分布式多媒体技术、流媒体技术等。

在旺盛的应用需求驱动下，多媒体技术的研究进展迅速，大量成熟多媒体软硬件产品和应用系统已经深深融入人们的工作生活中，当前的研究热点也转移至更智能、便捷、自然的多媒体应用支撑技术。

1.3.1 媒体处理技术

随着智能化终端的普及，人们可以很方便地获取到图文声像等媒体信息，就需要有相应的手段对这些原始信息进行加工处理，提高质量或满足特定需求，媒体处理技术成为研究热点，其落地应用表现为各种功能不断完善、智能化程度不断提高，使用更加快捷简单的专业和非专业媒体处理工具软件的问世与迭代更新，如图像处理软件 Photoshop、视频编辑软件 Premiere、音频处理软件 Audition 等，不仅提高了多媒体影视娱乐作品的制作效率，也为自媒体的繁荣提供了技术支撑。

在军事应用中，红外图像增强有助于分辨提取感兴趣的目标［图 1-1(a)］；在农业应用中，遥感图像增强有助于了解农作物的分布［图 1-1(b)］；在生物医学领域，对医学影像的增强处理与几何变换，有助于提高病灶定位的准确度［图 1－1（c）］；在交通应用中，对大雾天气图像进行增强，有助于加强车牌、路标等重要信息的识别［图 1－1（d）］；在教育培训中，视频编辑合成技术可以帮助教师便捷制作授课视频，促进了在线教育的繁荣［图 1－1（e）］；在公共安全领域，音频去噪技术、指纹图像增强、分割、修复技术可以辅助生物特征提取和刑事案件侦破［图 1－1（f）］。可以说，媒体图像处理技术在社会各行各业都有广泛的应用。

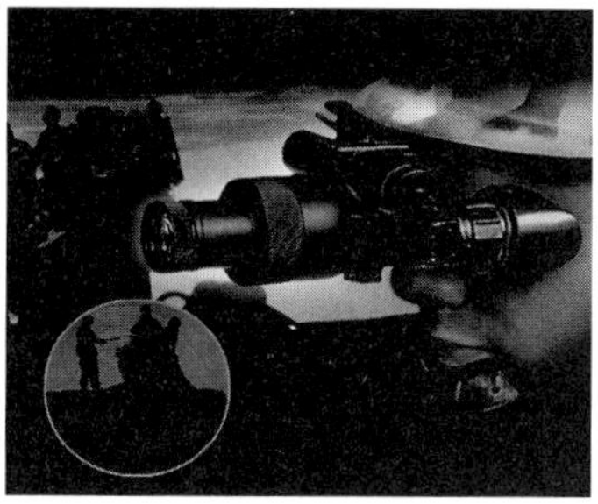
(a) 红外图像增强

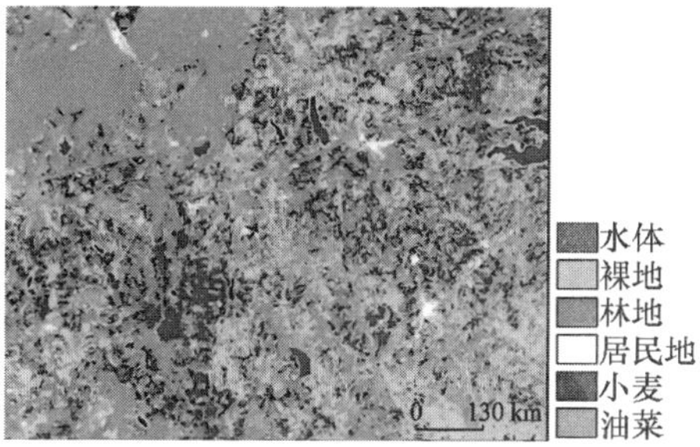

(b) 遥感图像增强

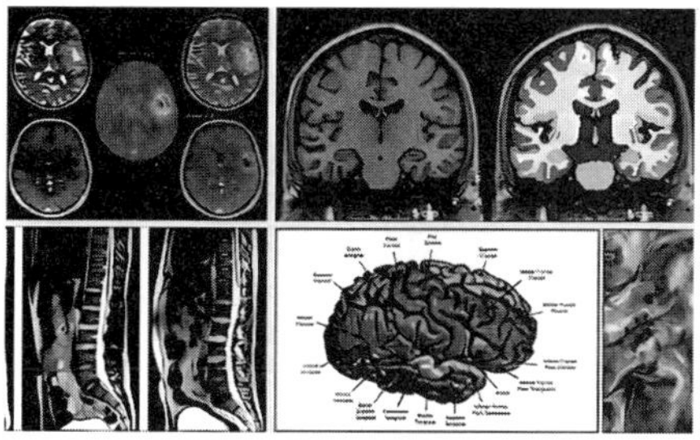
(c) 医学影像增强与变换

(d) 交通监控视频增强

(e) 教学视频编辑与制作

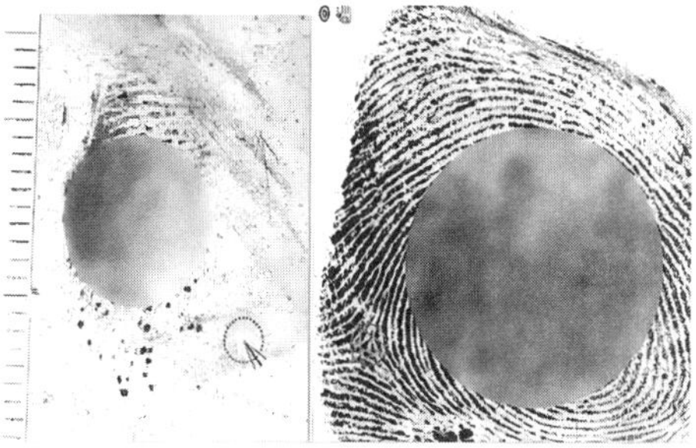
(f) 指纹图像增强

图 1－1　图像处理技术的应用领域

1.3.2 媒体语义理解

多媒体技术的诞生，使得计算机能够表示和处理图像、音视频信息，但是媒体语义理解，对于计算机来说，却是一个很大挑战。例如，人们很容易获得大量的照片，但是这张照片是什么，这些照片中有什么，却只能逐一查看。

究其根本原因，是计算机在表示和存储媒体信息时，只记录了最底层的视觉特征，对于图像来说，就是组成图像的像素点的颜色值。而底层的视觉特征与高层的语义内容之间难以建立有机的联系，导致计算机难以理解图像的内容，即存在语义鸿沟（图1-2）。对于其他媒体信息也是如此。

因此媒体语义理解是当前多媒体技术最具有挑战性的研究热点，也是人工智能技术的研究热点之一。随着深度学习技术的快速发展，媒体语义理解也取得了一系列突破性的成果，带来了应用领域的技术革新。

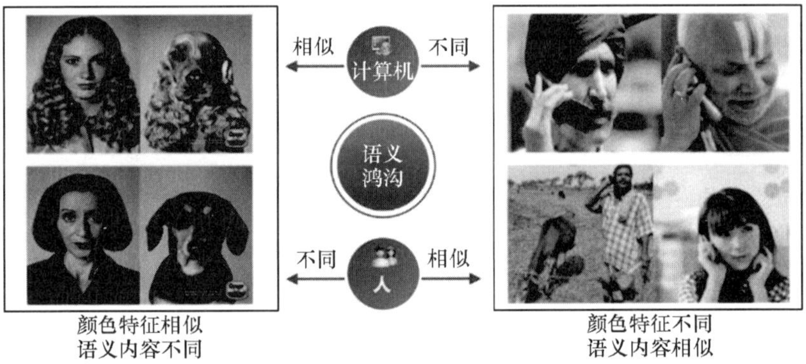

图1-2 图像语义鸿沟

例如，图像内容的自动标注识别赋予机器视觉，提高了自动驾驶中的避障能力；医学影像的自动判读、疾病筛查提高了临床诊断的效率和准确度；军事领域中的自动目标识别、侦察图像自动标注（图1-3），提高了海量图像情报的处理能力，提高了情报价值；语音识别、语音命令、语义理解、语音合成大大提高了人机交互的效率，特别适合于工业车间、指挥所、驾驶舱等复杂的操作环境。

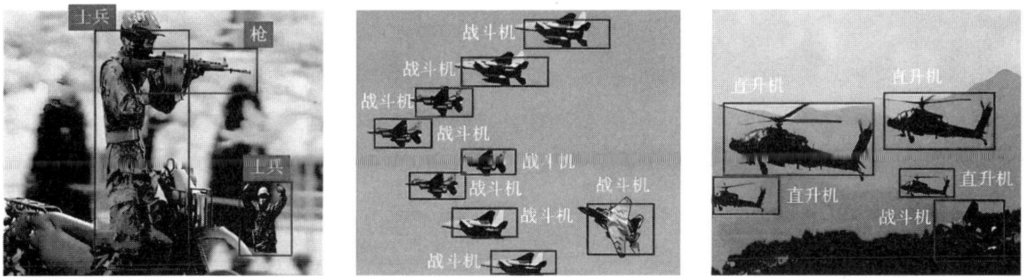

(a) 地面目标识别　　(b) 空中目标识别　　(c) 空中目标识别

图 1－3　图像语义理解的军事应用

视频语义理解对于公共安全、军事情报等领域来说意义尤为重大。随着情报获取能力的提高，每天通过互联网、遥感卫星、无人机航拍侦察以及各种电子眼监控，可以获取大量的原始声像情报素材，不仅数据量巨大，而且即使有音视频编辑处理工具，也需要耗费大量的时间和人力进行手工的标注和整编，可以说，声像情报处理的速度远远跟不上产生的速度。而视频语义理解方面取得的研究进展，可以帮助完成视频内容的自动结构化分析，即根据视频帧的内容分析和时序关系分析，像图书目录一样建立视频情报的层次结构（图 1－4），结合图像语义理解技术完成对视频帧的自动语义标注，便于后续进行基于内容的视频检索，提高视频情报的利用率。

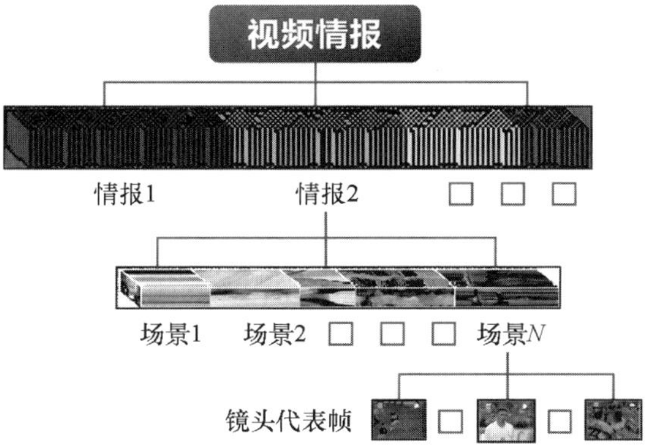

图 1－4　视频结构化分析

视频异常事件检测与视频行为识别技术，可以快速发现有用的信息，自动生成视频摘要，有效提炼安防监控视频、无人机侦察视频的情报价值，不仅减少存储空间和查看时间，也降低哨岗安防的工作压力。

1.3.3 虚拟现实技术

虚拟现实技术是多媒体交互技术发展的终极形式，也是多媒体技术的终极应用形式。虚拟现实，可以看作是人们利用计算机技术、传感器技术、仿真技术构造的一种沉浸式的人工媒体空间，人们可以借助外部设备进入虚拟世界并获得真实的视觉、听觉、触觉等感官体验，可以通过手势、动作、语言甚至眼神表情等自然的方式与之交互。这种真实的沉浸感与自然的交互性非常适合于复杂、高危、难以到达等条件下的环境体验和模拟训练。

例如，传统的军事实战演习，特别是大规模的军事演习，不但耗资巨大，安全性较差，而且很难在实战演习条件下改变战斗状况来反复进行各种战场势态下的战术和决策研究。利用虚拟现实技术，可以任意设置和生成虚拟战场环境，对作战人员进行不同作战环境、不同作战预案的多次重复训练，不仅降低了训练的成本、风险，而且有助于提高参训人员的战术动作水平、心理承受能力和战场应变能力。在大型复杂系统的开发、设计中，利用虚拟现实技术，设计者可方便自如地介入系统建模和仿真实验全过程，从而缩短研制周期，还可以通过为用户提供前期演示，检验武器系统的设计方案和战技术性能指标及其操作的合理性。除此之外，虚拟现实技术在航空航天、教育培训、文化娱乐、医疗康复等领域都有广泛的应用前景。详细内容见第6章。

目前，多媒体技术已显示出许多突出的特点，如多学科交叉、顺应信息时代的需求、促进和带动新产业的形成发展以及多领域的应用等。

多媒体技术也不断朝着高分辨率、高速度化、简单化、高维化、智能化和标准化的方向发展。其总的发展趋势是具有更好、更自然的交互性，更大范围的信息存取服务，为未来人类生活创造出更完美的世界。

1.4 习题

1. 判断题

（1）只要包含多种媒体形式，就是多媒体。　　（　　）

（2）多媒体技术是计算机技术、大众传媒技术和通信技术共同发展的产物。　　（　　）

（3）从计算机诞生的那一天起，就出现了多媒体技术。　（　　）

（4）多媒体技术就是研究如何制作短视频等媒体的技术。　（　　）

2. **单选题**

（1）按照 CCITT 对媒体的分类，以下哪些不属于显示媒体？　（　　）

A. 打印机　B. 鼠标　C. 显示器　D. 图像

（2）按照 CCITT 对媒体的分类，文本、图像、动画属于哪一类媒体？　（　　）

A. 感觉媒体　B. 表示媒体　C. 传输媒体　D. 存储媒体

3. **多选题**

（1）多媒体三大基本特性是　（　　）

A. 交互性　B. 集成性　C. 娱乐性　D. 多样性

（2）以下哪些技术属于多媒体的研究热点和应用范畴？　（　　）

A. 媒体处理技术　B. 图像语义理解

C. 语音输入和语音合成　D. 虚拟现实技术

第 2 章　图像基础与图像处理

图像是人们最容易接受的一种信息，长久以来一直是人类传递信息、表达思想的重要方式，故而有“一幅图胜过千言万语”之说。随着数字成像技术的发展以及智能终端的普及，图像成为人们最容易获取的一种媒体形式。在多媒体技术中，图像经过数字化成为数字图像，可以通过计算机进行各种加工变换和处理，以满足各种不同的应用需求。

本章首先介绍图像的基础知识，包括一幅图像是如何以数字化的形式表达并存储的，决定数字图像质量的重要技术参数，在计算机中如何表示颜色，以及常见的图像文件格式的特点。在此基础上，通过一些典型的应用案例，介绍如何通过 Photoshop 软件完成对图像的基本处理。

2.1　图像的数字化

2.1.1　什么是图像

图像是自然界中的客观景物通过某种系统的映射，使人们产生的视觉感受。它是一种典型的表示媒体，是人们用来表达视觉感受的一种方式。不论是用笔画出来的图画，还是用照相机拍下的图像，抑或是用不同素材拼凑出的图案，都是用不同的方式记录和表示视觉感受。根据记录和表示方式的不同，图像可以分成很多种类。

传统的图像，如明信片、广告海报、绘画作品、墙壁或岩石上的涂鸦等，都依托于某种客观存在的物理介质，无论画面内容的变化还是色彩的过渡都是平滑的，即客观世界中的图像无论是在空间上还是在色彩上都是连续的。

计算机中能够存储和表达的是数字图像，即用数字对画面内容进行离散的描述，以数字的形式存在于计算机的存储空间。人们看到的数字图像，是计算机系统对数字内容进行解读并在显示器上显示出来的结果。数字图像与客观世界中的图像相比，它们的表现形式在视觉效果上基本相同，但对信息的记录和表达方式是不同的。只要将数字图像放大再放大，就会看到类似于马赛克的一个个小色块，这有助于理解“离散”的含义。

2.1.2 图像的数字化过程

在多媒体技术中研究的图像，一般都是指数字图像。如何将客观世界中一幅空间和色彩连续的物理图像，变成可以在计算机中表示的数字图像呢？这个问题称为图像的数字化。

一般来说，对连续信号进行离散化处理的常用方法就是采样和量化。采样，是对空间连续坐标（x，y）的离散化处理；量化，是对每一个采样点颜色的离散化处理。下面通过一个简单的例子来说明数字化的过程。

如图2－1（a）所示白底灰色桃心的图像，若每隔一定的距离采样，可得到图2－1（b）所示的8×8共64个格子，每个小格子就是一个采样点。然后对采样点进行量化处理，即用数值表示采样点的颜色值。先采用最简单的量化方式，用1位二进制数“0”表示黑色，用“1”表示白色，可以得到它的数字化表达，即图2－1（c）中由0和1组成的矩阵。在显示数字图像的时候，解读所存储的每个采样点的值，如果数值为1，相应位置的格子就是黑色的，如果数值为0，相应位置的格子就是白色的，从而得到图2－1（d）的图案。

但显然，这种表示方式与原图相比有很大的失真。一方面，采样频率过低，导致采样不够密集，采样点太大了。进一步提高采样频率，用同样的量化方式，得到具有更多数据的矩阵，显示出来的效果也会更好［图2－1（e）］。可以想象，如果采样频率足够大，数字化的表达和原始图像会越来越接近，也就是说，数字化的结果会越来越精确［图2－1（f）］。最终得到的这些采样点，称为数字图像的像素（pixel）。

另一方面，和原始图像相比，无论如何提高采样的精度，颜色上的差异以及锯齿形的边缘仍然很难改变。这是因为在对每一个采样点取值时，只是简单地量化为两个值：0和1，表示黑和白。而实际上，图案的颜色是深灰色的。进一步提高量化的等级数目，用8位二进制数表示从黑到白256个灰度变化等级，0表示黑色，255表示白色，则大约值为122处的颜色与原图案最接近［图 2－1（g）］。对于图案边缘部分，如果放大观察可以发现，属于桃心图案的部分只占据了半个采样点［图 2－1（h）］，无论把它量化为 122 还是

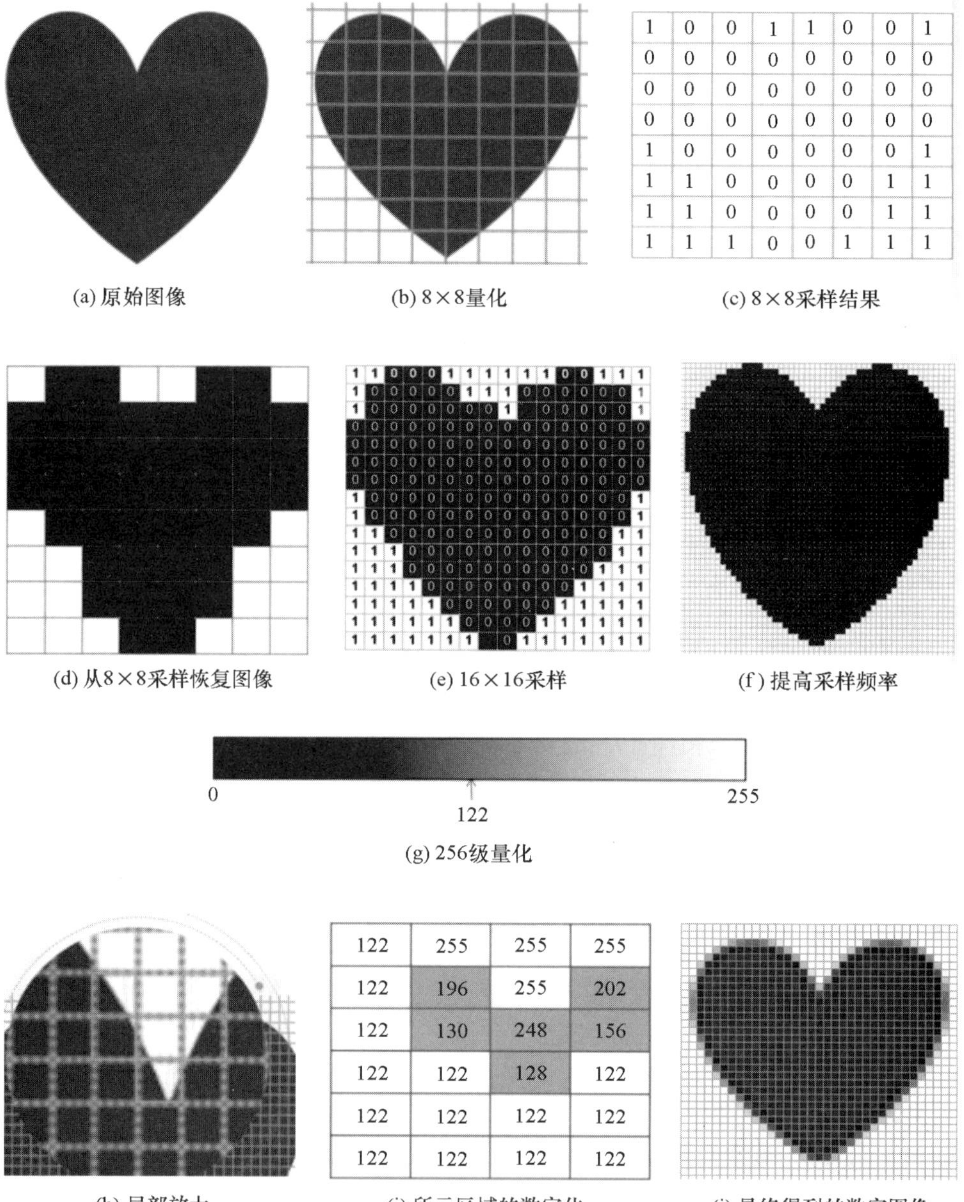

(a) 原始图像　(b) 8×8量化　(c) 8×8采样结果

(d) 从8×8采样恢复图像　(e) 16×16采样　(f) 提高采样频率

(g) 256级量化

(h) 局部放大　(i) 所示区域的数字化　(j) 最终得到的数字图像

图 2－1　图像的数字化

255，都会出现锯齿。因此，在数字化时，对于这些像素点，要根据一个像素点中灰色和白色部分所占面积的大小比例，计算确定颜色值［图 2 – 1（i）］，用数值的渐变模拟实现颜色的平滑过渡。只要采样频率足够大，像素点足够小，视觉上最终看到图案边缘就是连续平滑的。

一般来说，在图像的数字化过程中，采样频率越大，量化位数越高，数字图像质量越好。图 2 – 2 展示了对于“Lena”图像采用不同采样频率的数字化结果，图 2 – 3 展示了采用量化位数从 8 到 1，得到从 256 级灰度到 2 级灰度的数字图像。

图 2 – 2　不同的采样频率

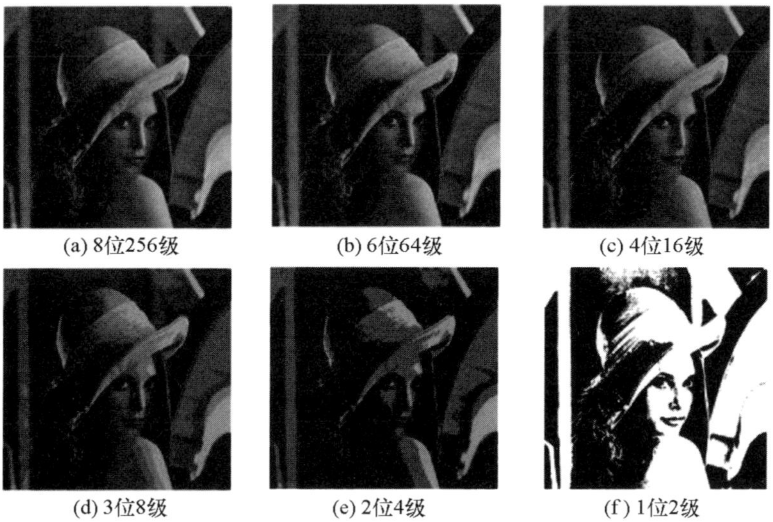

图 2 – 3　不同的量化位数

由上述数字化的过程不难理解，数字图像以矩阵的形式存储，矩阵的每一个元素代表了图像中像素点的位置，元素的值代表了该像素点的颜色值。彩色图像也是如此，只不过每个像素值需要用 R、G、B 三个分量来表示。这样的图像称为位图（bitmap），像素是组成位图的基本单位。数字图像的显示，则是将存储的图像点阵数据“解读”为颜色值并逐点映射到显示器上的过程。在后续章节中，若不加特殊说明，本书图像均指数字图像。

2.2 图像的分辨率与颜色

从图像是数字化过程可以知道，数字图像是通过对原始图像进行采样和量化处理后得到的数字化表达，采样频率决定了用多少个点来描述图像，量化位数决定了用多少种颜色来描述一个点，它们共同决定了数字图像的质量，也对应于数字图像的两个重要的技术参数：分辨率和颜色深度（又称为位深度）。

2.2.1 分辨率

与数字图像相关的分辨率有 3 种：像素分辨率、显示分辨率和设备分辨率。

像素分辨率以图像在水平和垂直方向上的像素数表示，它直接决定了数字图像的大小。例如，一幅图像的分辨率为 800 像素 ×600 像素，指水平方向有 800 个像素点，竖直方向有 600 个像素点。有时也会用总像素数来描述一幅图像，如一幅 100 万像素的图像，指它一共有 100 万个像素。在图像数字化的过程中，采样频率越高，像素分辨率就越高，数字图像看上去也就越精细，质量越好，现在的智能手机，大多配置了 3000 万甚至 4000 万像素的摄像头，这个参数指的就是拍摄得到照片的像素分辨率。平时经常说到的高清图像，是借用了显示技术中的高清标准，指垂直分辨率大于等于 720，高清图像的大小一般是 1280 ×720 或者 1920 ×1080。

显示分辨率又称为屏幕分辨率，指显示器屏幕能够显示图像的最大显示区，以显示器水平方向和垂直方向的像素数表示。对同一台显示器而言，显示分辨率设置得越高，显示器的每个像素点就越小，画面看上去也更精细，显示器能够显示的图像内容也越多（图 2 -4）。

(a) 显示分辨率为1024×768像素 (b) 显示分辨率为800×600像素 (c) 显示分辨率为1280×1024像素

图 2-4 不同显示分辨率下的显示效果

像素分辨率仅描述了数字图像由多少个像素点组成，但是在打印图像等应用中，需要确定图像的长宽尺寸，这不仅取决于像素数，还取决于一个像素有多大，这就涉及数字图像的另一个重要属性——设备分辨率。

设备分辨率是物理图像采样时的像素密度的度量方法，常用作物理图像与数字图像相互转换时的度量单位，通常用 dpi 或 ppi（dot/pixel per inch，每英寸的点数，1 英寸 =25.4 毫米）表示。如图 2-5 所示，在同样尺寸下，dpi 越高，数字图像看上去越精细。

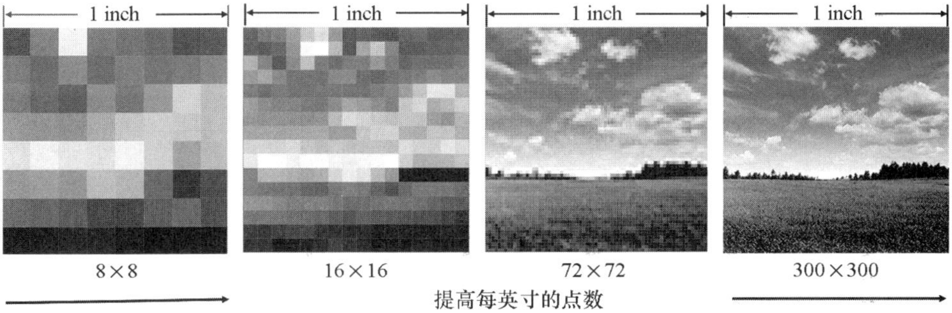

图 2-5 不同 dpi 下的数字图像

像素分辨率与设备分辨率的关系如下：

$$\begin{aligned}\text{水平像素数} &= \text{宽度（英寸）} \times \text{设备分辨率（dpi）}\\ \text{垂直像素数} &= \text{高度（英寸）} \times \text{设备分辨率（dpi）}\end{aligned} \qquad (2-1)$$

在打印数字图像时，一般要求设备分辨率为 300 dpi 以上，才能保证较好的质量。如果要冲洗 10 寸照片，就要求数字图像至少是 3000×2400 的，否则冲洗出来就会很粗糙，在拍照时，就要选择至少 720 万像素以上的相机配置。

2.2.2 颜色深度

颜色深度也称为像素深度或位深度，是指数字图像中记录每个像素点的颜色值所用的二进制位数（bit），它决定彩色图像中可出现的最多颜色数，或者灰度图像中的最大灰度等级数。

黑白图像［图2－6（a）］的颜色深度为1，表明只用1个二进制位数来表示像素的颜色值，因此只能表示出两种颜色（2^1），即黑和白。256级灰度图像［图2－6（b）］的颜色深度为8，以256（2^8）个灰度级的形式表示图像的层次变化。索引256色图像［图2－6（c）］的颜色深度为8，可任选256种颜色制作成色表供图像使用，图像中记录的每个像素点对应颜色的索引号。若颜色深度为24位，则图像可使用的颜色数目达16 777 216种（2^{24}），足以描述肉眼能够分辨的自然界中的各种颜色，因此通常称为真彩色［图2－6（d）］。

(a) 黑白图像

(b) 256级灰度图像

(c) 索引256色图像（见书后彩图）

(d) 真彩色图像（见书后彩图）

图2－6　不同的颜色深度

真彩色图像每个像素的颜色值由 3 个字节组成，分别代表 R（红）、G（绿）和 B（蓝）三色值，即由 256 种红、256 种绿、256 种蓝混合而成。

2.2.3 色彩模式

色彩模式指数字世界中表示颜色的方法，即如何描述颜色和对颜色进行分类。所谓色彩空间，是指在给定的色彩模式下所能够表达的所有颜色的集合。

在计算机中有很多种描述颜色的方法，即有多种不同的颜色模式，它们的目的都是用有限的数值来尽可能全面地表示自然界无限多种色彩。常用的颜色模式有 3 种：RGB 色彩模式、CMYK 色彩模式和 HSB 色彩模式。

2.2.3.1 RGB 色彩模式

RGB 色彩模式是最常见的一种色彩模式，它是基于加色原理，由红、绿、蓝三原色的色光合成所有可见的颜色（图 2－7）。也就是说，通过调整红、绿、蓝三种光的比例，混合得到各种颜色。计算机显示器就是采用这种模式。

CRT 显示器是由阴极射线管发出红、绿、蓝三束光，根据显示要求按不同比例混合生成屏幕上像素点的颜色；液晶显示器是通过红、绿、蓝 3 种滤光片对背光源发出的光进行过滤后按不同比例混合而形成每个晶格的颜色，它们都是对发光体发出的光进行叠加，因此采用加色原理。

在 RGB 色彩模式下，每种颜色都是由 R、G、B3 个分量值唯一确定的。每个分量的取值范围为 0～255，可以理解成红、绿、蓝 3 种光分别从最弱变到最强。显然，当它们都最弱时，表现为黑色；都最强时，表现为白色，不同强弱的 3 种光混合在一起，形成了各种不同的颜色。RGB 色彩模式中一共可以表示出 2^{24}（16 777 216）种颜色，这就是 RGB 色彩空间。

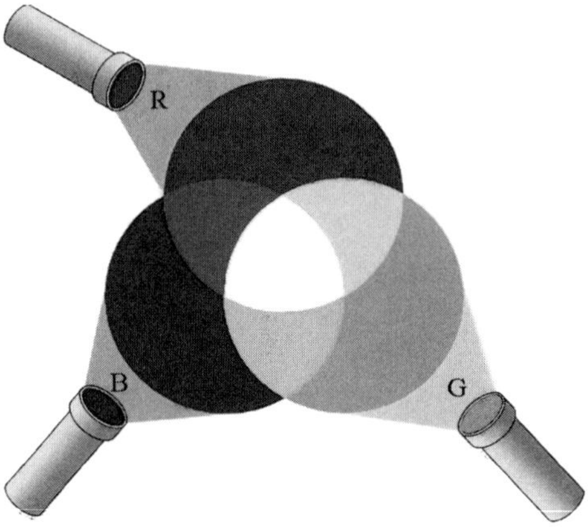

图 2－7　RGB 色彩模式（见书后彩图）

2.2.3.2　CMYK 色彩模式

RGB 模式是基于加色原理对 3 种色光的混合，但对于油墨印刷来说，油墨颜料不是发光体，它们的颜色是在光源照射下，某些波长的光被吸收，而其他波长的光被反射到人眼中呈现出的颜色。因此在油墨印刷中不能采用 RGB 色彩模式，而应采用基于减色原理的 CMYK 色彩模式（图 2－8）。和 RGB 类似，CMY 是 3 种印刷油墨名称的首字母：青（Cyan）、洋红（Magenta）、黄（Yellow），K 取的是黑色（Black）最后一个字母，之所以不

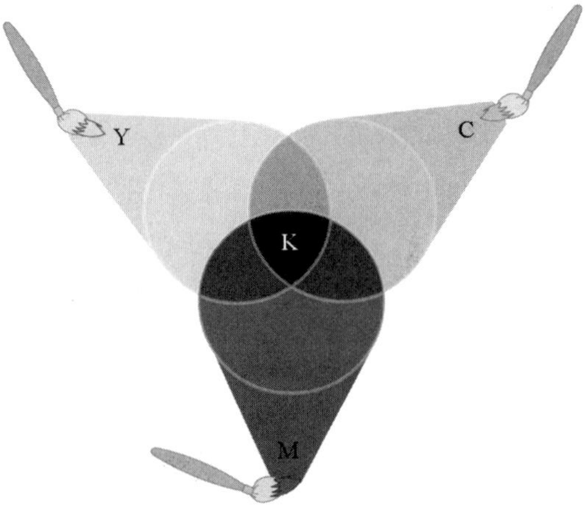

图 2－8　CMYK 色彩模式（见书后彩图）

取首字母，是为了避免与蓝色（Blue）混淆。理论上通过 CMY 三基色混合就可以生成各种颜色。但是由于工艺问题，不可能生产出完全纯色的油墨来，如果把这三基色混在一起，并不能得到完全的黑色，还需要加入黑色来调和。

在 CMYK 模式中，任何一种颜色都被描述成 C、M、Y、K 这 4 种油墨混合时的分量大小，用百分比表示，表明混合时的油墨浓度。采用这种方式能够表示的所有颜色，就构成了 CMYK 色彩空间。

CMYK 色彩空间的颜色数比 RGB 色彩空间中的颜色数少（图 2-9），但两者各有部分色彩是互相独立的（即不可转换）。由此不难理解为什么在显示器上看到的图像，与打印出来的图像，颜色会有明显的差异。显示器使用 RGB 色彩空间，打印机使用 CMYK 色彩空间，从一个色彩空间到另一个色彩空间的颜色转换不正确或缺少这一转换，就会导致颜色不一致。因此在制作图像时，如果是为了打印或印刷，就必须使用 CMYK 模式，才可确保印刷品颜色与设计时一致。

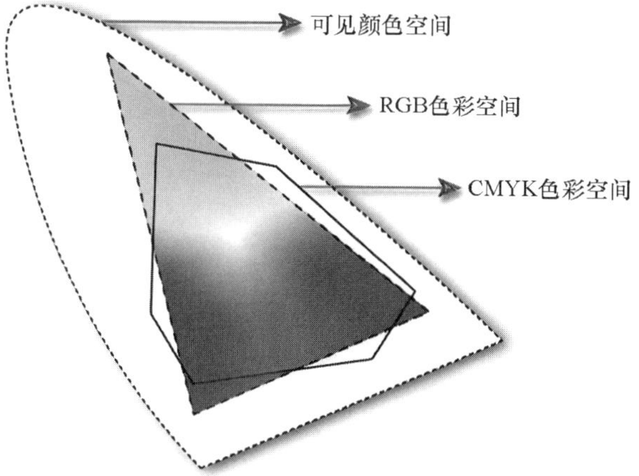

图 2-9　不同的色彩空间（见书后彩图）

即使两台设备使用相同的色彩模式生成颜色，它们的色彩空间也各不相同。这是因为无论 CMYK 模式还是 RGB 模式，都是与设备相关的色彩模式，即最终生成的颜色取决于设备，换言之，取决于它们的几种基色。例如，不同的喷墨打印机，C、M、Y、K 这 4 个墨盒的颜色不可能完全相同，因此打印出的效果肯定不同；不同的显示器，它们的发光部件肯定不可能完全相同，因此在显示同一种颜色时也会存在色差。

2.2.3.3 HSB 色彩模式

计算机中有很多种表示颜色的方法，即有很多种色彩模式。RGB 色彩模式和 CMYK 色彩模式是最基本的两种，无论采用哪种色彩模式，如果最终需要在屏幕上显示，必然都会转换成 RGB 模式，如果需要打印，必然都要转换成 CMYK 模式。但这两种色彩模式都比较抽象，不符合人们对色彩的习惯性描述。例如，当人们看到一幅风景图像时，很难说清楚天空的 RGB 值是多少，而是首先意识到天空是蓝色的，进而再用深蓝或浅蓝来细化描述。因此，大脑对色彩的直觉感知，首先是色相，即红橙黄绿青蓝紫中的某种颜色，然后才是深浅和明暗。

因此在图像处理时，需要更适合于人眼观察的色彩模式，即 HSB 模式，用色相（Hue）、饱和度（Saturation）和明度（Brightness）表示颜色。

色相，又称为色度，由光的波长决定，是一种颜色区别于其他颜色的因素。在0°~360°的标准色轮上，色相是按位置计量的。在通常的使用中，色相由颜色名称标识，如红（0°或360°）、黄（60°）、绿（120°）、青（180°）、蓝（240°）、洋红（300°）等（图 2-10）。

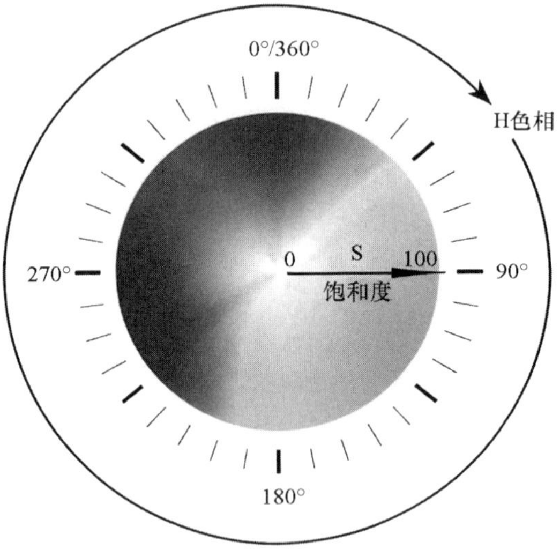

图 2-10　色相和饱和度（见书后彩图）

饱和度指光的纯度或强度，即色相中彩色成分所占的比例，具体表现为颜色的浓淡程度，用色相中灰色成分所占的比例来表示。在如图 2-10 所示的标准色轮上，沿半径方向从中心到边缘，饱和度从 0 变化为 100%，即从最淡变到最浓。

明度表示颜色的相对明暗程度，是人对色彩明暗程度的心理感觉，通常用从 0（黑）到 100%（白）的百分比来度量。

HSB 色彩空间如图 2－11 所示。

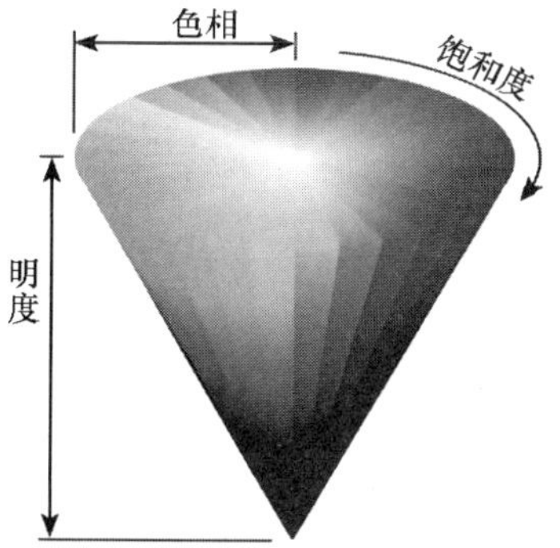

图 2－11　HSB 色彩空间（见书后彩图）

不同色彩模式之间可以相互转换。

RGB 模式与 CMYK 模式之间的转换公式如下：

$$\begin{cases} K = 1 - \max(R', G', B') \\ C = (1 - R' - K)/(1 - K) \\ M = (1 - G' - K)/(1 - K) \\ Y = (1 - B' - K)/(1 - K) \end{cases} \tag{2-2}$$

式中，$R' = \dfrac{R}{255}$，$G' = \dfrac{G}{255}$，$B' = \dfrac{B}{255}$。

RGB 模式与 HSB 模式之间的转换公式如下（为了避免混淆，用 Br 表示 HSB 中的明度 B）：

$$H\begin{cases} 0^\circ & \max = \min \\ 60^\circ \times \dfrac{G - B}{\max - \min} + 0^\circ & \max = R \& G \geqslant B \\ 60^\circ \times \dfrac{G - B}{\max - \min} + 360^\circ & \max = R \& G < B \\ 60^\circ \times \dfrac{B - R}{\max - \min} + 120^\circ & \max = G \\ 60^\circ \times \dfrac{R - G}{\max - \min} + 240^\circ & \max = B \end{cases} \tag{2-3}$$

$$S=\begin{cases}0 & \max=0\\ 1-\dfrac{\min}{\max} & \text{other}\end{cases} \tag{2-4}$$

$$Br=\max/255 \tag{2-5}$$

式中，$MAX=\max(R,G,B)$，$MIN=\min(R,G,B)$

在图像处理软件中，常采用如图 2－12 所示的 HSB 色表，方便用户更容易地选取颜色。

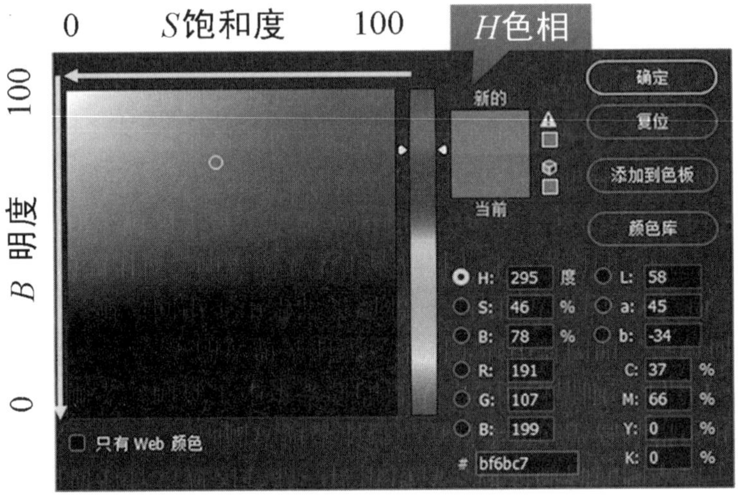

图 2－12　HSB 色表

2.2.4　图像直方图

直方图，又称为灰度直方图或亮度直方图，是用图形来表示图像中的每个亮度级别的像素数量，实际上就是整个图像中关于像素亮度值分布的统计图。

图 2－13（a）为一幅具有较高质量的图像，图 2－13（b）为它的直方图，横轴从左到右表示亮度值从 0（最暗）变化到 255（最亮），纵坐标表示图像中每种亮度值的像素数。在观察直方图时，并不需要关注具体的亮度值和像素值，而应关注整体分布情况，即直方图的整体形状，以便于发现图像中的色彩问题。

图 2－13（a）的色彩效果比较好，从直方图来看，基本覆盖了整个亮度

区间，自然形成了暗调（阴影）区域、中间调区域和高光区域，每个区域的分布也比较正常和均匀。

(a) 原图像

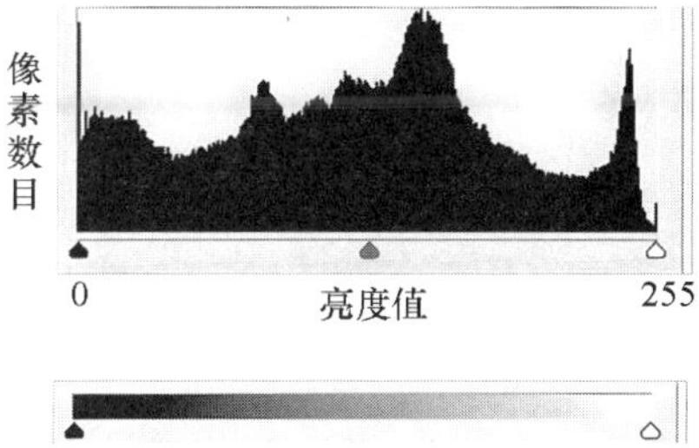

(b) 直方图

图2－13　图像及其直方图

下面通过对比一组图片，学习如何从直方图中发现图像的色彩问题所在。

图2－14（a）中的图片由于曝光不足而偏暗，对应的直方图表现为大量像素集中于最左侧的暗调区域，右边相当一部分区域没有任何像素，即在这幅图片里几乎没有高光的像素存在，整体表现为偏暗。

图2－14（b）则恰恰相反，大量的像素集中于右侧，左侧相当一部分区域没有任何像素，即图片中缺少阴影，整体表现为偏亮。

图2－14（c）的直方图中，全部像素都集中于中间区域，既没有高光的像素，也没有阴影的像素，整个图片看上去灰蒙蒙的，对比度过小。

图2－14（d）的直方图中，尽管像素覆盖了整个区域，但两个端点都集中了大量的像素，中间部分过于均匀，表现为明暗反差太大，缺少中间细节。

图2－14（e）中显示的图片明暗适当，对比度也比较好。观察其直方图可以看出，其像素分布覆盖了整个区域，并且在左侧和右侧各形成了山峰状图案，对应于图片中树木阴影和明亮的天空，中间区域也有小山峰，对应于图片中适当的明暗变化。

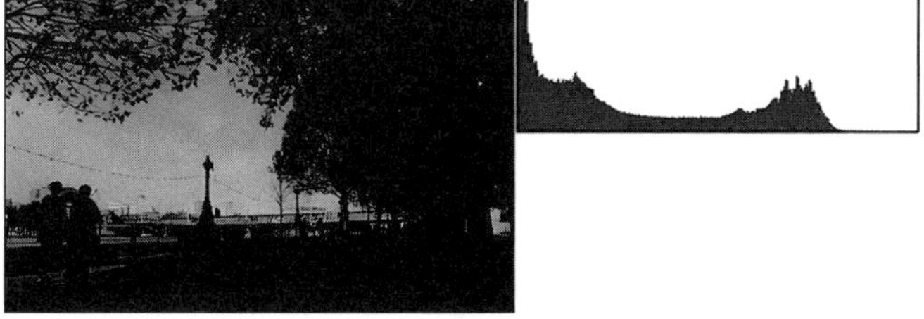

(a) 曝光不足的图像及直方图

(b) 曝光过度的图像及直方图

(c) 对比度过小的图像及直方图

(d) 明暗反差过大的图像及直方图

(e) 质量较好的图像及直方图

图 2－14　从直方图中发现图像的色彩问题

2.3 图像压缩与图像文件格式

人们平时接触到的数字图像，大多是经过压缩后保存的。图像的压缩编码技术，是数字图像存储、传输的基础。

2.3.1 图像的数据量

数字图像以矩阵的形式存储，矩阵的每一个元素代表了图像中像素点的位置，元素的值代表了该像素点的颜色值。由此可以知道，图像包含多少个像素点，用于存储图像的矩阵就包含了多少个元素。每个像素点的颜色值需要用几位二进制数来描述，矩阵中每个元素就需要占用相应的存储空间。

一幅数字图像的数据量可以按照式（2－1）计算：

图像数据量（Byte）＝图像的总像素数×图像深度（bit）/8

图像的总像素＝水平方向分辨率×垂直方向分辨率

一幅 1920×1080 的高清真彩色图像的数据量大约为 1920×1080×24/8≈6 MB，3000 万像素的数码相机拍摄的一张照片，若不压缩，数据量约为 30 000 000×24/8≈90 MB。由此可见，图像的数据量是非常惊人的，不便于存储，也不便于传输，因此在大多数情况下，需要对原始的图像数据进行压缩。

2.3.2 图像压缩

所谓图像压缩，是指在不改变图像内容和不影响视觉效果的前提下，减少图像的数据量。

图 2－15 中两幅图像都是 300×200 像素的图像，它们的数据量是完全相同的。但可以明显感觉到，左边的图像所包含的信息量远远小于右边的图像，甚至可以简单描述为一个黑色矩形。但是作为数字图像，它仍然被表示成 6 万个元素的矩阵，尽管这 6 万个元素是完全相同的，但还是需要 18 万个字节的存储空间。这就是典型的信息冗余。而对于右边的图，即使它包含着丰富的信息，但对于某些局部，如山体部分，其颜色值也是非常接近的，因此也存在着不同程度的信息冗余。

图 2-15　图像的信息量比较

另外，人眼对图像的觉察能力是有限的。RGB 色彩模式提供了 1 670 万种颜色，但人眼其实很难分辨出两种相近颜色来。因此，即使人为地丢掉图像中某些细节信息，也不会影响图像的整体视觉效果。图像自身的信息冗余以及人眼的视觉冗余，使得图像具有很大的压缩潜力。

2.3.3　图像压缩的方法

数据的压缩实际上是一个编码过程，即将原始的数据用另一种方式进行编码以减小数据量。数据的解压缩是数据压缩的逆过程，即将压缩的编码还原为原始数据。因此数据压缩方法也称为编码方法。目前，数据压缩技术已日臻成熟，适应各种应用场合的编码方法不断产生。针对不同的多媒体数据冗余类型，相应地有不同的压缩方法。

图像压缩方法一般按照是否损失了部分信息来分类，即根据解码后数据与原始数据是否完全一致进行分类，通常分为有损压缩和无损压缩两大类。

无损压缩法采用可逆编码方法实现，解码图像与原始图像严格相同，完全可恢复，对图像质量没有影响，但压缩比较小，一般在 2:1 ~5:1。

有损压缩法是不可逆的，也就是说，压缩过程中必然丢失了信息，从而导致质量下降，这是不可恢复的。但是好的压缩算法使视觉效果变化不明显，可以接受。有损压缩的压缩比较高，可以从几十到几百。

经典的压缩方法有很多，图 2-16 给出了经典的压缩方法及分类。下面简单介绍以行程编成、霍夫曼（Huffman）编码为代表的无损压缩和以 JPEG 为代表的有损压缩。

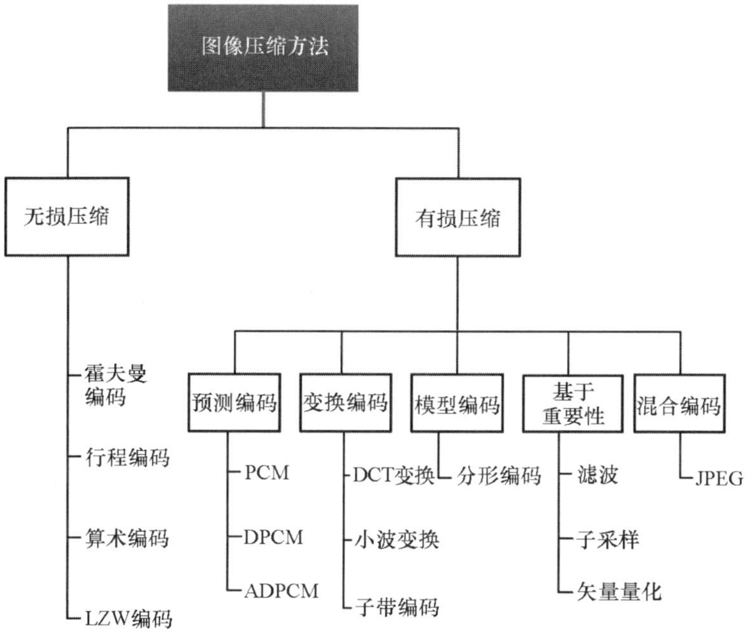

图 2-16 图像压缩方法

2.3.3.1 行程编码

行程编码是最简单、最古老的无损压缩方法之一，其基本思想是检测并记录符号持续出现的次数，也就是用符号的行程长度来编码。在图像中，不同颜色值可以看作是不同符号。行程编码有多种编码方式，对于 0 出现较多，1 较少出现（或反之）的信源数据，可以对 0 的持续长度（或 1 的持续长度）进行编码，1（或 0）保持不变。而对于 0、1 交替出现的数据，可以分别对 0 的持续长度和 1 的持续长度编码。这种编码适合于 0、1 成片出现的数据的压缩。为了保证解压缩时保持颜色同步，所有的数据行以白色行程代码字集开始。如果实际图像从黑色行程开始，那么假设起始有白色的 0 行程。

下面通过一个简单的示意方便快速理解行程编码。如图 2-17（a）所示的 8 位灰度图像，像素分辨率为 100 像素 ×100 像素，灰色区域的颜色值为 122，白色区域的颜色值为 255。按图像数字化的原理，就需要存储 10 000 个像素的灰度值，如图 2-17（b）所示。但如果采用行程编码，只需要依次记录每种灰度及出现的长度，对于这幅图像来说只需要存储 6 个值，如图 2-17

(c) 所示，存储空间明显压缩了。解压时，只需要将各种灰度值重复输出相应的次数就可以完全恢复出原始数据。行程编码适合于二值图像以及有大片连续色块的情况，但对于日常拍摄的色彩变化丰富的照片，压缩效果就不太好。

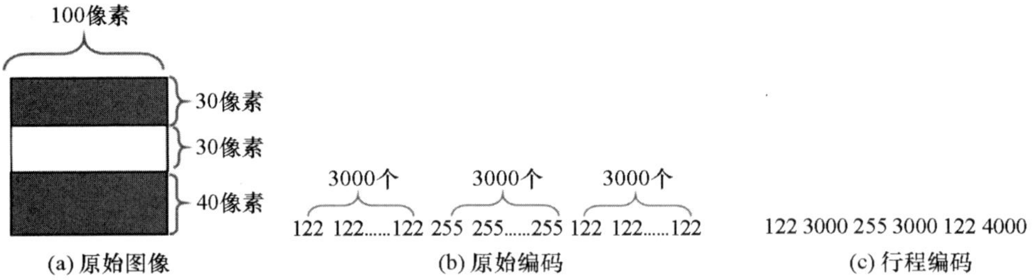

图 2－17　行程编码示例

2.3.3.2　霍夫曼编码

霍夫曼编码也是一种常见的无损压缩方法，它的基本思想是使用可变长度编码，对出现频率高的符号使用较短的编码，对出现频率低的符号则使用较长的编码。这种编码具有最佳性、即时性和唯一可译性。

霍夫曼编码过程如下：

(1) 将信源符号按概率递减顺序排列；

(2) 把两个最小的概率加起来，作为新符号的概率；

(3) 重复步骤 (1) (2)，直到概率和达到 1 为止；

(4) 在每次合并消息时，将被合并的消息赋以 1 和 0 或 0 和 1；

(5) 寻找从每一信源符号到概率为 1 处的路径，记录下路径上的 1 和 0；

(6) 对每一符号写出 “1”“0” 序列 (从码树的右边到左边)，即为霍夫曼编码。

例如，对于如图 2－18 (a) 所示的包含 16 个像素的图像而言，首先统计各种颜色值出现频率……然后按频率排序 [图 2－18 (b)]，通过合并出现频率最低的两个节点，生成父节点，如此迭代构建霍夫曼树 [图 2－18 (c)]，令每个节点的左分支为 0，右分支为 1，从根节点到每个叶节点的路径，可以等价为该叶节点的二进制编码。如图 2－18 (d) 所示，出现频率最低的颜色，编码为 00000，使用了 5 个二进制位，而出现频率最高的颜色，编码为 1，只用了一个二进制位。相对于原始图像数据中每种颜色值都用 24 位表示，采用霍夫曼编码，图像中出现频率越多的颜色，所需要的二进制位越少，从而达到压缩的目的。

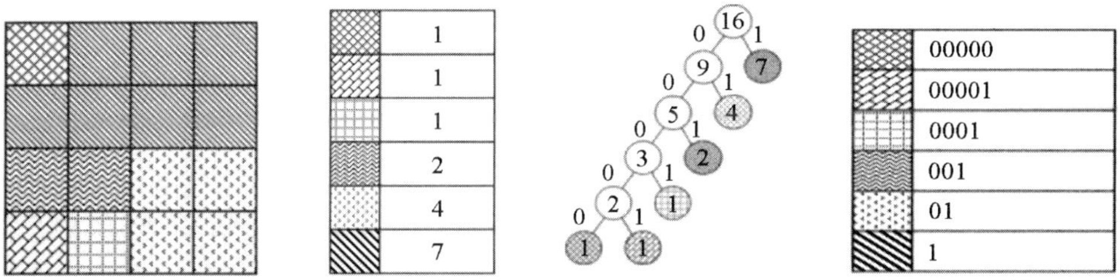

(a) 原始图像(4×4像素)　(b) 排序表　(c) 霍夫曼树　(d) 编码表

图 2-18　霍夫曼编码示例

2.3.3.3　JPEG 压缩

有损压缩通过牺牲图像描述的准确性来达到大幅度压缩的目的。1991 年，ISO 和 CCITT 联合成立的联合图片专家组，提出了著名的 JPEG 标准。它是一种混合的有损压缩算法，包括基于空间线性预测技术的无失真压缩和基于离散余弦变换（即 DCT 变换）并应用行程编码和熵编码的有损压缩。其中有损的 DCT 压缩编码是 JPEG 标准的核心，它的基本思想就是尽可能保留对人眼来说重要的信息，忽略不重要的信息。

JPEG 算法的第一步，是将图像分割成大小为 8×8 的小块，这些小块在整个压缩过程中都是单独被处理的，一方面可以减少运算量，另一方面使得小块内的像素点颜色比较接近（图 2-19）。

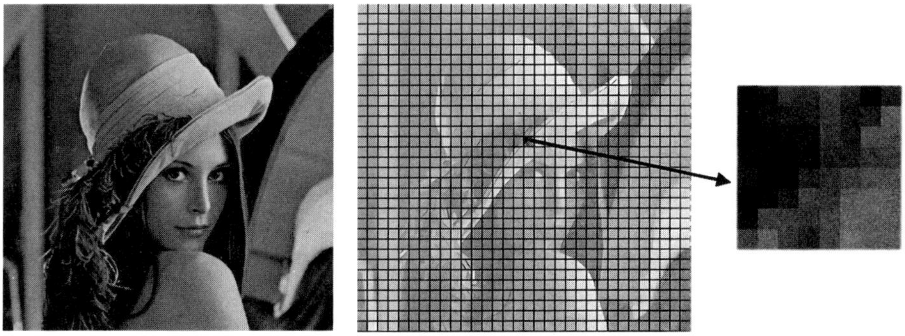

(a) 原始图像　(b) 分割　(c) 8×8的图像块

图 2-19　分割成 8×8 的小块

第二步是利用人眼对亮度变化比色彩更敏感的特点，将原始的 RGB 图像转换为 YUV 颜色模式（图 2－20）。YUV 颜色模式用一个亮度分量和两个色差分量表示颜色，与 RGB 表示的转换公式如下：

$$\begin{bmatrix} Y \\ U \\ V \end{bmatrix} = \begin{bmatrix} 0.299 & 0.587 & 0.114 \\ -0.169 & -0.332 & 0.500 \\ 0.500 & 0.419 & -0.0813 \end{bmatrix} \begin{bmatrix} R \\ G \\ B \end{bmatrix} + \begin{bmatrix} 0 \\ 128 \\ 128 \end{bmatrix} \quad (2-7)$$

从图 2－20 可以看出，亮度通道中细节更为丰富，也就是说对人眼更重要一些，这样就可以对 Y 分量全采样，对于 U、V 分量采用 1/4 压缩取样，而人眼却看不出有什么不同。

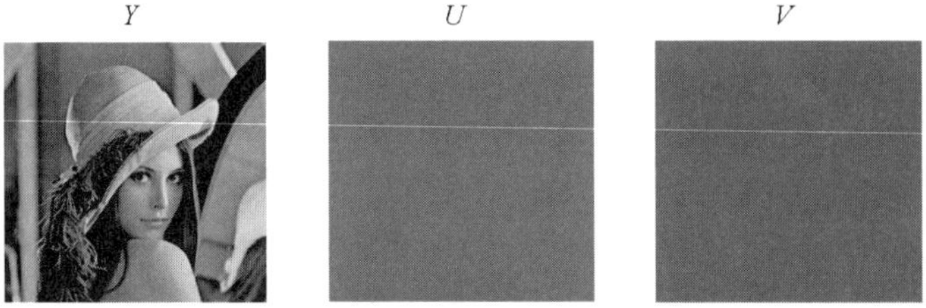

图 2－20　转换成 YUV 模式

如图 2－21 所示，若原始图像有 N 个像素点，存储 RGB 值需要 $3N$ 字节，而保存压缩采样的 Y、U、V 值，只需要 $1.5N$ 字节，这是第一次压缩。

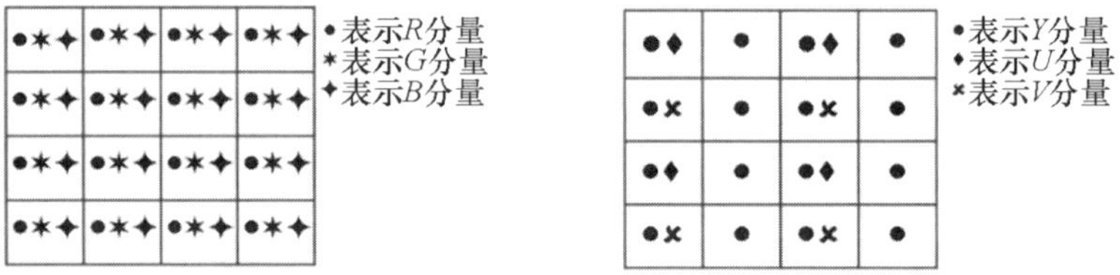

(a) RGB编码示意　(b) YUV编码示意

图 2－21　保存 N 个像素点所需字节示意

第三步，对所有 8×8 的小块，进行离散余弦变换，简称 DCT 变换。变换公式如下：

$$f(h,v) = C(v)C(h)\sum_{y=0}^{7}\sum_{x=0}^{7}\left[p(x,y)\cos\left(\frac{(2y+1)h\pi}{16}\right)\cos\left(\frac{(2x+1)v\pi}{16}\right)\right]$$

$$C(v),C(h) = 1/\sqrt{2}(v,h = 0);\ \text{else}C(v),C(h) = 1/2 \quad (2-8)$$

式中，$p(x, y)$ 为原始信号，即图像像素点，$f(h, v)$ 为变换后的矩阵，$C(v)$，$C(h)$ 为补偿系数，使得变换矩阵为正交矩阵。

DCT 变换是著名的傅里叶变换的另一种形式。傅里叶变换的基本思想是，任何周期性的函数，都可以分解为一系列不同频率的三角函数的组合，从而可以在更简单的频域空间去表示和分析原始信号，当要处理的对象不是函数而是像图像矩阵这样离散的数据时，傅里叶变换出来的函数只含有余弦项，因此称为离散余弦变换。

DCT 变换的目的就是把图像从空域空间变换到频域空间，输出 64 个 DCT 变换系数。简单地说，就是把任何一个 8 ×8 图像块，分解成 64 个 8 ×8 的基本余弦波图像的组合，而变换所得到的新矩阵，实际上就是这 64 个基本余弦波图像组合时的权重系数。矩阵左上角是低频信号，描述图像的主要面貌，右下角是高频信号，描述图像的细节。

图 2 – 22 显示了对一个 8 ×8 图像块进行 DCT 变换前后的矩阵。可以看出，变换后的矩阵，左上角值普遍较大，右下角值普遍较小，图像的能量集中在左上角很小一部分区域，也就是说，只要保留住这一小块区域，反变换回去就可以恢复出图像的基本面貌。例如，图 2 – 23 中，（a）为原图，（b）为经过 DCT 变换后，只保留左上角 10 个系数，再通过 DCT 逆变换恢复得到的图像；（c）为只保留左上角 3 个系数时逆变换恢复得到的图像，尽管细节有不同程度的损失，但基本还能够保持图像的概貌。

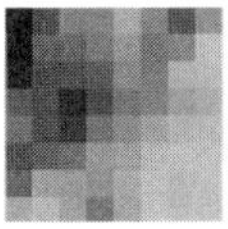

173	184	190	198	194	192	192	192
180	187	182	189	193	191	194	196
180	180	181	182	184	189	196	199
178	174	174	175	180	186	175	177
170	171	176	184	185	175	172	181
173	167	170	176	178	181	179	177
165	167	165	168	174	171	175	181
162	163	163	158	162	169	172	175

1430	-32	-4	-1	4	-4	0	-2
64	-2	-9	-4	-1	0	-3	-3
0	-7	3	-6	-6	0	-4	0
7	3	-16	-3	5	1	-2	-1
-12	8	-8	-2	-1	-1	4	-1
-3	0	0	2	-2	0	2	0
3	-4	2	0	-4	6	3	0
5	-4	-1	-10	4	-1	-3	2

图 2 – 22　DCT 变换

(a) 原图像

(b) 保留10个系数的DCT逆变换图像

(c) 保留3个系数的DCT逆变换图像

图 2 – 23　保留不同系数的逆变换结果

DCT 变换本身在理论上并没有缺失信息，有损压缩体现在变换后舍弃高频区数据的过程。为了达到压缩数据的目的，DCT 系数需作量化。量化目的是降低非“0”系数的幅度以及增加“0”值系数的数目。

量化公式为：

$$C_Q(u,v) = Integer \quad Round(\frac{C(u,v)}{Q(u,v)}) \tag{2-9}$$

式中，$C(u,v)$ 为 DCT 变换后矩阵中的元素值，$Q(u,v)$ 为量化表中的元素值，称为量化步距。量化表是在实验的基础上，结合人眼的视觉特性而获得的。由于人眼对亮度信号比对色差信号更敏感，因此 JPEG 算法针对 YUV 分量会设计不同的量化表，以获得较高的压缩比，如图 2－24 所示。由于人眼对低频分量比对高频分量的图像更敏感，因此量化表中的左上角的量化步距要比右下角的量化步距小。

8	16	19	22	26	27	29	34
16	16	22	24	27	29	34	37
19	22	26	27	29	34	34	38
22	22	26	27	29	34	37	40
22	26	27	29	32	35	40	48
26	27	29	32	35	40	48	58
26	27	29	34	38	46	56	69
27	29	35	38	46	56	69	83

(a) Y分量量化表

16	11	10	16	24	40	51	61
12	12	14	19	26	58	60	55
14	13	16	24	40	57	69	56
14	17	22	29	51	87	80	62
18	22	37	56	68	109	103	77
24	35	55	64	81	104	113	92
49	64	78	87	103	121	120	101
72	92	95	98	112	100	103	99

(b) U分量量化表

17	18	24	47	99	99	99	99
18	21	26	66	99	99	99	99
24	26	56	99	99	99	99	99
47	66	99	99	99	99	99	99
99	99	99	99	99	99	99	99
99	99	99	99	99	99	99	99
99	99	99	99	99	99	99	99
99	99	99	99	99	99	99	99

(c) V分量量化表

图 2－24　针对 YUV 分量的量化表示例

当然，在实际应用中，为了达到更好的压缩效果，也可通过对原始图像特性的统计，构造出更适合于该图像的量化表，但量化的结果一般都是频率低的分量系数大，频率高的分量系数大多为零（图 2－25）。

179	-2	0	0	0	0	0	0
4	0	0	0	0	0	0	0
0	0	0	0	0	0	0	0
0	0	-1	0	0	0	0	0
-1	0	0	0	0	0	0	0
0	0	0	0	0	0	0	0
0	0	0	0	0	0	0	0
0	0	0	0	0	0	0	0

图 2－25　量化结果

最后一步是采用熵编码做无损压缩，先通过 zigzag 之字型扫描（图 2－26），尽可能让 0 连成一片，然后使用霍夫曼编码，减少数据量。

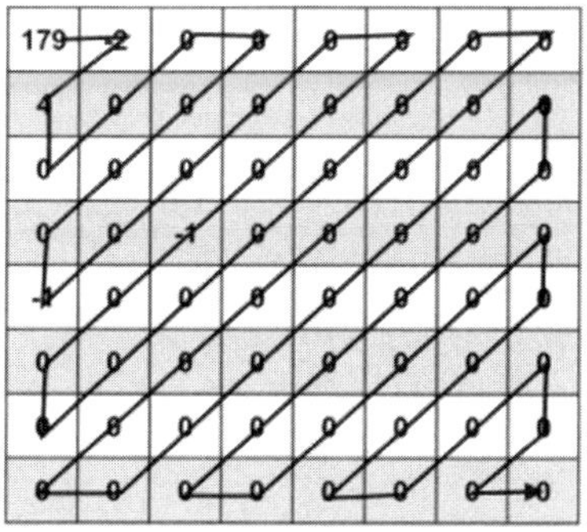

图 2－26 zigzag 之字型扫描

完整的 JPEG 压缩流程如图 2－27 所示。

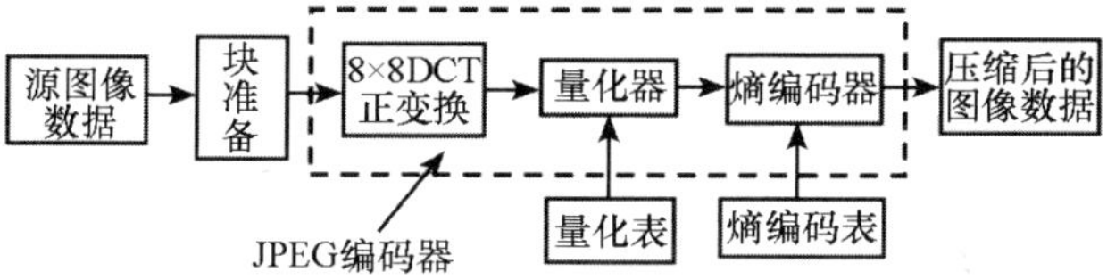

图 2－27 JPEG 压缩流程

JPEG 压缩是混合使用了多种方法的有损压缩，有损主要体现在量化这一步骤上，而使用不同的量化表可以控制信息损失的多少，从而控制图像压缩的质量。压缩效果与图像内容本身有较大的关系，对于中等复杂程度的彩色图像，其压缩效果与恢复图像的质量大致如表 2－1 所示。原始图像每像素采用 8bit 编码。

表 2－1 压缩效果与恢复图像质量的关系

压缩效果（比特/像素）	图像质量
0.50～0.75	好～很好，满足多数应用
0.75～1.5	极好，满足大多数应用
1.5～2.0	与原始图像几乎不能区分

2.3.3.4 JPEG2000

随着多媒体应用领域的快速增长，传统 JPEG 压缩技术已无法满足人们对数字化多媒体图像资料的要求。从 1998 年开始，专家们开始制定下一代 JPEG 标准，希望新标准能具有更高压缩比以及更多新功能，而且更有利于用户对图像进行数字化处理，2000 年，联合图像专家组推出了 JPEG2000 标准。

与 JPEG 相比，JPEG2000 具有以下优点：

（1）压缩比高，在具有和传统 JPEG 类似质量的前提下，JPEG2000 的压缩比较 JPEG 高 20% ~40%，而且压缩后的图像显得更加细腻平滑。

（2）将预测法作为对图像进行无损编码的成熟方法，集成到 JPEG2000 中，因此 JPEG2000 能实现无损压缩。

（3）采用了 JPEG2000 格式的图像支持渐进传输（Progressive Transmission）。所谓的渐进传输就是先传输图像轮廓数据，然后再逐步传输其他数据来不断提高图像质量（也就是不断地向图像中插入像素以提高图像的分辨率）。这样图像就由朦胧变为清晰，从而充分利用有限的带宽。这是 JPEG2000 的重要特征之一。

图 2－28 显示了在带宽不足情况下传输 JPEG 图像和 JPEG2000 图像的对比。采用 JPEG 压缩只能先显示部分图像，然后逐步显示出完整图像，而采用支持渐进传输的 JPEG2000，用户在一开始就可以看到完整的图像，只是质量较低，有些模糊，但是极大地缩短用户的心理等待时间。

图 2－28　渐进传输

（4）定义了感兴趣区域（Region of Interest，ROI），可以指定图片上的感兴趣区域，然后在压缩时对这些区域指定压缩质量，或在恢复时指定某些区域的解压缩要求。这是因为子波在空间和频率域上具有局域性（即一个变换系数牵涉的图像空间范围是局部的），要完全恢复图像中的某个局部，并不需要所有编码都被精确保留，只要对应它的一部分编码没有误差就可以了。这在降低图像尺寸方面起到很大作用。

（5）在颜色处理上，具有更优秀的内涵。与 JPEG 相比，JPEG2000 同样可以用来处理多达 256 个通道的信息，而 JPEG 仅局限于 RGB 数据。也就是说，JPEG2000 可以用单一的文件格式来描述另外一种色彩模式，比如 CMYK 模式。最后，JPEG2000 能使基于 Web 方式多用途图像简单化。由于 JPEG2000 图像文件在它从服务器下载到用户的 Web 页面时，能平滑地提供一定数量的分辨率基准，Web 设计师处理图像的任务就变得简单。

当然，JPEG2000 的改进还不仅仅这些，如它考虑了人的视觉特性，增加了视觉权重和掩膜，在不损害视觉效果的情况下大大提高了压缩效率；可以为一个 JPEG 文件增加加密的版权信息，这种经过加密的版权信息在图像编辑的过程（放大、复制）中将没有损失，比目前的“水印”技术更为先进；JPEG2000 对 CMYK、ICC、sRGB 等多种色彩模式都有很好的兼容性，这为按照需求在不同显示器、打印机等外部设备进行色彩管理带来了便利。

2.3.4　图像压缩的评价指标

图像压缩的方法有很多，在评价并选择适合的压缩方法时需要考虑三个关键的指标：压缩比、图像质量、压缩和解压速度。除此之外还要考虑压缩算法所需要的软件和硬件配置。

第一个指标是压缩比，是指压缩过程中输入数据量和输出数据量之比。一般来说，在图像质量相近的条件下，压缩比越大，压缩算法的性能越好，但这往往会带来图像质量的下降。

第二个指标是图像质量，这与压缩的类型有关。无损压缩不会损失原始图像信息，所以不必担心图像的质量。有损压缩则要对原始图像做一些改变，这样会导致压缩前后图像不完全相同。所谓图像质量指对压缩后图像内容与压缩前相比是否有损失以及损失的程度的评价，这种评价通常建立在人眼对图像的视觉感观上。一般来说，一个好的压缩算法应该是用肉眼几乎看不出图像质量的变化。

第三个指标是压缩和解压速度，可以简单理解为保存和打开压缩文件的时间。显然，这个速度是越快越好。但要想获得更大的压缩比，压缩算法往往会很复杂，也就需要更多的压缩和解压时间。对很多压缩算法来说，压缩和解压的速度有可能是不同的；对某些应用来说，对压缩和解压的速度要求也可能是不同的。例如，对于图片浏览系统，大多数情况下人们希望解压速度更快一些，以减少观看时的等待时间，而在保存图片时，即使需要一点时间也是能够容忍的。

2.3.5 常见的图像文件格式

图像文件的格式很多，常见的有 BMP 格式、JPEG 格式、GIF 格式、TIFF 格式、PNG 格式等。不同的格式采用不同的数据编码标准，也具有不同的特点。

2.3.5.1 BMP 格式

BMP 文件格式是 Windows 和 OS/2 的基本位图格式，采用位映射存储，即逐一存储每个像素点的颜色（灰度）值，文件名的后缀为“. bmp”。它支持黑白图像、16 色、256 色和 24 位真彩色图像。当位图为 24 位真彩色时，图像数据存储的是每个像素点对应的 RBG 值。当位图为单色、16 色或 256 色时，图像数据存储的是每个像素在调色板中对应的索引值。它最大的特点是不进行任何压缩，适合保存高精度原始图像，但通常数据量比较大。

2.3.5.2 JPEG 格式

JPEG 格式是最常用的一种图像文件格式，采用 JPEG 压缩算法，文件的后缀为“. jpg”。JPEG 压缩是一种适用范围非常广的有损压缩，损失的信息大多为不易被人眼察觉的图像颜色信息，因而压缩比高，且对图像质量影响不大。此外 JPEG 压缩的压缩比是可调的，可以从几十比一到 100∶1。也就是说，当将一幅图像保存为 JPEG 文件时，可以允许用户选择压缩程度。

2.3.5.3 GIF 格式

GIF 是 CompuServe 公司于 1987 年开发的图像文件格式，文件名后缀为“. gif”。它采用 LZW 无损压缩，压缩比大约为 2∶1。GIF 格式最大的缺点是最多只能处理 256 色的彩色图像，不支持真彩色，而且文件大小不能超过 64 MB。其最大的优点是可以包含透明区域和多帧动画，因此在网页制作中使用得非常多。

2.3.5.4 TIFF 格式

TIFF 是 Aldus 和 Microsoft 公司为扫描仪和桌上出版系统研制开发的一种通用图像文件格式，文件后缀为“.tif”或“.tiff”。TIFF 格式支持从单色到真彩色各种颜色的图像，适合于所有图像应用领域。它支持无损压缩和有损压缩两种形式，压缩方法有多种，文件复杂，格式灵活。非压缩的 TIF 文件独立于软硬件，具有良好的兼容性。TIFF 格式可以看作是工业界的标准格式。

2.3.5.5 PNG 格式

PNG 格式是一种新兴的网络图像格式，其文件后缀名为“.png”。它采用无损压缩，但具有较高的压缩比（其文件大小大约比 GIF 格式小 30%）。它汲取了 GIF 和 JPG 二者的优点，存储形式丰富，兼有 GIF 和 JPG 的色彩模式，支持 24 位真彩色图像，同时支持 256 级透明效果，即它可以支持从完全不透明到完全透明的 256 个等级变化，这是 GIF 格式无法比拟的。但是 PNG 格式不支持动画效果。另外，它支持渐进传输，只需下载 1/64 的图像信息就可以显示出低分辨率的预览图像，有利于图像的网络传输。

2.3.5.6 PSD 格式

PSD 格式是 Adobe 公司图像处理软件 Photoshop 的专用格式，文件后缀名为“.psd”，它是唯一支持全部图像色彩模式的格式。此外可以保存 Photoshop 的各种图层、通道、蒙版等多种设计内容，但占用磁盘空间大。作为 Photoshop 软件的专用格式，其通用性比较差。

2.3.5.7 矢量图

矢量图是一类特殊的图，看上去清晰精美，且缩放时不会失真，常见于图案、图标、图表、形状、字体和插画设计。严格来说，矢量图不是图像，而是图形。与图像不同，图形不是由像素点组成的，而是由点、线、面、体等几何元素和颜色、纹理、线型、线宽等非几何属性组成，然后由计算机通过特定的算法，在显示器上绘制出来。因此，矢量图文件中只记录生成图的图元要素和图上的某些特征点。通过读取这些指令并将其转换为屏幕上所显示的形状和颜色而生成图形的软件通常称为绘图软件。

矢量图文件通常比较小，一般是专业绘图软件的专有格式，只有用特定的软件才能打开和编辑，通用性相对较弱。表 2－2 中列出了常见的矢量文件格式和相应的专业软件。

表 2-2　常见的矢量文件格式

文件格式	软件		说明
. ai		illustrator，简称 AI	Adobe 系统公司推出的基于矢量的图形制作软件，多用于印刷出版、海报制作、专业插画、平面设计等
. cdr		CorelDRAW，简称 CDR	加拿大 Corel 公司推出的平面设计软件，用于矢量动画、页面设计、网站制作、位图编辑和网页动画等
. dwg		AutoCAD	美国 Autodesk 公司推出的计算机辅助设计软件，广泛用于土木建筑、装饰装潢、工业制图、工程制图、电子工业、服装加工等领域

2.4　图像处理技术

在使用图像时，原始的图像素材往往不能满足人们的视觉、心理以及各种应用的需求，因此需要对图像信息进行加工和改造，这就是图像处理技术，具体包括图像变换、增强、恢复、分割、识别和特效处理等。

2.4.1　图像变换

图像变换分为几何变换和频域变换。几何变换是在不改变图像内容的前提下对图像进行平移、缩放、旋转、镜像、错切、扭曲变形等空间域的变换（图 2-29），它主要用于解决实际场景中拍摄的图像画面过大或过小、重点关注的区域不在画面中心、拍摄角度不符合要求、拍摄时景物和摄像头不够平行而产生了变形等问题。例如，原本方形的东西拍成了梯形时就需要进行畸变矫正，在目标匹配、图像识别、平面设计大多数应用中，也往往首先需要对图像进行旋转、平移等处理。

(a) 原始图　(b) 缩放　(c) 旋转
(d) 镜像　(e) 错切　(f) 变形

图 2－29　几何变换

几何变换的本质是在不改变图像内容的前提下，将原图像中的所有像素点映射到新图像中的新坐标位置。因此几何变换的核心是坐标变换，要计算出相应的变换矩阵。图 2－30 显示了旋转变换处理过程及变换矩阵。由于变换后的位置不一定是整数，因此需要通过颜色插值来计算新图像中像素点的颜色值。这就使得几何变换后，多少会有一定的质量损失。特别是当图像放大时，必然会增加新的像素点，而新的像素点只能由原图像中的像素点插值计算得到，使得放大后的图像出现模糊。

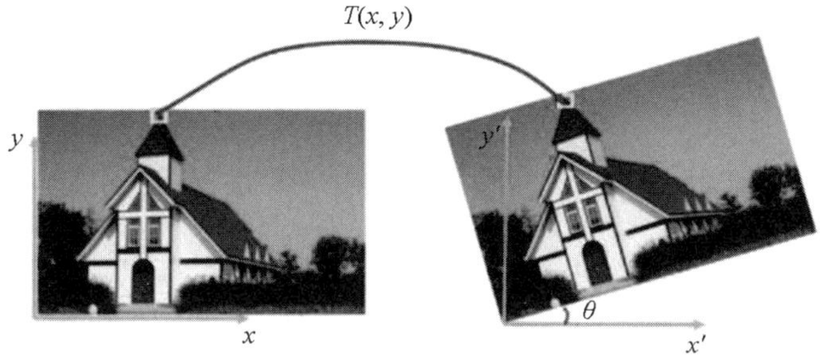

图 2－30　旋转变换

变换矩阵如下所示：

$$\begin{bmatrix} x' \\ y' \end{bmatrix} = \begin{bmatrix} \cos\theta & -\sin\theta \\ \sin\theta & \cos\theta \end{bmatrix} \begin{bmatrix} x \\ y \end{bmatrix} \tag{2-10}$$

频域变换是将图像从空域空间变换到频域空间以方便计算机进行处理，前面在介绍 JPEG 标准时提到的 DCT 变换就是典型的频域变换。除此之外，还有傅立叶变换、小波变换等。频域变换是计算机进行图像处理、分析、理解的基础，变换到频域空间后，可使图像处理问题更加简化，有利于图像特征提取，有助于增强对图像信息的理解。有兴趣的读者，可进一步深入学习数字图像处理的相关知识。

2.4.2 图像增强

图像在采集过程中，由于采集设备和条件的限制，往往存在质量问题，具体表现为：图像对比度不够，整幅图像或局部图像过亮过暗，噪声点多，模糊，像素点少，有明显的色块，抖动等。图像增强是采用一系列技术去改善图像的视觉效果，根据图像的特点或存在的问题有选择地突出某些感兴趣的信息，同时抑制一些不需要的信息，以提高图像的使用价值。

对比度增强，通过增加最大亮度与最小亮度之比，提高图像中的明暗细节差异，如图 2 –31 所示。

直方图增强，在保持原图像灰度分布概率密度的同时，通过灰度级变换，得到一幅灰度直方图均匀分布的新图像，从而自动改善图像对比度质量，如图 2 –32 所示。

图像平滑，通过对像素点的邻域的模糊化处理达到去除噪声的目的（图 2 –33）。在频域空间中进行低通滤波，同样能够达到平滑图像的效果，而且全局性更好。

(a) 原图像　　(b) 处理后的图像

图 2 –31　对比度增强

(a) 原图像

(b) 处理后的图像

图2－32 直方图增强

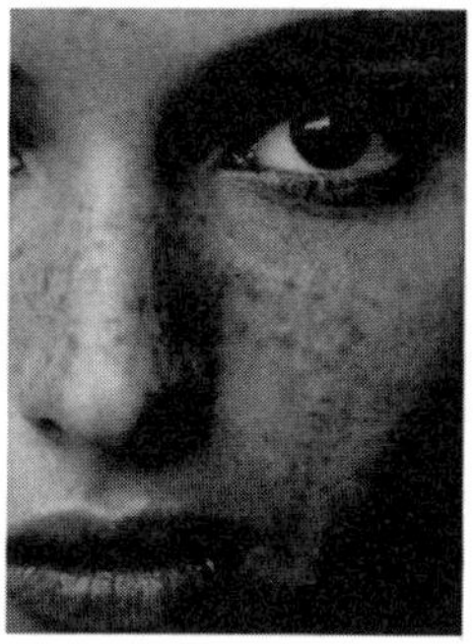
(a) 原图像

(b) 处理后的图像

图2－33 图像平滑

图像锐化可用于增强图像的边缘或轮廓（图2－34），因为边缘和轮廓都位于灰度突变的地方，所以锐化实际上增强了像素间的灰度反差，或者在频

(a) 原图像

(b) 处理后的图像

图2－34 图像锐化

域空间中进行高通滤波。相对于图像平滑是对局部图像求平均的模糊化处理，图像锐化正好相反，因此会使边缘看上去变得清晰，但同时也放大了噪声点。

图像修复是用图像中的已有的“好”的像素点，去还原图像中的被遮挡、被污损或缺失的像素点（图 2 - 35）。这种还原，不是简单的替换，而是通过基于周围信息的算法预测。能否修复，修复到什么程度，在很大程度上取决于原始图像中可利用的信息量。

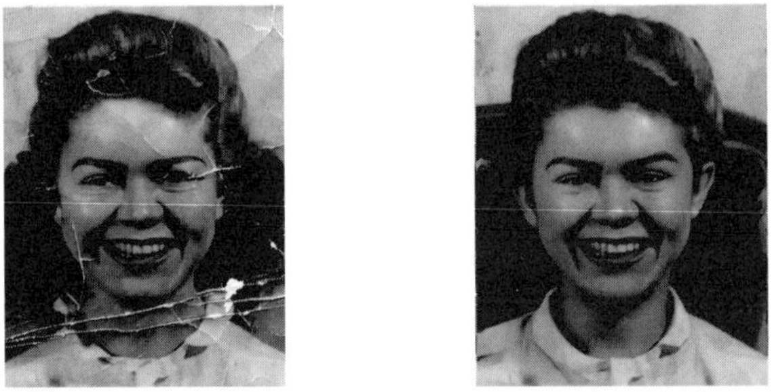

(a) 原图像　　(b) 处理后的图像

图 2 - 35　图像修复

2.4.3　图像恢复

图像恢复是指对降质图像进行处理，从降质图像中恢复原始图像或真实景物的过程。它和图像修复不同，其核心是要指出图像降质的原因，通过用数学模型描述降质的物理过程，然后沿着质量降低的逆过程来重现原始图像，例如，运动模糊恢复，大气扰动、成像系统像差、畸变等原因引起的航片模糊恢复等（图 2 - 36）。

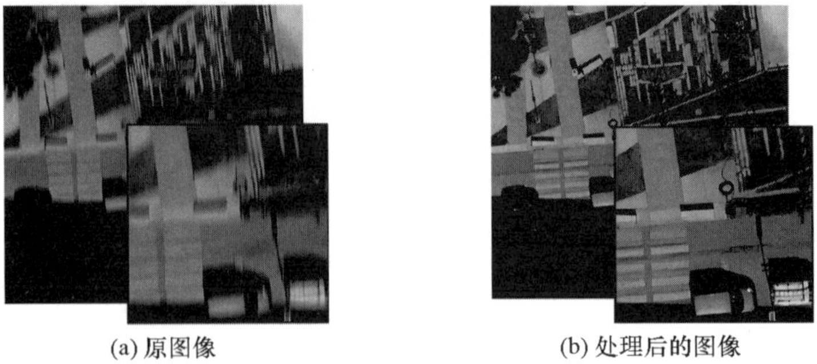

(a) 原图像　　(b) 处理后的图像

图 2 - 36　图像恢复

2.4.4　图像分割

图像分割是指将图像按照一定的要求分成一些“有意义”的区域（图 2－37）。通常所说的抠图，就属于图像分割。图像分割的基本原则是假设图像中组成我们所感兴趣对象的像素具有一些相似的特征，通过对相似特征像素的聚类，完成分割的过程。常用的方法有 p－参数法、均匀性度量法、聚类方法等。图像分割是从图像处理到图像分析的关键步骤，图像分割结果的好坏直接影响到计算机对图像的理解。

(a) 原图像　　(b) 分割结果

图 2－37　图像分割

2.4.5　图像识别

图像识别是确定图像中对象的名称，判断是什么的过程，例如，人脸识别、字幕识别、车牌识别、条码识别等。图像识别一般需要先对图像进行增强处理和分割，同时还需要基于已有的大量先验知识的学习，是图像处理中最具有挑战性的技术之一，一般需要基于先进的人工智能算法，更多内容将在第 7 章中介绍。

2.4.6　图像特效处理

图像特效处理，是通过对图像像素点的位置、颜色值等进行特殊变换和运算，达到特定的艺术效果（图 2－38）。

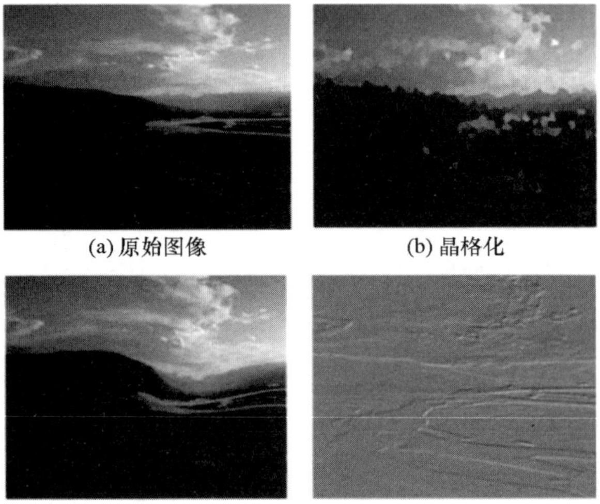

(a) 原始图像　(b) 晶格化　(c) 扭曲　(d) 浮雕

图 2－38　图像特效处理

图像处理技术一直是多媒体技术的研究热点，近年来，随着计算机性能的提高和人工智能技术的发展，图像处理技术日趋成熟，不仅广泛应用于空间探测、生物医学、军事国防、社会服务、娱乐艺术等各行各业，而且出现了大量的功能不断完善、智能化程度不断提高、使用更加快捷简单的专业和非专业图像处理工具和软件，使得普通用户也可以方便地对图像进行加工处理。

2.5　图像编辑处理工具软件

2.5.1　Photoshop 入门

Photoshop 简称 PS，是 Adobe 公司发行的一款流行的图像处理软件，自 1990 年以来，已经发布多个版本，其功能日益强大，特别是处理图像的智能程度不断提高。Photoshop 可以对图像、图形和文字等要素进行灵活处理，帮助用户高效地完成视觉编辑和创作。Photoshop 广泛应用于图像处理、海报制作、动画影视等领域。近年来，Photoshop 研发集成了大量先进的计算机视觉、人工智能技术，其交互便捷性和智能化程度不断提升。

双击 Photoshop 软件图标启动软件。点击左上角 PS 图标进入 Photoshop 主界面。可以通过新建画布开启 Photoshop 创作。执行菜单命令“文件”→“新建”可以选择各类预设参数模板，也可以自定义画布高度、宽度、分辨率等参数（图2-39）。也可以打开已有文件进行处理。Photoshop 支持多种图像文件格式。

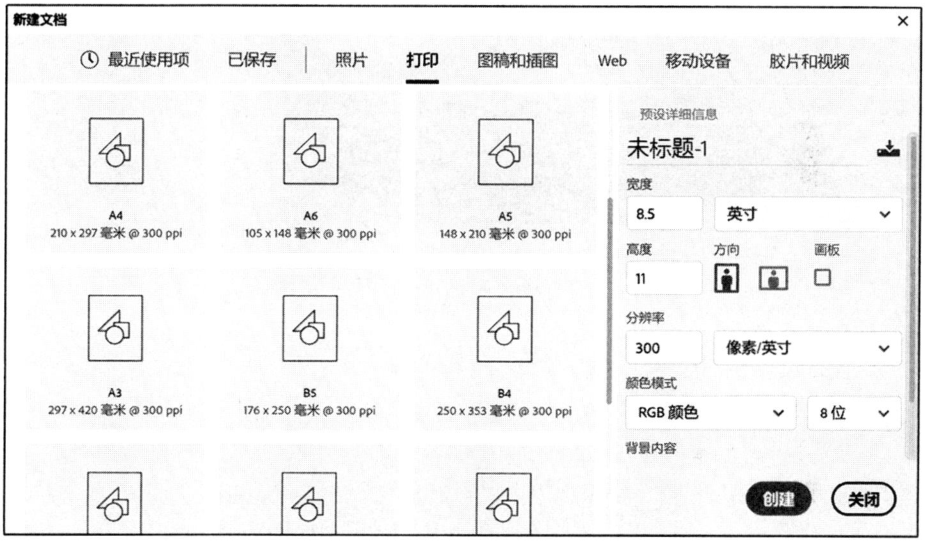

图2-39　新建文档界面

如图2-40所示，Photoshop 主界面由菜单栏、工具箱、工具选项栏、标题栏、文档视图、面板等部分组成。该示例中打开的是图像文件“主楼.jpg”。

鼠标左键点击工具箱中的任意工具按钮，工具选项栏随之更新为相关选项。部分工具按钮右下角标有小三角符号，表示其包含一组可选的工具。鼠标右键点击这类工具按钮将弹出子菜单，鼠标左键点击菜单项即可选择相应的工具，如图2-41所示。

文档视图是图像浏览和交互的区域，通过选项卡可以在不同文档之间切换，也可以关闭文档。面板主要用来配合图像编辑、参数设置等。面板可以展开或收缩，也可以关闭。单个面板的显示与关闭也可以从菜单栏的“窗口”菜单中控制。此外也可选择预定义的面板配置方式。

图 2－40　Photoshop CC 2019 主界面

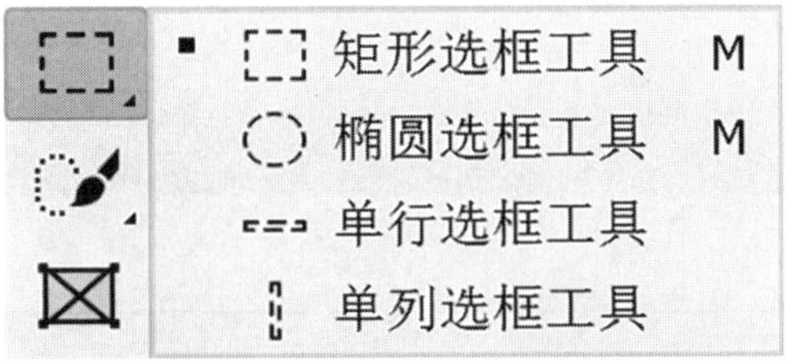

图 2－41　工具按钮展开示例

本节通过一个案例来学习 Photoshop 的基本操作。

如图 2－42 所示，利用所给素材制作如参考效果所示明信片，尺寸和分

(a) 素材　　(b) 参考明信片效果

图 2－42　明信片制作与打印

辨率满足如下要求：宽为 148mm，高为 100mm，每侧包含 5mm 白边，图像分辨率为 300 像素/英寸。

首先，打开相关素材。Photoshop 可以一次性选取多个不同格式的素材，也可依次按需逐步导入素材。这里首先打开“校园风光.jpg”图像文件作为明信片的主题画面。在工具箱中选择“缩放工具”，然后在工具选项栏中选中“放大按钮”，在文档视图中点击鼠标左键可以放大视图，采用类似的操作可以缩小视图。

在工具箱中选择“抓手工具”，在文档视图中拖拽鼠标左键可实现视图的移动。按下键盘 Alt 键并滚动鼠标滚轮，也可实现视图的灵活缩放。此外，“抓手工具”选项栏还提供了“适合屏幕”“填充屏幕”等多种预定义缩放模式（图 2－43）。

图 2－43 “抓手工具”选项栏

利用“裁剪工具”可以将图像多余的部分裁剪掉。如果不指定裁剪框的长宽比例，则可以拖拽裁剪框的角或边实现自由裁剪，也可以拖拽图像选择裁剪范围。

本案例中，明信片内框的长宽已知，将相应参数输入选项栏后，可实现固定长宽比的裁剪。为了满足本案例的打印需求，执行菜单命令“图像”→“图像大小”，打开“图像大小”调节工具对图像尺寸进行调节。

如图 2－44 所示，“调节工具”左侧提供了一个预览视图，可以进行缩放浏览。图像的宽度、高度以及图像的分辨率都可以采用不同的单位显示。这里的图像分辨率指的是单位空间中的像素数量。

如果不希望图像的像素数量发生改变，则取消“重新采样”选项。这样，修改图像的分辨率、宽度、高度中的任意一个参数，其他两个参数也会随之变化。勾选“重新采样”选项，图像将通过插值算法改变像素的数量，Photoshop 提供了多种插值方法，“保留细节 2.0”可以满足大部分需求。在这种情况下，修改分辨率，图像的宽度和高度不会发生变化，但图像的像素数量随之改变。

与此相似，修改图像的宽度或者高度，图像的分辨率不会改变，图像的像素数量随之改变。注意，若不选中“保持长宽比”选项，则修改宽度后，高度并不会随之改变，可以根据需要手动修改图像高度数值。如果选中“保持长宽比”，修改图像的宽度或高度，则另一个参数也会随之改变。根据案例要求，这里将图像宽设置为 138 mm，高设置为 90 mm，分辨率设置为 300 像素/英寸。

图 2－44　“图像大小”工具界面

本案例要求明信片具有 5mm 宽的白边，这可以通过扩展画布来实现。执行菜单命令“图像”→“画布大小”，如果“画布扩展颜色”不可选，可通过“图层”→“新建”→“背景图层”解决上述问题。再次打开“画布大小”工具，勾选“相对”选项 相对(R)，可设置画布相对原始状态的扩展大小和方位。本案例中边框的总宽度和高度均为 10 mm，均以原始画布为中心向四周扩展，扩展的画布颜色可以通过拾色器交互设置，这里以白色填充扩展画布，如图2－45 所示。

(a) 画布大小参数设置　　(b) 边框添加效果

图 2－45　边框添加效果

通过“文件”→“置入嵌入对象”操作可添加其他图像素材。这里，首先添加一个校徽图像，然后调节其大小，并拖放到合适的位置，然后点击工具选项栏中的“应用”按钮✓完成该素材的编辑。采用同样的方法，可以导入并编辑其他图像素材（如校训图像）。

除了图像素材，Photoshop 还可以添加、编辑各种图形和文本对象，下面举例演示。

从工具箱中选择“椭圆工具”[图 2－46（a）]，拖拽鼠标绘制一个椭圆，绘制结束后自动弹出“属性”框，可以设置图形的填充方式，包括无填充、纯色填充、渐变填充等方式。这里采用纯色填充，可利用拾色器修改填充颜色，采用类似操作可以设置图形的边框样式。

文字的添加也很便捷，选择“横排文字工具”[图 2－46（b）]，在需要嵌入文字的地方点击鼠标左键进入文字编辑模式，完成文字输入后，可以在工具选项栏中对字体、大小、颜色等参数进行设置。选择“移动工具”[图 2－46（c）]，点选文本对象，可将文本移动到所需位置。

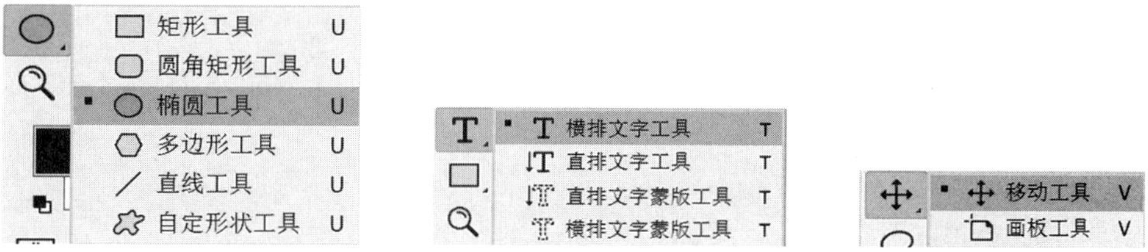

(a) 椭圆工具　　(b) 横排文字工具　　(c) 移动工具

图 2－46　本案例图形、文字编辑所需工具

经过上述操作，图层面板中出现了多个对象，每个对象的不透明度可以分别设置。有关图层的知识将在后续介绍。这里，将“椭圆”图形对应的图层不透明度降低，实现了半透明效果。完成一个实际任务通常涉及大量操作，Photoshop 在“历史记录”面板中记录了所有的操作步骤，点击某个步骤可以查看截至该步骤的文档状态，当出现误操作时可回滚到某个状态，而不至于推倒重来（图 2－47）。

经过上述操作，明信片就制作完成了。最后，可以将该工程文件保存，也可以导出图像作品（如 png 图像、jpg 图像）。如果导出为图像作品，则合成为单一文件，后续无法单独修改某个要素。如果保存为 psd 工程文件，则所有的操作记录也保留其中，方便后续在此基础上进一步修改。

最后，可以通过打印预览测试效果。比如选取 A4 尺寸纸张，从明信片所

图 2－47　明信片制作与打印主界面

占的比例大小可以大致判断明信片的尺寸是否符合任务要求。

2.5.2　调整与修饰

在现实生活中，由于环境条件、拍摄参数等影响，可能导致图像质量降低，图 2－48 给出了一些示例。比如：雾天拍摄的照片总是灰蒙蒙的，原本是金黄色的脸盆却变成了橙色。因此需要对图像颜色进行增强和校正。还有些情况下，图像中可能包含一些不希望出现的杂物或者其他对象，需要在后期处理中移除。这些需求可以通过 Photoshop 强大的图像调整和修饰功能实现。

(a) 增强雾天图像

(b) 调整对象颜色

(c) 去除场景杂物

图 2－48　图像调整和修饰示例

2.5.2.1　案例学习：图像去雾

任务：如图 2－49 所示，调整图像颜色，增强图像质量，达到去雾的效果。

(a) 原始图像　　(b) 调整后的图像

图 2－49　图像去雾案例

Photoshop 提供了强大的曲线工具来调整颜色分布。其中涉及一个叫“响应曲线”的概念。响应曲线表达的是调整前和调整后的颜色之间的对应关系。调整这条曲线的形状可以改变输入与输出的对应关系。

打开待处理图像后，执行菜单命令“图像”→“调整”，打开曲线调整工具（快捷键 Ctrl＋M）。曲线调整工具默认情况下显示的是 RGB 整体灰度的直方图。从图 2－50（a）可以看出，位于中间区域的像素数量较多，而位于两端的像素数量较少，即图像绝大部分像素的灰度值都处于中等水平，导致图像明暗对比度不够，所以原始图像显得灰蒙蒙的。将鼠标移动到文档视图中的图像区域，鼠标变为吸管状态。点击鼠标左键，吸管所在像素的输入和输出值，及其在曲线上的位置将显示出来，如图 2－50（b）所示。默认情况下曲线是一条直线，输入和输出是相等的。

如图 2－50（b）所示，在曲线任意位置点击鼠标左键，将新增一个控制点，鼠标左键拖拽控制点可以改变曲线的形状。通过在曲线上添加多个控制点，可以实现曲线形状的灵活调整。如利用上述方法添加两个控制点，调节后的曲线在输入较低的区域响应调低，在输入较高的区域响应调高，即让原图中较暗的区域变得更暗，较亮的区域变得更亮，从而提高图像的对比度。曲线调整后的图像如图 2－50（c）所示，曲线调整后图像对应的曲线如图 2－50（d）所示。

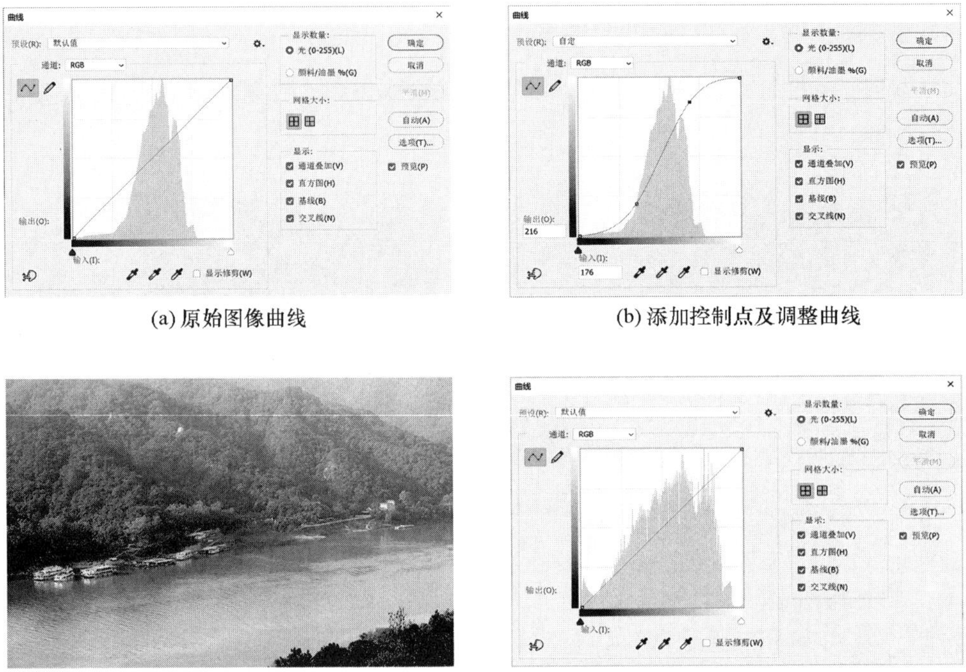

(a) 原始图像曲线

(b) 添加控制点及调整曲线

(c) 曲线调整后的图像

(d) 曲线调整后图像对应的曲线

图 2－50　图像去雾案例曲线调整

上述过程可以重复进行，直到获得满意的效果。从图 2－50（d）可以看出，直方图右侧区域对应的像素数量较少，说明图像中亮度较大的区域较少。因此，可以在曲线的右侧添加控制点，调节曲线，提高输入值较高的区域的响应，可进一步提升图像的明亮程度。

2.5.2.2　案例学习：色偏校正

解决色偏问题的方法很多，这里介绍如何通过 Photoshop 的“色相/饱和度”调整工具实现色偏校正，其本质是将图像中像素的源色相映射为其他目标色相，以及对色相的饱和度和明度参数进行调整。

如图 2－51 所示，原始图片中的脸盆应该是金黄色，但却表现为橙色，而且偏暗。执行菜单命令“图像”→“调整”→“色相/饱和度”，或者通过快捷键 Ctrl + U 打开“色相/饱和度”调整工具。点击“作用范围”下拉菜单，可以选择调整的色彩作用范围。这里采用“全图”，即对图中所有色彩都进行调整。

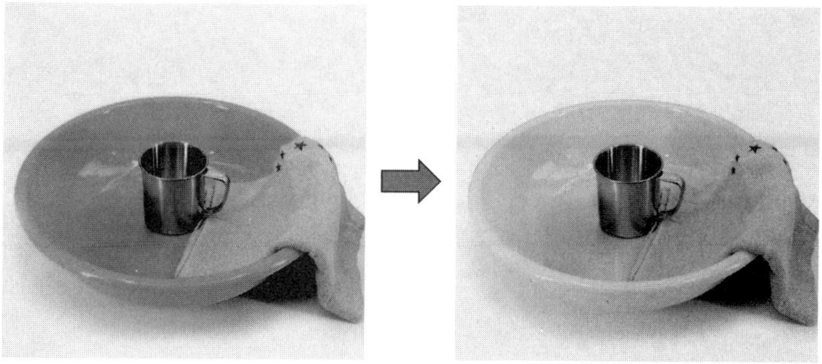

(a) 原始图像　　　　(b) 参考效果

图 2－51　色偏校正案例（见书后彩图）

如图 2－52 所示，调节“色相”滑块，可以看到图像的色调随之发生变化，“色相/饱和度”底部的色相条也发生了变化。为了更加清楚地观察颜色变化的原理，将色相值调节到－160。此时，原始色相条中的浅橙色对应于蓝色，所以脸盆变为了蓝色，而紫红色对应于青色，所以五角星变成了青色。

图 2－52　色相/饱和度调整（见书后彩图）

因此，为了对该图进行色偏校正，需要修改色相值，使得浅橙色对应于金黄色。其中，饱和度是调整颜色的鲜艳程度，明度是调整画面的明暗程度。这两个属性可以根据需要进行适当调节。本案例所使用的参数如图 2－53 所示。

图 2－53　色偏校正案例色相/饱和度调整（见书后彩图）

2.5.2.3　案例学习：杂物移除

杂物移除本质上是需要对某个区域的图像内容进行修改，可以采用两种思路实现。第 1 种是复制一个区域的图像内容，然后将其融合到图像中。这里的融合指的是将复制的内容叠加到待处理的原始图像中时，并不是简单覆盖，而是通过颜色融合实现更加自然的嵌入。第 2 种是利用内容识别智能算法自动对图像的某个区域进行填充。Photoshop 中提供内容识别填充的高级操作，可以自定义内容识别算法的取样区域，以实现填充内容的约束。

如图 2－54 所示，要求去除图像中的矿泉水瓶和标牌区域，修饰后的图像不能出现突变、内容不协调等现象。

(a) 原始图像　　　　(b) 参考效果

图 2－54　杂物移除案例

首先通过内容识别技术来实现图像修饰，例如，可使用 Photoshop 中的“污点修复画笔工具”。选中“污点修复画笔工具”［图 2－55（a）］，将鼠标移动到图像区域内，依次按下 Alt 键和鼠标右键，并保持 Alt 键和鼠标右键为按下状态，左右移动鼠标可以调节画笔的大小，上下移动鼠标可以更改画笔边缘的羽化程度［图 2－55（b）］。

(a) 选中“污点修复画笔工具”

(b) 设置“污点修复画笔工具”

图 2－55 “污点修复画笔工具”选取和设置

释放 Alt 键和鼠标右键，点击鼠标左键并拖动鼠标涂抹杂物所在区域，涂抹完成后松开鼠标左键（图 2－56）。可以看到涂抹区域自动填充为周围的颜色，从而实现杂物去除。注意，画笔的羽化程度对修复边缘痕迹有影响，建议自行尝试。

(a) 选中“污点修复画笔工具”

(b) 设置“污点修复画笔工具”

图 2－56 利用“污点修复画笔工具”实现杂物移除

接下来通过内容复制来实现图像修饰，这里使用“修复画笔工具”。如图 2－57 所示，选中“修复画笔工具”，将鼠标移动到图像区域内，按下 Alt 键，鼠标图标发生变化，移动鼠标至源图像位置，也就是希望复制的图像位置，这里选取水面区域，点击鼠标左键完成源图像位置的设定。然后调节画笔大小和羽化范围。完成上述设置后，点击鼠标左键并拖动鼠标涂抹杂物区域，可实现杂物的去除。其本质是利用源图像周围的图像内容对画笔涂抹区域进行填充和融合。

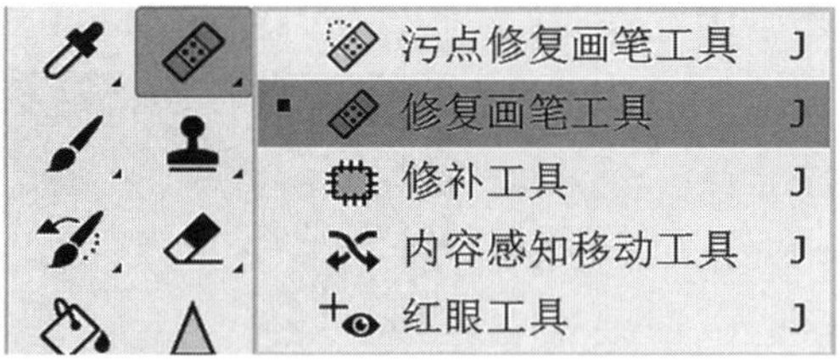

图 2－57　选中“修复画笔工具”

对于图像左侧标牌，由于这个区域较大，不适合采用“污点修复画笔工具”。先尝试用“内容识别填充”来处理。如图 2－58 所示，利用“多边形套索工具”［图 2－58（a）］框选出标牌的大致区域［图 2－58（b）］，在鼠标右键弹出菜单中选择“填充”工具［图 2－58（c）］，内容选项设置为内容识别。完成上述操作后，内容识别算法将多边形选区内自动填充为与周边类似的图像内容，但人工修改的痕迹比较明显［图 2－58（d）］。

执行菜单命令“编辑”→“内容识别填充”，打开“内容识别填充”工具，可以看到图像中有部分区域被半透明遮罩盖住。这部分区域称为取样区域，内容识别算法就是根据取样区域来生成填充内容的。修改取样区域可以实现不同的内容识别填充效果。“内容识别填充”工具中的画笔有加⊕、减⊖两个选项，可以快速实现取样区域的修改。如图 2－59 所示，可通过画笔工具将取样区域限定为轮胎所在区域。

(a) 多边形套索工具　　(b) 框选标牌大致区域

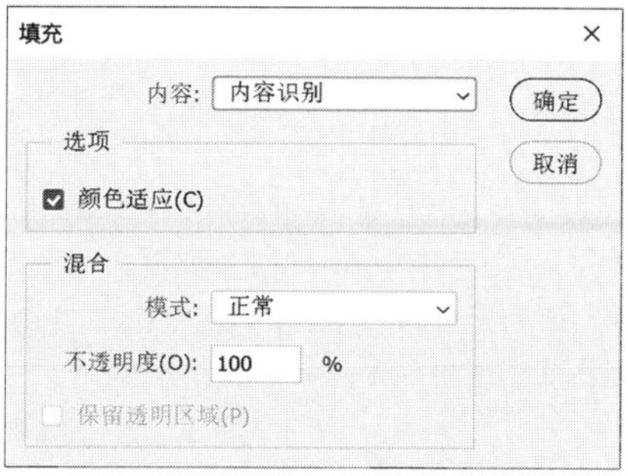

(c)“填充”工具

(d) 标牌区域填充结果

图 2－58　利用“填充”工具实现杂物移除

图 2－59　“内容识别填充”工具设置

标牌移除结果如图 2－60 所示，可以看到自动识别填充的内容也具有与轮胎类似的形态，而且没有明显的人工修改痕迹，从而获得了较好的图像修饰效果。

图 2－60　“内容识别填充”工具标牌移除结果

2.5.3 选区与抠图

Photoshop 中的选区是指通过选区工具在图像中选中的一个区域，采用动态虚线来标注。选区具有十分重要的作用。Photoshop 提供了多种选区工具和方法，根据原理大致可分为两类，第 1 类是基于形状的选区方法，第 2 类是基于图像（或图像通道）颜色差异的选区方法。

下面结合 3 个案例对典型的选区方法进行介绍。

2.5.3.1 案例学习：挂画设计

任务：如图 2－61 所示，对所给挂画设计稿进行编辑处理，修改画框、左下角文字衬底颜色，并从所给素材中提取校徽嵌入挂画，创建如参考效果所示的挂画设计稿。

(a) 素材　　(b) 参考效果

图 2－61　挂画设计案例

该案例的核心是创建挂画边框选区、文本衬底选区、校徽选区，而后进行选区图像调整或抠图利用。由于这些区域都是比较简单的几何形状，因此可以利用 Photoshop 的形状选区工具完成。Photoshop 中提供了矩形选框、椭圆选框、套索工具、多边形套索工具等多种形状选区工具，并且支持添加到选区、从选区中减去、与选区交叉等选区运算，提高了形状选区的灵活性。比如，对于图 2－61 中半圆形的文本衬底，尽管没有半圆选区工具，但可以先创建一个圆形选区，然后再创建一个矩形选区，通过选区交叉运算就能得到文本衬底选区。

打开画框原始设计效果图。首先，对画框的颜色进行调节。如图 2－62 所示，选择“矩形选框工具”，选项栏出现了“新选区”“添加到选区”“从选区减去”“与选区交叉”四种选区运算。

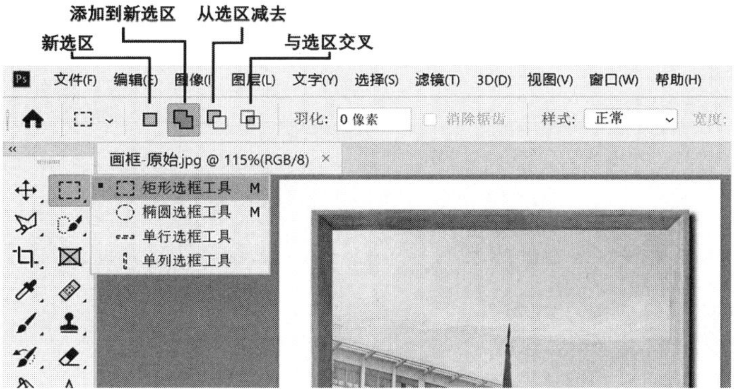

图 2－62　选区工具

其次，在新选区模式下框选出整个画框范围。由于并不想修改挂画本身的颜色，因此切换到“从选区减去”选项，然后框选出画框内部区域，得到仅包含边框的区域［图 2－63（a）］。选区的获取方法是多种多样的，下面举例说明。先取消刚才获得的区域，取消选区可以执行“选择”→“取消选择”菜单命令，也可以采用快捷键 Ctrl＋D。将选区运算切换到“添加到选区”模式，重复多次矩形选框操作，获得边框的大致区域［图 2－63（b）］。切换到

(a)“从选区减去”模式　　(b)“添加到选区”模式

图 2－63　挂画边框选区

“从选区减去”模式，并利用矩形选框工具将边框以外的区域框选出来，再从选区中减去。经过上述操作，也获得了仅包含边框的选区。

如图 2 - 64 所示，选区确定之后，通过快捷键 Ctrl + U 打开“色相/饱和度”工具调整图像色相，该调整将仅作用于选区内的图像。调整完成后，取消选区。

图 2 - 64　挂画边框色相/饱和度调整

下面选择画框左下角的半圆形文本区域。选择“椭圆框选工具”［图 2 - 65 (a)］，拖动选框的同时按下 Shift 键，可以创建圆形区域［图 2 - 65 (b)］。由于圆形的大小很难与文本区域一致，可以通过“选择”→“变换选区”功能调整选区的大小并将其移动到合适位置［图 2 - 65 (c)］。接下来，选择“矩形选框工具”，并将选区运算模式切换到“与选区交叉”模式，这样便能通过矩形选框与圆形选框相交的部分实现半圆形文本选区的创建［图 2 - 65

(a) 椭圆选框工具　(b) 创建圆形区域　(c) 调整圆形选区

(d) 创建交叉选区　　(e) 调整色相/饱和度

图 2－65　半圆形文本区域选区及调整

(d)］。然后便可以调整选区内图像的色相/饱和度，调整后的结果如图 2－65（e）所示。

以上是对原始画框中的部分区域进行单独处理。下面展示如何从其他素材中提取图像区域并添加到挂画中。

如图 2－66（a）所示，打开“校徽”素材，选择“椭圆框选工具”，并将羽化值设置为 20，然后创建圆形选区并调整到合适的大小及位置，再执行“编辑”→“拷贝”或者快捷键 Ctrl + C 将选区内的图像内容拷贝出来。如图 2－66（b）所示，切换到画框设计图，执行快捷键 Ctrl + V 可将拷贝的内容粘贴到文档视图，可以看到校徽的边缘是半透明的，这就是羽化的作用。

(a)“校徽”选区　　(b)“校徽”叠加

图 2－66　“校徽”选区及叠加

修改羽化值为 0，再次重复上述选区、拷贝、粘贴操作，可以看到校徽边缘不再透明。执行快捷键 Ctrl + T 调节校徽大小，并移动到合适的位置，完成画框的设计改造（图 2－67）。

图 2－67　挂画设计案例操作结果

2.5.3.2　案例学习：追随拍摄特效

任务：如图 2－68 所示，对所给的素材进行处理，实现如参考效果所示的“追随拍摄”特效。

(a) 素材　　(b) 参考效果

图 2－68　追随拍摄特效案例

实现上述目标，主要有两个要点。一是要能够把战机和背景分离开，也就是通过选区工具选择背景。二是为背景选区添加运动模糊滤镜特效，滤镜的使用比较简单，大家可以自学。由于战机的形状并不规则，利用形状选区工具不易创建选区。但战机和背景的颜色差异比较明显，这种情况下可以利用“快速选择工具”或者“魔棒工具”进行选区。

这里介绍如何采用“快速选择工具”来选择战机区域［图 2－69（a）］，首先利用较大的画笔大小快速选出大致范围［图 2－69（b）］，然后缩小画笔大小，在“从选区中减去”模式下对选区进行精细化的修正［图 2－69（c）］。为了便于操作，将文档视图放大，必要时可进一步缩小画笔大小，这里不完整展示该过程。

(a)“快速选择工具”　(b) 战机大致区域选区　(c) 战机选区精细化修正

图 2－69　利用“快速选择工具”实现战机选区

除了上述手动选区方式外，Photoshop 还提供了智能化的选区操作，执行菜单命令“选择”→“主体”，可以自动识别并框选出画面中的主要对象（图 2－70）。当然这个自动选区的结果不一定完美，可以结合手动选区进行精细化修正。

图 2－70　利用“选择”→“主体”工具实现战机选区

选中、复制并粘贴战机图像内容。此时图层面板包含“背景”和“图层 1”两个图层（图 2－71），其中“图层 1”仅包含战机对象。

定位到背景图层，为了避免干扰，暂时隐藏“图层 1”。利用“套索工具”选出战机的大致区域，然后利用“内容识别填充”工具将战机去除，得到干净的背景图（图 2－72）。

如图 2－73 所示，利用“滤镜”→“模糊”→“运动模糊”工具实现背景特效的添加。最后，打开“图层1”显示开关，可查看最终效果。

图 2－71　复制战机创建新图层

(a)“套索工具”

(b) 战机大致范围选区及内容识别填充

图 2－72　追随拍摄特效背景处理

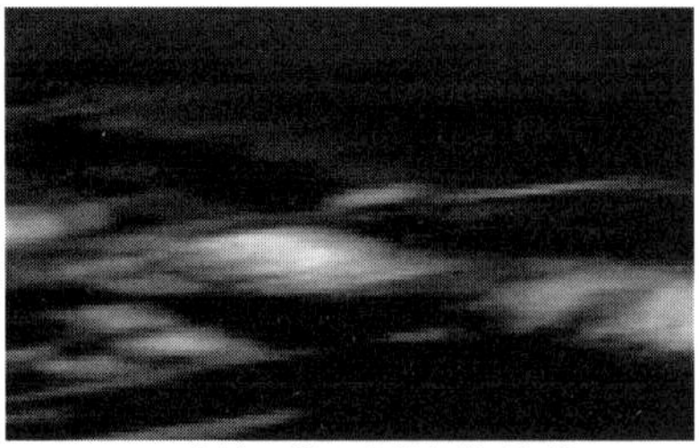

(a) 添加“运动模糊”特效

(b) 追随拍摄特效最终效果

图 2－73　追随拍摄特效添加

2.5.3.3 案例学习：天空背景修饰

任务：如图 2 – 74 所示，利用选区方法选择所给素材的天空部分，然后调整天空的色相/饱和度，提升天空背景视觉效果。

(a) 素材　　　　(b) 参考效果

图 2 – 74　天空背景修饰案例

由于天空所在区域形状复杂，而且有许多细小的区域。此外，单纯从颜色也很难区分天空背景和其他景物。因此难以利用形状选区和图像颜色差异选区方法，这种情况可采用通道选区方法，其核心是选择一个前景和背景颜色差异最明显的图像通道来辅助开展选区。

如图 2 – 75 所示，打开通道面板，该列表中包含 RGB、红、绿、蓝 4 个条目，点击各条目左侧的开关，可以分别查看红、绿、蓝通道。红、绿、

图 2 – 75　图像通道查看

蓝通道都是灰度图，蓝色通道中天空和景物颜色差异最大。

在蓝色通道图标上点击鼠标右键复制蓝色通道，新建“蓝拷贝”通道（图2-76）。注意，新建的“蓝拷贝”通道的作用与图像的RGB通道功能不同，它仅仅是一个用于存储用户数据的灰度图。由于颜色差异越大，选区操作越容易，为了进一步增大天空和景物颜色差异，利用曲线工具对“蓝拷贝”通道图像进行调整，将高值部分的响应放大，将其余部分的响应缩小，这样就加大了像素对比程度，天空和景物的颜色基本实现了分离。

图2-76　“蓝拷贝”通道图像调整

但是，景物中还有一些灰色区域，可以用橡皮擦将其擦除。对于大范围的擦除，可以采用较大的画笔。橡皮擦过的区域将用背景色填充，这里选用黑色。同样，可以采用白色擦除天空中的杂色。对于细节部分，可将画笔调小，并放大文档视图进行精细擦除。如图2-77所示，将“蓝拷贝”通道作为选区载入，获得白色区域，即天空选区。

关闭“蓝拷贝”通道，在通道面板中选中RGB通道并返回图层面板，可以看到出现了刚才载入的选区，接下来便可利用各种图像调整工具（如“色相饱/和度”工具）对天空选区等参数进行调整。

以上结合典型案例学习了3种选区方法及相关操作。选区是Photoshop的难点和重点，除了刚才介绍的内容，还有许多更加复杂的情况（如半透明物体抠图、毛发抠图等），相关内容可自行查阅资料和拓展练习。

图 2－77 将“蓝拷贝”通道作为选区载入

2.5.4 变换与拼接

本节介绍 Photoshop 中关于图像变换和拼接的相关内容。生活中许多图像处理实际问题都可以通过图像变换或拼接方法来解决，下面结合具体案例进行讲解。

2.5.4.1 案例学习：宣传栏设计

任务：如图 2－78 所示，利用给定海报素材替换宣传栏内容，创建宣传栏设计效果图。

(a) 素材　　(b) 参考效果

图 2－78 宣传栏设计界面案例

本案例所给的海报素材是长方形，而宣传栏由于拍摄角度的问题呈现为不规则四边形，因此该案例的核心是如何将长方形海报准确融入宣传栏框架，这需要对海报素材进行几何变换。Photoshop 中常见的图像几何变换包括平移、旋转、缩放、透视等，其中透视是最普通的几何变换，其他变换都是透视变换的特殊情况。

首先，打开宣传栏图像，然后通过“文件”→“置入嵌入对象”打开海报（图 2－79）。将鼠标移动到嵌入对象的控制点，鼠标形状发生变化，此时拖拽鼠标左键，可以缩放图像。在对象内部拖拽鼠标左键可以移动对象。调整完成后，点击选项栏应用按钮✓完成编辑。

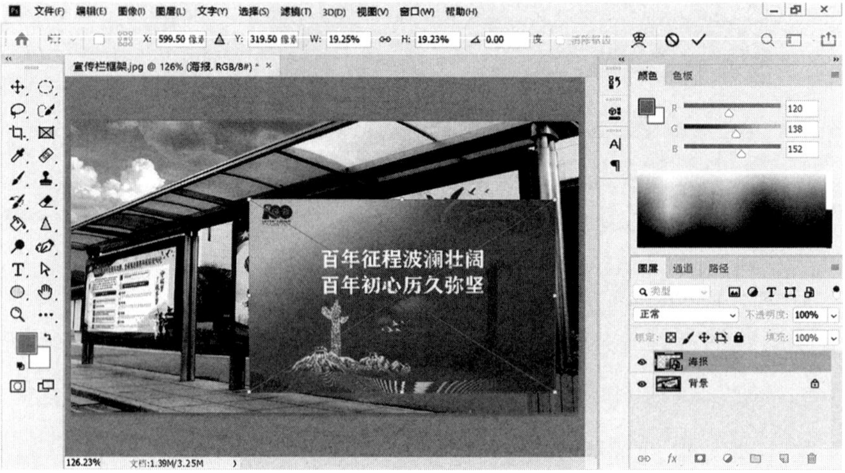

图 2－79　嵌入海报对象

如图 2－80 所示，从菜单执行“编辑”→“变换”→“扭曲”命令，打开“扭曲”变换工具。按下 Shift 键，鼠标左键单击选中对象的某个顶点并拖动到宣传栏相应的位置。四个顶点都进行上述调节后，可以获得透视效果正确的海报。

放大图像发现海报边缘不够柔和，可采用“模糊工具”对其进行修饰。如图 2－81 所示，打开“模糊工具”并设置适当的画笔大小和硬度，点击鼠标左键尝试用画笔涂抹。提示需要栅格化对象，选择确定继续。用画笔沿海报边缘涂抹，边缘产生模糊效果，海报和宣传栏更好地融为一体。

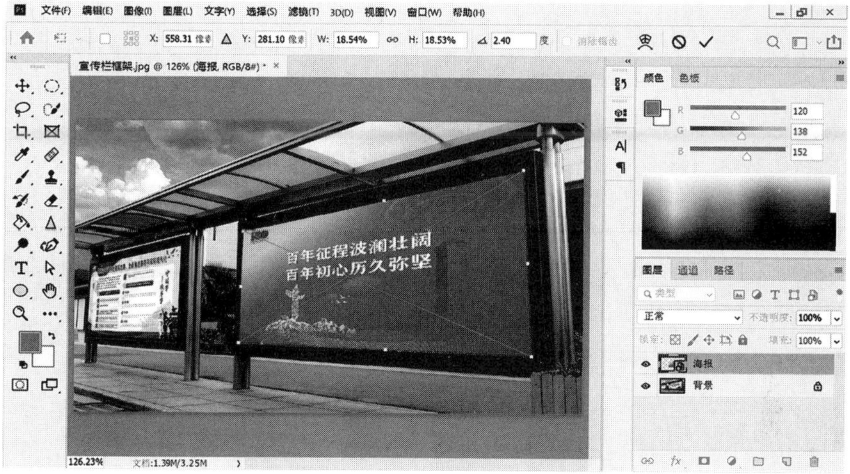

图 2－80　海报“扭曲”变换

图 2－81　“模糊工具”

2.5.4.2　案例学习：卡证图像矫正

任务：如图 2－82 所示，对包含身份证的照片进行处理，要求处理后的身份证形状和尺寸符合真实身份证要求（身份证长 85.6 mm、宽 54 mm，图

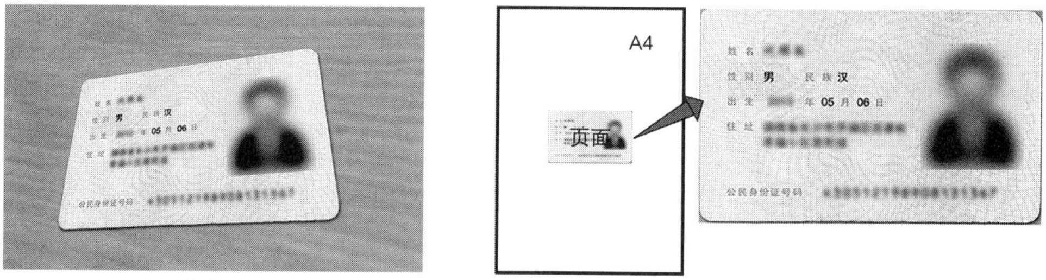

(a) 原始身份证照片　　(b) 参考效果

图 2－82　卡证图像矫正案例

像分辨率为 300 像素/英寸）。

该案例的核心是去除图像的透视畸变。首先需要框定变形的范围，也就是确定卡证所在的多边形区域；其次需要指定矫正后的图像尺寸数据。最后，通过透视裁剪功能实现图像变换。打开“透视裁剪工具”［图 2－83（a）］，鼠标左键依次点击身份证四个角的位置，大致框选出身份证的范围［图 2－83（b）］。

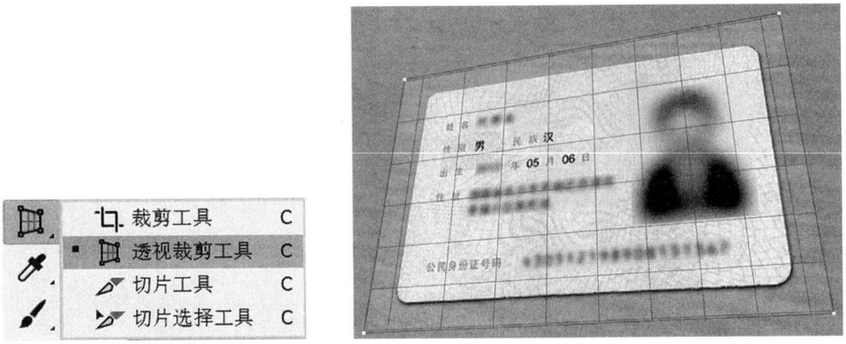

(a)“透视裁剪工具”　　(b) 参考效果

图 2－83　“透视裁剪工具”

然后，鼠标左键拖拽网格的控制角点，使网格边框与身份证的四条边对齐。默认情况下，控制角点的移动被限制在网格的某条边线，调节不够灵活。按下 Shift 键再执行上述操作，则可实现控制角点的任意移动。各控制角点可以多次调节，确保网格边框与身份证四边对齐（图 2－84）。

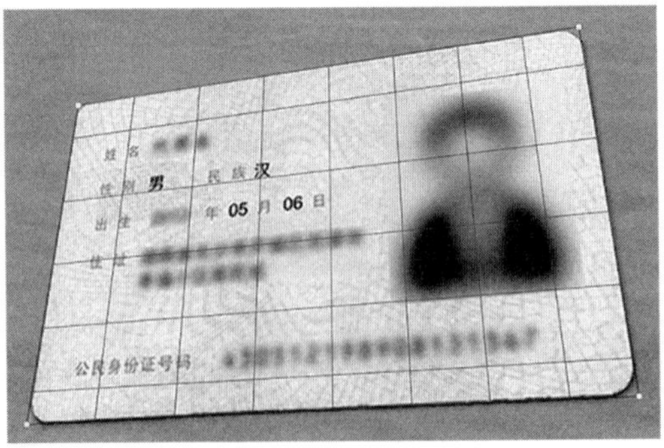

图 2－84　透视裁剪区域修正

如图 2－85 所示，在选项栏中输入正确的尺寸参数，这里分辨率设置为

300 像素/英寸，根据身份证的长宽尺寸可计算出宽度为 1011 像素，高度为 638 像素。

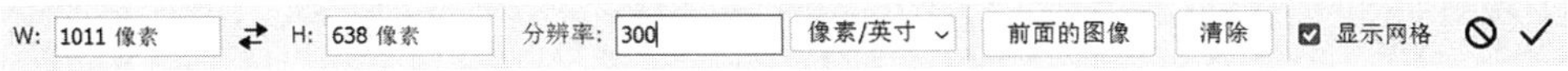

图 2 – 85　身份证矫正参数设置

设置完成后，矫正效果如图 2 – 86 所示。从打印预览中可再次确认其尺寸符合要求。

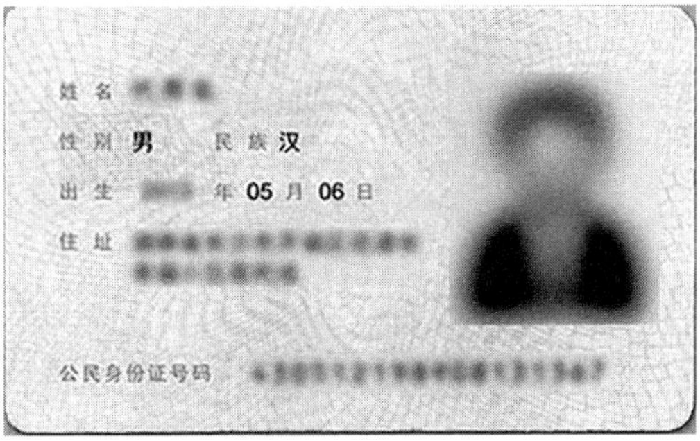

图 2 – 86　身份证图像矫正结果

2.5.4.3　案例学习：分幅扫描拼接

任务：如图 2 – 87 所示，将给定的证书分幅扫描图像拼接融合，并进行适当的旋转和裁剪，形成完整的证书。

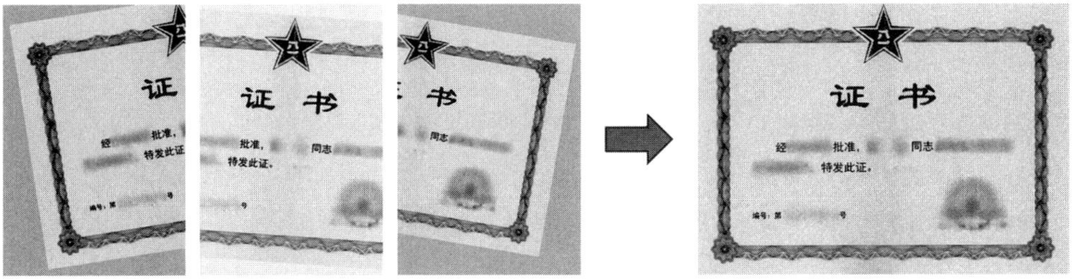

(a) 分幅扫描图像　　(b) 参考效果

图 2 – 87　分幅扫描拼接案例

该案例的核心是图像拼接和颜色融合。其中，图像拼接方法是透视变换拼接。为了消除拼接痕迹，还需进行颜色融合。Photoshop 中的 Photomerge 工具可实现上述过程的自动化处理。

从菜单执行“文件”→“自动”→“Photomerge”命令，打开 Photomerge 工具并导入证书分幅扫描图像。Photomerge 提供了多种选项。版面选项包括自动、透视、圆柱等模式，本质是采用不同的变换和拼接算法，Photoshop 自动版面有时并不能满足所有需求。

如图 2－88 所示，先将版面设置为“透视”模式，并且关闭“混合图像”选项，完成设置后点击“确定”，图像自动变换和拼接，根据计算机性能和图像数量尺寸不同，该过程可能会持续不同的时间。

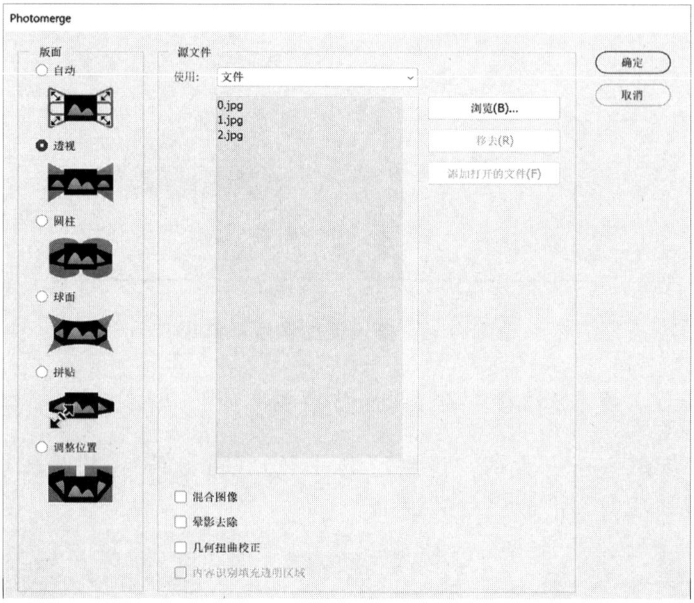

图 2－88　分幅扫描拼接案例 Photomerge 参数设置

如图 2－89 所示，自动处理完成后可以看到 3 张图像均变换到一个统一的坐标系下，拼接形成了一幅完整的证书，但各图像之间有明显的拼接痕迹。这主要是由于图像的颜色差异造成的。

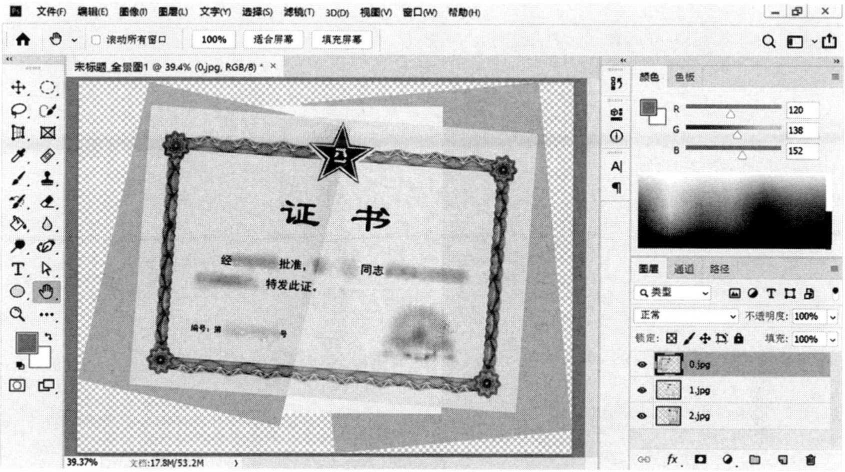

图 2 – 89　未开启“混合图像”选项的证书拼接结果

为了解决上述问题，Photoshop 提供了照片的颜色自动融合功能。重新打开 Photomerge 工具，仍然选择“透视”模式，开启“混合图像”选项，点击“确定”开始拼接。自动处理完成后，形成一个完整的证书，而且图像颜色融合一致（图 2 – 90）。

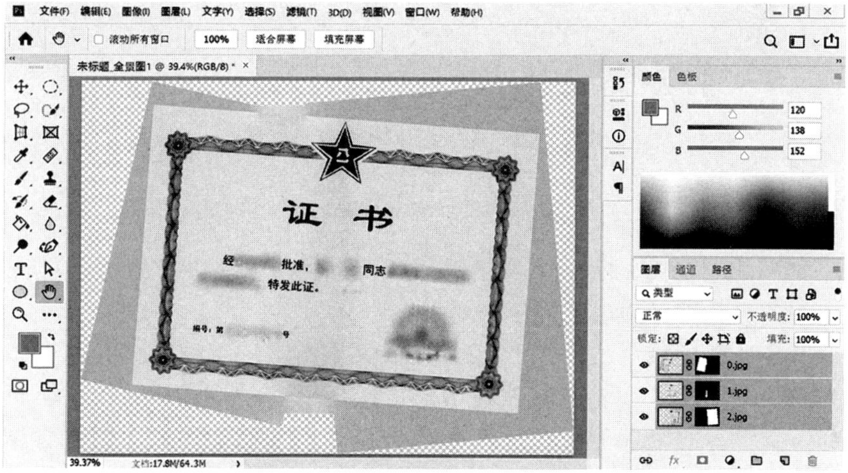

图 2 – 90　开启“混合图像”选项的证书拼接结果

接下来进行一些必要的修正。如图 2 – 91 所示，打开“裁剪工具”，选中“拉直”（图 2 – 91）。点击鼠标左键并拖拽鼠标沿图像中的一条水平线绘制一条直线，图像将自动旋转至正确的水平角度。然后调节定界框并按下键盘 Enter 键，获得最终拼接证书（图 2 - 92）。

图 2 - 91 “裁剪工具”

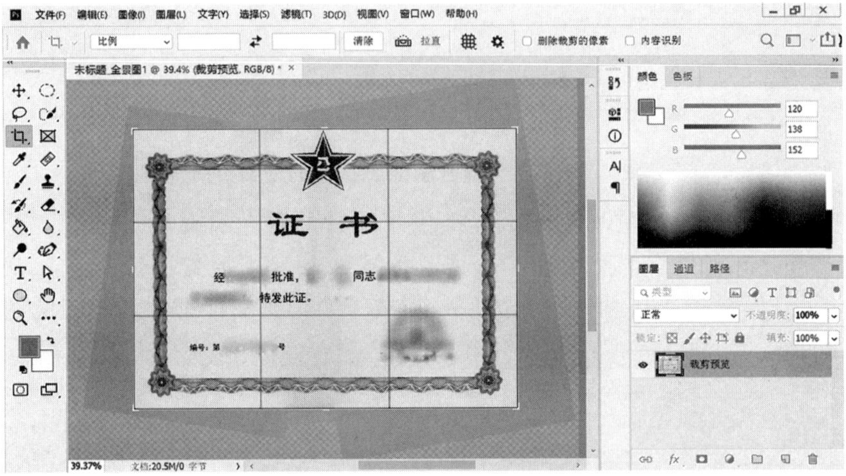

图 2 - 92 拼接结果的裁剪与拉直

2.5.4.4 案例学习：摇摄全景拼接

任务：如图 2 - 93 所示，将给定的 13 幅摇摄图像拼接处理成柱面全景图，从而解决单幅照片视野过小的局限性。

摇摄是一种拍摄手法，指的是摄像机位置不动，借助三脚架或人体进行多个方向的摇动拍摄。前面的分幅扫描拼接案例中，是通过透视变换将图像转换到一个统一的坐标下。这里将其中 6 幅照片采用上述方法进行尝试，发现拼接之后的图像整体尺寸过大，而且部分照片的变形过于严重，因此上述方法并不适用。这种情况下，需要采用柱面投影方式来实现全景拼接。其基本思想是将所有图像转换到同一个圆柱面上，然后将圆柱展开获得柱面全景图。上述操作可以借助 Photomerge 工具实现。

(a) 摇摄图像序列　　　　(b) 参考效果

图 2－93　摇摄全景拼接案例

首先，打开“Photomerge 工具”，导入摇摄图像集，本案例所采用的数据一共有 13 幅照片（图 2－94）。保持“混合图像”选项开启，并打开“内容识别填充透明区域”选项。

图 2－94　摇摄全景拼接案例图像导入

点击确定开始全景拼接。如图 2－95 所示，自动处理完成后，一个内容完整、颜色协调的柱面全景图就制作好了。

图 2-95　摇摄全景拼接处理结果

2.5.5　图层与合成

在各类宣传报道和媒体资料中，经常能看到这样一些配图，每张作品中都包含多种要素或多个对象，这种方式可以极大地提高媒体的表现力。Photoshop 提供一种称为"图层"的核心技术机制，可以把每个图层看作一张透明的画布。图层机制可为多种视觉要素的组织、编辑及组合提供强大的支撑。

下面结合具体案例介绍 Photoshop 的图层与合成的相关知识。

2.5.5.1　案例学习：照片拼图

任务：如图 2-96 所示，利用所给素材，创建如参考效果所示的照片拼图，输出最终合成图像。

本案例的主要目的是通过练习熟悉图层与合成的基本操作，掌握如何通过智能滤镜实现图层的非破坏性编辑、如何对图层进行颜色填充、如何选择合适的图层混合模式等。

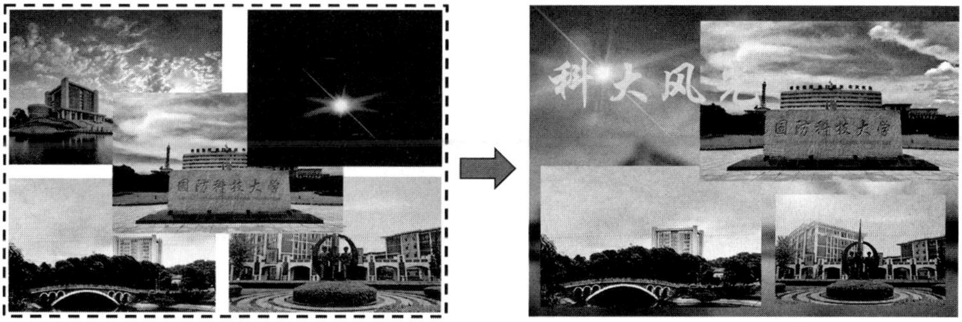

(a) 分幅扫描图像　　　　(b) 参考效果

图 2－96　照片拼图案例

首先打开“图书馆 . jpg”背景图像，可以看到在“图层”面板中自动创建了一个图层［图 2－97（a）］。鼠标右键点击图层条目，在弹出菜单中选择“转换为智能对象”［图 2－97（b）］。智能对象的好处是可以实现非破坏性编辑。

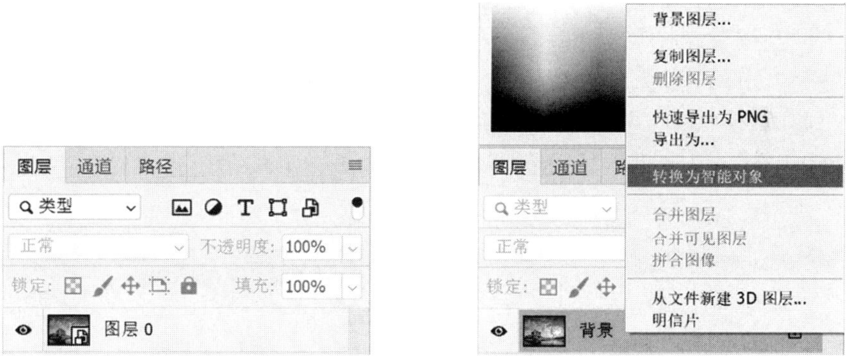

(a)“图层”面板　　　　(b) 转换为智能对象

图 2－97　图层及智能对象

执行“滤镜”→“模糊”→“高斯模糊”添加高斯模糊特效。如图 2－98 所示，图层下方自动添加了高斯模糊智能滤镜。在图层面板中双击“高斯模糊”可以再次自由调节模糊特效。右键点击图层下方的“智能滤镜”，左键点击“清除智能滤镜”，可以停用或者删除滤镜特效。由于上述过程中图像本身并没有被修改，因此这种编辑是非破坏性编辑，更加自由灵活。

图 2－98　“高斯模糊”智能滤镜

点击“图层”面板底部的“新建”按钮，可以创建新的图层（点击“删除”按钮，可以删除图层）。新建的图层上没有任何对象，因此是透明的。鼠标左键单击图层条目，选中刚才新建的“图层 1”，利用“渐变工具”［图 2－99（a）］为图层填充颜色。可以采用预设的渐变色，也可以修改颜色属性。如图 2－99（b）所示，点击选项栏图标中的颜色条，打开“渐变编辑器”可实现上述设置［图 2－99（b）］。

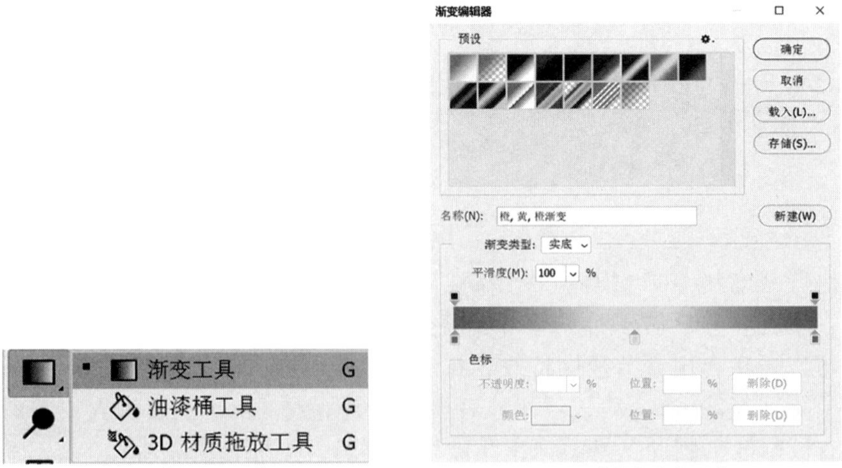

(a)“渐变工具”　　(b)“渐变编辑器”

图 2－99　“渐变工具”及颜色设置

拖拽鼠标左键指定渐变颜色的起止位置，释放鼠标后图层将自动填色，填充结果如图 2 - 100 所示。

图 2 - 100　“图层 1”渐变填充结果

图层的顺序对最终的合成图像将产生影响，上层对下层有遮挡作用。在“图层”面板中可以利用鼠标左键拖动图层改变其顺序，点击图层左侧的可见性开关 可以打开或者关闭图层。各图层的不透明度可以单独设置。如图 2 - 101 所示，将“图层 1”的不透明度降低，可以看到产生了半透明效果。

图 2 - 101　图层不透明度调节

执行“文件”→“置入嵌入对象”可以将图像文件作为智能对象图层添加到当前文档。这里，依次导入“南门.jpg”“拱桥.jpg”“雕塑.jpg”“闪光.jpg”4个图像文件。如图2－102所示，图层面板中新增了4个图层，图层的名字为图像文件名称，双击图层名称文本可以对其进行修改。要对某个图层内容进行编辑，首先必须选中该图层。为了避免图层之间的干扰，先暂时关闭其中一些图层。

图2－102　通过“置入嵌入对象”导入多个图层

图层的选中模式有两种。如图2－103所示，如果“移动工具”的“自动选择”选项处于开启状态，在文档窗口中点击图元，则将自动选中其所在图层。取消“移动工具”的“自动选择”选项，点击图元不能自动切换到相应图层，只能在图层面板中手动选中某个图层。

(a)“移动工具”　　(b)“移动工具”选项栏

图2－103　“移动工具”及图层选择

在图层被选中的情况下，通过快捷键Ctrl＋T打开“自由变换”工具，可实现图元缩放、移动、旋转等变换。这里，将“拱桥”“南门”“雕塑”三个图层中的图元调整到合适的大小及位置。然后，利用“横排文字工具”添加文本信息“科大风光”，并调整其字体、大小、颜色等属性（图2－104）。文本的大小和位置也可通过“自由变换”工具实现。

图 2－104　**编辑横排文字**

打开“闪光”图层，并将其移动到最顶层。从图 2－105 中可以看到，其他图层被“闪光”图层的黑色背景遮挡。选中“闪光”图层，可以查看其“图层叠加模式”为“正常”模式。

(a)“闪光”图层　　(b)“图层叠加模式”

图 2－105　**图层及图层叠加模式**

点击“图层叠加模式”下拉框，可以改变图层的叠加模式，不同模式采用不同的像素叠加算法，因此呈现不同的效果，可根据需要选择使用，这里采用“滤色”图层叠加模式，获得纯净的闪光效果（图 2－106）。

图 2－106　**“滤色”图层叠加模式**

为了避免图层数量形成干扰，可按住 Ctrl 键，鼠标左键点击选中多个图层，然后在鼠标右键弹出菜单中选择“合并图层”，这样可以将多个图层合并。编辑完成后，将文档保存为 psd 格式，则图层的所有信息都将保存，有利于后续再次编辑，如果保存为 png 图像则仅保存合成之后的图像作品。

2.5.5.2　案例学习：图像过渡与遮罩

任务：如图 2－107 所示，利用所给素材，创建如参考效果所示的合成图像作品。

(a) 素材　　　　(b) 参考效果

图 2－107　**图像过渡与遮罩案例**

该案例的核心是利用图层和剪贴两类蒙版实现图像的过渡和遮盖。其中，图层蒙版作用于单个图层。其本质是一幅灰度图，图层蒙版各像素的灰度值决定了原始图层图像相应像素的透明度。剪贴蒙版成组出现，包括内容图层和基底图层。基底图层通常包含一个具有特定形状的不透明对象，在结果图像中，基底图层中的透明区域所对应的范围将不可见。

首先打开“实验楼 . png”背景图像。执行“文件”→“置入嵌入对象”，导入“雕塑 . jpg”图像文件，调整其大小并移动到合适的位置。如图 2 – 108 所示，选中“雕塑”图层，点击底部的“添加图层蒙版”按钮■，为“雕塑”图层创建一个图层蒙版。按住 Alt 键，点击图层蒙版缩略图或者智能对象缩略图，可以在文档窗口中切换显示智能对象和蒙版图像。默认情况下蒙版为纯白色，因此整个图层的不透明度为 100%，智能对象将背景完全遮挡。

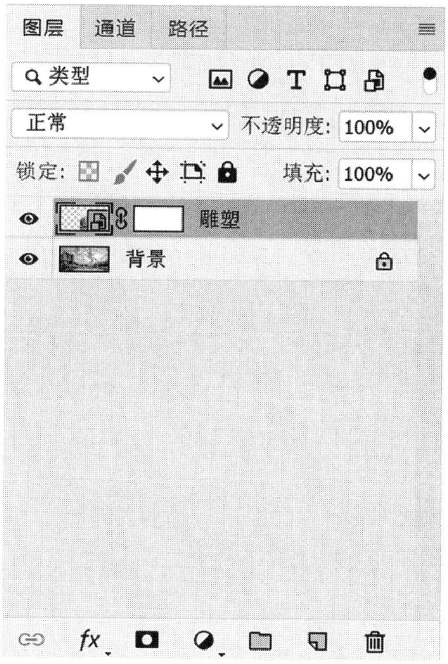

图 2 – 108 创建图层蒙版

切换到蒙版图像，通过渐变工具对其进行修改。由于图层蒙版为灰度图，因此选择预设的黑白渐变填充颜色。在图层蒙版上点击鼠标左键，拖动鼠标指定渐变颜色的起止位置，释放鼠标后图层将自动填色（图 2 – 109）。

图 2－109　图层蒙版灰度填色

如图 2－110 所示，切换到普通视图，可以清楚地看到“雕塑”图层实现了半透明过渡效果。

图 2－110　“雕塑”图层半透明过渡

如果对于过渡效果不满意，只需要对图层蒙版进行再次编辑。对蒙版进行编辑前，需要通过鼠标左键单击，确保蒙版缩略图处于选中状态。注意，这里无须通过按下 Alt 键显示图层蒙版视图，因为希望文档视图继续显示智能对象以便实时观察蒙版修改产生的效果。这里部分区域不透明度过高，利用黑色画笔对蒙版图像进行修正。如图 2－111 所示，选择画笔工具，设置柔边圆常规画笔，并调整画笔大小和硬度。

(a)“画笔工具”

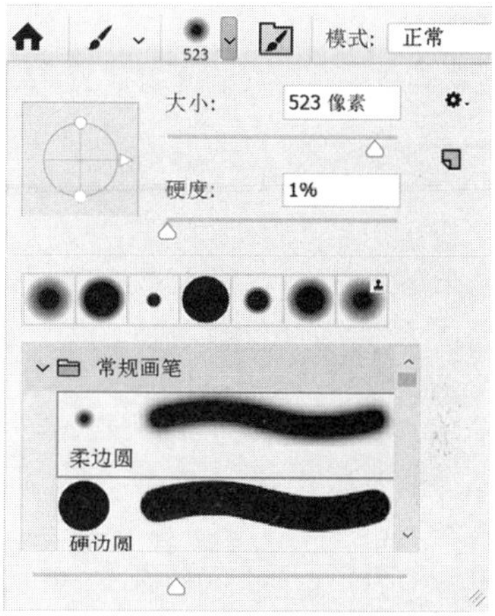

(b)“画笔工具”选项栏

图 2－111 “画笔工具”及其选项设置

设置完成后，在蒙版缩略图处于选中状态的情况下，利用画笔工具在需要过渡的区域涂抹，可以看到相应区域的不透明度降低，从而实现了平滑过渡［图 2－112（a）］。按下 Alt 键并点击图层蒙版缩略图，切换到图层蒙版视图，可以清楚地看到编辑后的图层蒙版图像［图 2－112（b）］，这些黑色区域就是刚才用画笔涂抹产生的。

(a)“雕塑”图层半透明过渡

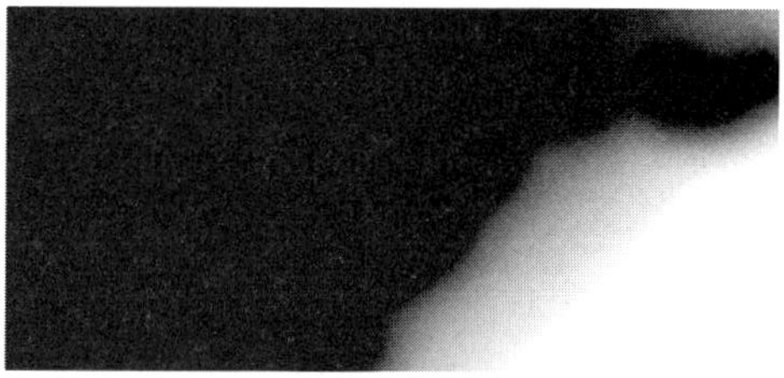

(b)“雕塑”图层蒙版

图 2－112 “雕塑”图层半透明过渡及“雕塑”图层蒙版

接下来，依次导入“图书馆 . jpg”和“站岗 . jpg”两个素材。如图 2－113（a）（b）所示，选中“站岗”图层，点击鼠标右键执行“栅格化图层”。然后用“魔棒工具”选择白色区域［图 2－113（c）］，用 Delete 键删除选中的区域［图 2－113（d）］。然后，利用快捷键 Ctrl + D 取消选区并调节其大小和位置。

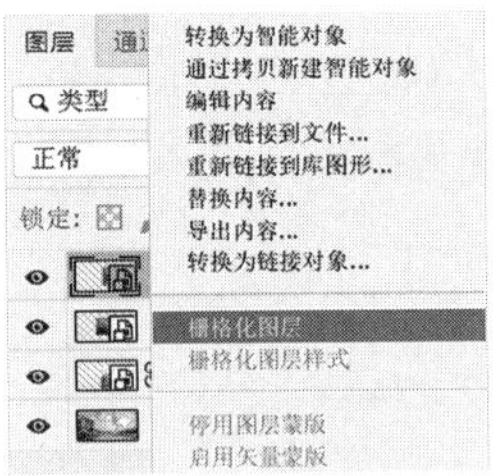

(a) “站岗”图层栅格化

(b) “站岗”图层栅格化结果

(c) “魔棒工具”背景选区

(d) “站岗”图层背景删除及位置调整

图 2－113　“站岗”图层栅格化及处理

如图 2－114 所示，将“图书馆”图层移动到“站岗”图层上方，并调节大小及位置，然后在“图书馆”图层条目上点击鼠标右键，在弹出菜单中执行“创建剪贴蒙版”。

图 2－114　以“图书馆”图层为内容图层创建剪贴蒙版

剪贴蒙版的作用效果如图 2－115 所示。其中，“站岗”图层为基地图层，决定了内容的显示区域；“图书馆”图层为内容图层。为了增加其与背景的对比度，可利用“曲线工具”进一步修改“图书馆”图层的整体亮度。

图 2－115 剪贴蒙版作用效果

剪贴蒙版的作用对象也可以是文字。如图 2－116 所示，利用“横排文本工具”添加“不忘初心牢记使命”文本，复制图书馆图层作为衬底素材，并创建剪贴蒙版，还可根据需要调节图书馆图像色相。这样，便达到了利用素材填充文本区域的效果。

图 2－116 剪贴蒙版作用效果（基底图层为文本）

2.5.5.3 案例学习：文字特效

任务：如图 2 – 117 所示，在图像过渡与遮罩案例的基础上，结合所给校训图像素材，添加文字特效，创建如参考效果所示的合成图像作品。

(a) 素材　　(b) 参考效果

图 2 – 117　文字特效案例

本案例的核心是图层样式的使用。Photoshop 中可以通过图层样式的设定为图层中的文字、图形或者图像区域等对象创建真实质感、纹理、阴影等特殊效果。Photoshop 提供了多种图层样式混合选项，比如：斜面和浮雕、描边、颜色叠加等，每种混合选项均有多个可调节的属性参数。

如图 2 – 118 所示，选中文本图层，点击图层面板底部混合选项按钮 fx，打开“混合选项”。点击左侧的“样式”条目，可以查看预设样式，点击某个样式缩略图，可以预览效果，并在左侧列表框罗列出该图层样式采用的选项参数。

(a) 图层“混合选项”　　(b) 图层预设样式

图 2 – 118　图层“混合选项”及预设样式

不同的混合选项实现不同的特效，多种特效可以叠加使用。这里以“描边”混合选项为例进行讲解。选中文字图层，打开“混合选项”，点击样式栏中的图标⊠，取消预设样式。勾选“描边”，然后设置大小、位置等结构参数，以及填充类型参数［图2－119（a）］。这里采用外部描边，大小设置为27像素，纯白色填充。文字描边效果如图2－119（b）所示。

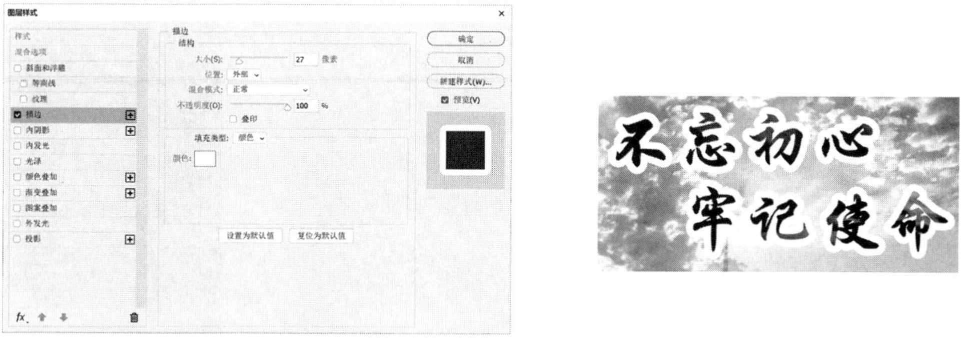

(a)“混合描边”选项设置　　(b) 文字描边效果

图2－119　“描边”混合选项

接下来，置入“校训.jpg”图像，将其拖放至图层最顶端，并将智能对象栅格化，然后利用“魔棒工具”选中白色背景，按下Delete键删除该背景［图2－120（a）］。打开混合选项，启用“渐变叠加”，选择预设渐变颜色，或者自定义渐变颜色［图2－120（b）］。“校训”图层添加“渐变叠加”混合选项的效果如图2－120（c）所示。

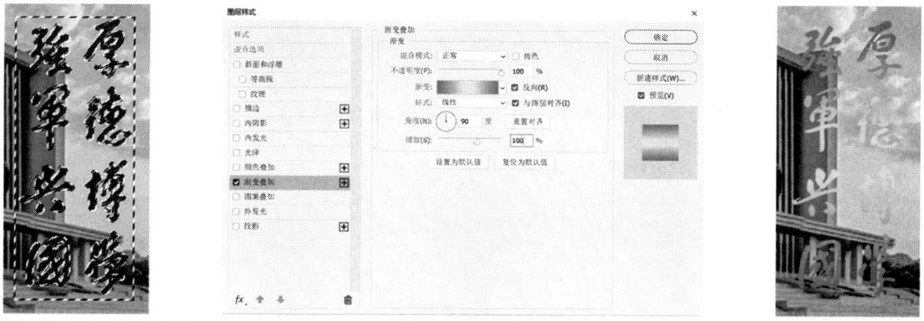

(a)“校训”图层背景剔除　　(b)“渐变叠加”设置　　(c)“渐变叠加”效果

图2－120　“校训”图层背景剔除及“渐变叠加”混合选项

启用“斜面和浮雕”选项，设置样式、方法等结构参数［图2－121（a）］，以及阴影参数。这里采用内斜面样式，适当调节大小和深度，调整光源角度和高度参数，获得恰当的阴影效果［图 2－121（b）］。

利用“投影”混合选项添加投影效果，如图 2－122 所示。

如图 2－123 所示，最后调节对象大小并移动到合适的位置，获得最终效果。

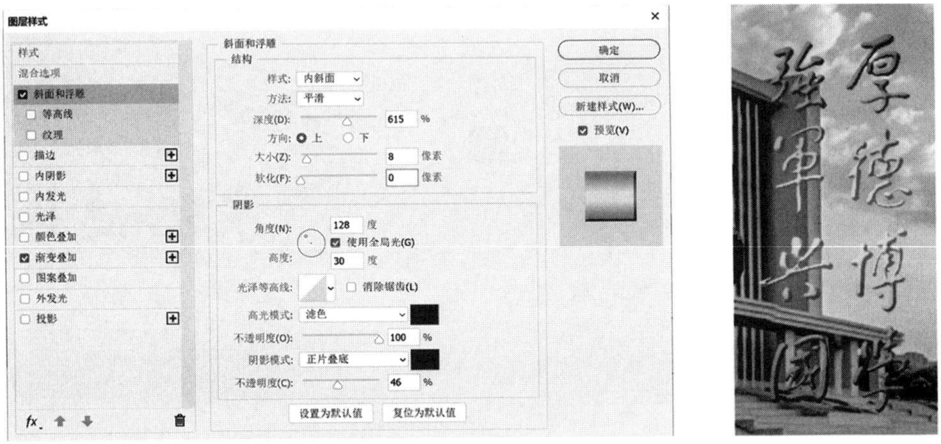

(a)“斜面和浮雕”混合选项　　(b)“斜面和浮雕”效果

图 2－121　“斜面和浮雕”混合选项

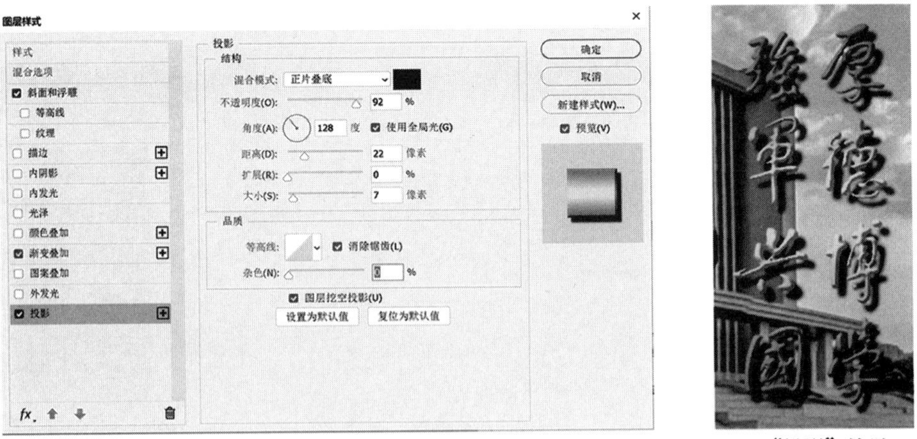

(a)“投影”混合选项设置　　(b)“投影”效果

图 2－122　“投影”混合选项

图 2－123　“文字特效”案例最终效果

2.6　图像编辑处理应用案例

2.6.1　图像资料处理案例

本节综合运用前面所学知识进行图像资料处理，有助于提升运用图像编辑处理技术解决实际问题的能力。

2.6.1.1　案例学习：雾天图像增强

任务：如图 2－124 所示，对所给图像进行处理，达到图像质量增强、去雾效果（见参考结果）。

本案例所给原始图像是灰蒙蒙的，现实中这种情况十分常见。相关的应用场景包括航拍影像处理、监控视频增强等。这类问题可以尝试采用曲线调整来解决，相关技术原理已经在前面小节中介绍，这里不再重复。

(a) 原始雾天图像　　　　(b) 参考效果

图 2－124　雾天图像增强案例

打开曲线调整工具，从直方图中可以观察到两个波峰（图 2－125）。在图像区域点击并拖动鼠标左键可以发现，左侧的波峰对应于前景建筑，右侧的波峰对应于天空背景。为了达到去雾效果，需要将前景调暗、天空调亮，因此在两个波峰之间添加一个控制点，并分别在其两侧添加一个控制点，将响应曲线调整为 S 型。

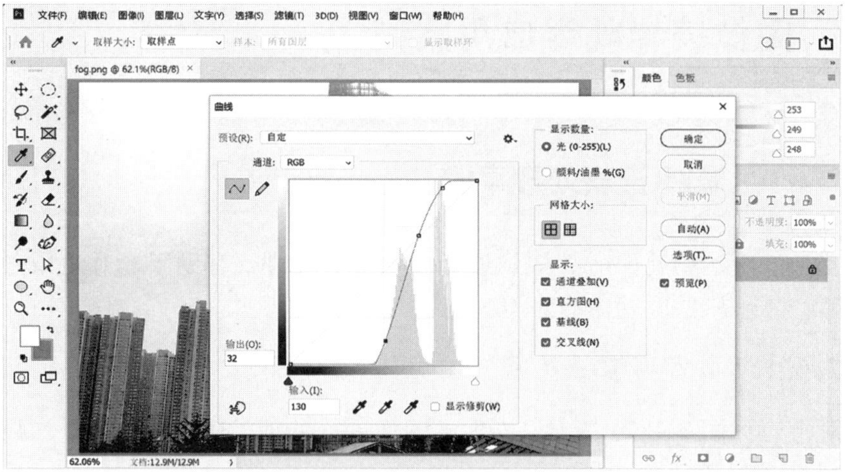

图 2－125　雾天图像案例原始图像“曲线”

上述操作完成后，图像的明暗对比增加，画面质量得以改善。该过程可以重复进行，再次打开曲线调整工具，根据颜色分布特点进行类似的操作，直到获得满意效果。

2.6.1.2 案例学习：文档图像净化

任务：如图 2－126 所示，对文档图像进行处理，去除光照阴影、图像变形，保留文本和颜色信息。

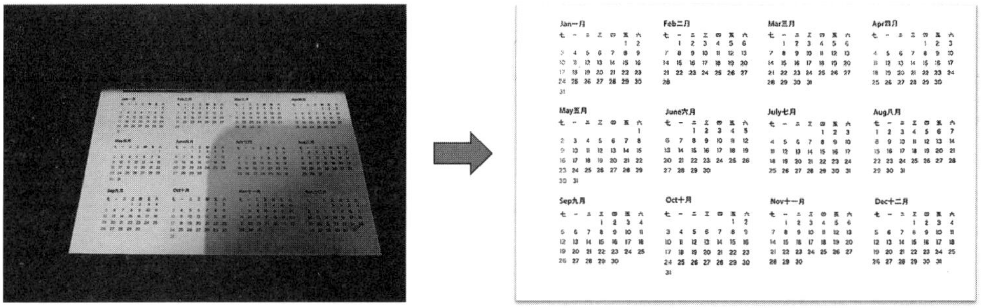

(a) 原始文档图像　　(b) 参考效果

图 2－126 文档图像净化案例

本案例所给原始文档图像为手机所拍摄，这种情况在实际生活中也比较常见。相关的应用场景包括手持设备图文扫描、历史文档资料修复等。这类问题不仅需要对图像进行几何形状矫正，还需要对图像颜色进行调整。对于颜色调整，首先也考虑采用曲线调整工具进行处理。如果仅采用曲线调整，虽然部分区域得以改善，但难以实现全局优化，视觉效果欠佳，就需要综合利用图层混合、曲线工具等实现颜色调整。

Photoshop 提供了多种图层混合模式。如在“正常””混合模式下，上层混合色将遮挡下层基色。本案例将使用的是“划分”混合模式，结果色每个通道的数值由基色和混合色相应通道数值共同决定。其基本特点是基色每个通道都将被提亮，提亮的程度与混合色数值大小成反比。

对本案例而言，首先看混合色与基色相同这种特殊情况。根据“划分”混合公式可以推断，其结果色将呈现全白色。此时，结果色中背景区域其实已经满足案例要求，只需要将文本区域变暗即可。因此，需要将混合色中的文本区域提亮，而保持背景区域不变亮。利用高斯模糊滤镜恰好可以满足上述需求，因为高斯模糊本质是利用像素周围的数值加权求和得到的。

首先对文档进行变形矫正，打开透视裁剪工具，框选出文档的大致区域。按住 Shift 键精细化调节裁剪区域。输入文档的实际尺寸和分辨率，点击确认完成变形矫正（图 2－127）。

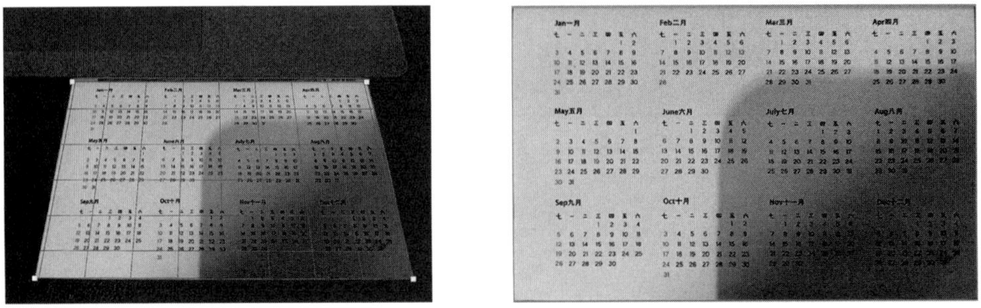

(a) 透视裁剪工具　　(b) 图像变形矫正

图 2－127　文档图像变形矫正

复制当前图层，重命名为“混合色”图层，并转换为智能对象以便对其进行非破坏性编辑。为“混合色”图层添加高斯模糊滤镜（图 2－128），可改变半径大小观察图像模糊效果，由于后续可调节半径大小，这里可采用任意半径。

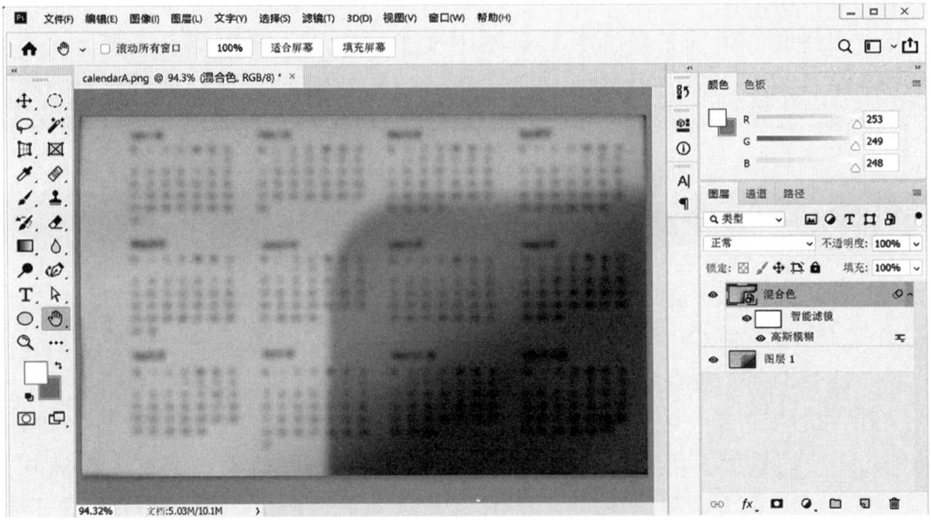

图 2－128　“混合色”图层高斯模糊

将“混合色”图层的混合模式修改为“划分”模式［图 2－129（a）］，双击“高斯模糊”智能滤镜，调节模糊半径并观察图像处理结果［图 2－129（b）］，交互式选取合适的半径。

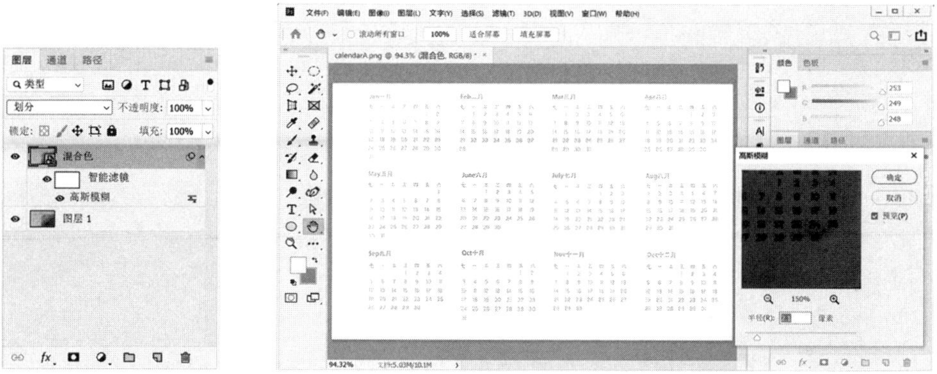

(a)“划分”图层叠加模式　　(b)“高斯模糊”智能滤镜参数设置

图 2－129　图层模式及智能滤镜参数设置

设置完成后，合并图层并打开曲线调整工具，适当提高图像对比度，最终实现文档图像净化处理。参考处理结果如图 2－130 所示。

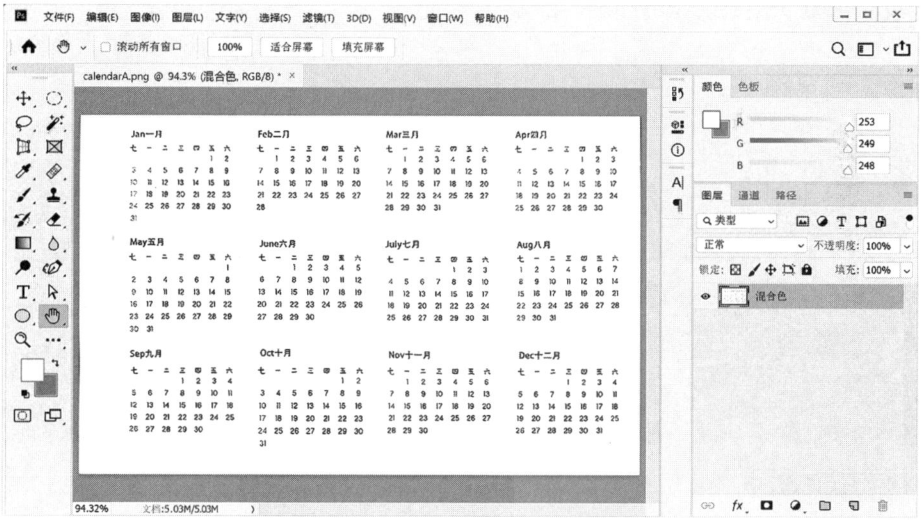

图 2－130　文档图像净化案例参考结果

从上述案例可以看出，Photoshop 的图像处理功能非常强大，而且操作十分灵活。当然，这两个案例任务采用其他方法也能完成，但不同方法各有优劣，读者可自行探究。

2.6.1.3 案例学习：图像内容编辑

任务：对所给原始图像进行处理，实现海上船只的删除和添加（图 2 - 131）。

(a) 素材　　(b) 内容删除　　(c) 内容插入

图 2 - 131　图像内容编辑案例

相关应用场景包括杂物对象移除、区域规划设计等。图像内容编辑主要涉及图像修饰、图层与合成等知识。

选择多边形套索工具，框选出需要擦除区域的大致范围，打开“内容识别填充”工具，利用画笔修改内容识别取样区域，抹除岸上区域以提高填充一致性［图 2 - 132（a）］。上述操作完成后，大部分区域的填充效果较好［图 2 - 132（b）］。

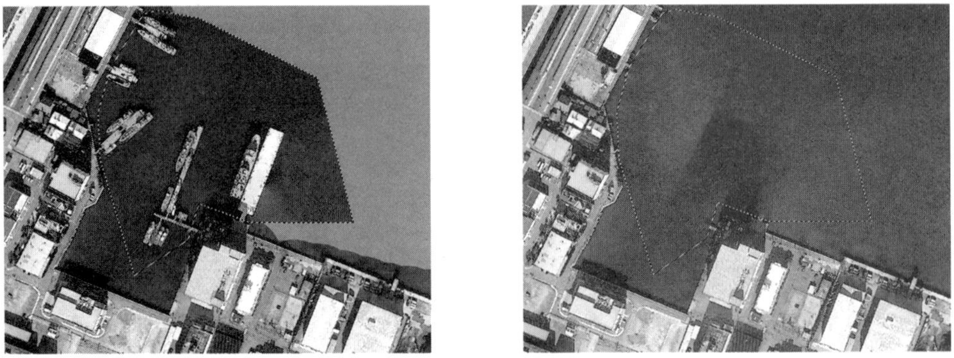

(a) 内容识别填充　　(b) 内容识别填充效果

图 2 - 132　水面区域内容识别填充

从内容识别填充结果中可以看出，部分边缘位置不够精细［图 2 - 133（a）］，可采用“修复画笔工具”进行修饰。这里通过取样边线结构区域，然后复制图像内容并将其融合到目标区域，这种方式可以较好地完成具有明显几何结构的图像的精细化修饰［图 2－133（b）］。采用类似方法，可以处理其他边缘部分。最终获得没有任何杂物的水面背景，从而完成任务要求［图 2－133（c）］。

(a) 边缘人工修改痕迹　(b) 修复画笔修饰结果　(c) 图像内容修饰最终结果

图 2－133　图像内容精细修饰

接下来介绍如何向图像中添加特定对象。首先，选择“矩形选框工具”框选并复制一个轮船对象，调整其位置、角度等参数［图 2－134（a）］。然后，为轮船对象所在图层添加图层蒙版，利用画笔工具修改图层蒙版内容，达到抠图目的［图 2－134（b）］。画笔涂抹过程中可以根据需要调节画笔大小和缩放文档视图。

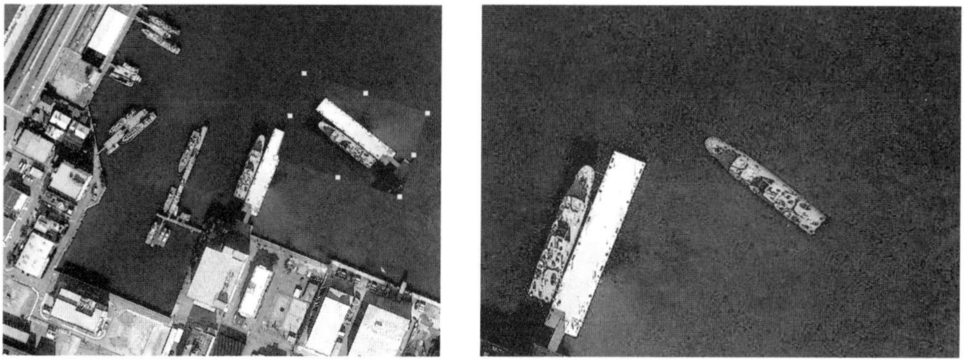

(a) 轮船对象复杂　(b) 轮船对象抠图

图 2－134　轮船对象插入及修饰

上述操作完成后，新的轮船对象被添加到图像中，但由于没有阴影，显得不够真实。为此，向轮船对象所在图层添加投影图层样式，设置投影的角度、距离、大小等参数，图层样式编辑完成后获得更加真实的融合结果［2－

135（a）]。整个场景的最终效果如图2－135（b）所示。

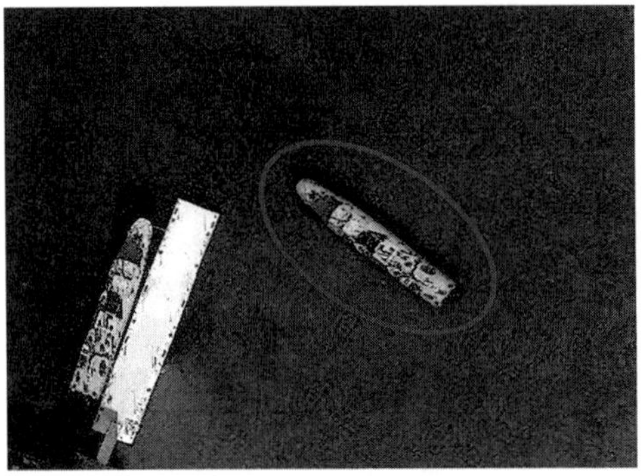

(a) 轮船对象修饰结果

(b) 最终修饰结果

图2－135　轮船对象图层样式设置

2.6.1.4　案例学习：遥感影像拼接

任务：如图2－136所示，利用所给机场遥感影像序列，拼接形成该区域完整影像，要求图像几何对齐、颜色一致，效果如图2－136（b）所示。

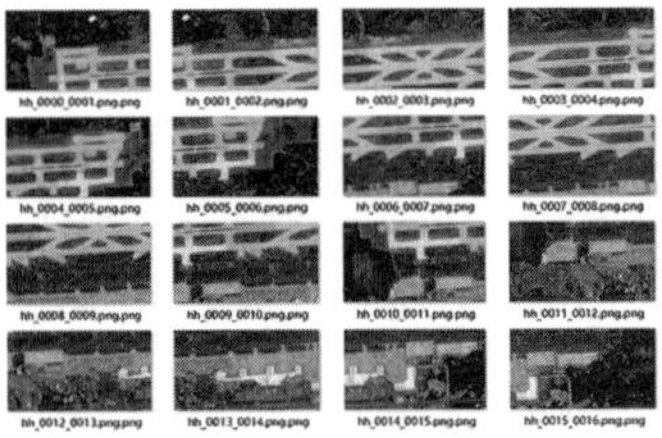

(a) 某机场遥感影像序列

(b) 参考拼接效果

图2－136　遥感影像拼接案例

相关应用场景包括无人机/卫星影像处理、遥感影像拼接等。该问题主要涉及图像变换与拼接以及图像透视变形等内容。其中，变换与拼接已在本书前面小节中详细介绍。

图像透视变形指的是对图像整体进行透视变换。本案例中，因为遥感影像的拍摄角度并不是垂直于地面，所以拼接结果图像中机场产生了变形。为了消除这种变形，需要通过透视变换将机场所在区域，即透视网格框选的四边形区域，矫正到参考矩形上。这里的参考矩形长宽比源自先验知识。

打开“Photomerge”工具，导入遥感影像序列图像。“混合图像”选项保持开启，图像拼接版式采用默认的“自动”模式（图2－137），拼接完成后获得完整的机场影像（图2－138）。为了便于处理，将所有图层合并。

图2－137 “Photomerge”工具导入遥感影像序列

图2－138 “Photomerge”工具遥感影像序列拼接结果

从拼接结果可以看出，机场存在一定变形，这需要利用图像透视变形技术进行矫正。首先，利用矩形工具绘制一个参考矩形，根据机场的长宽比例设置参考矩形的长宽比［图2－139（a）］。为了更好地查看矩形框，取消矩形填充，将矩形边框设置为粗线条［图2－139（b）］。

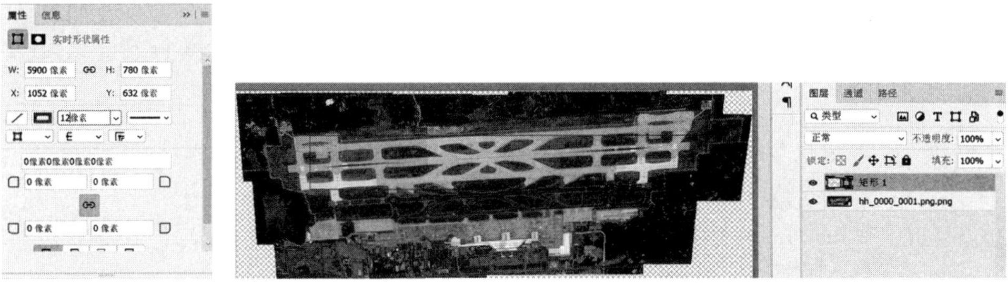

(a) 矩形图形参数设置　　(b) 矩形编辑效果

图 2－139　**添加参考矩形图层**

选中遥感影像拼接图层，执行命令“编辑”→“透视变形”打开“透视变形”工具，在图像中点击鼠标左键添加初始透视网格［图 2－140（a）］。通过鼠标左键拖拽透视网格四边形的顶点，调节透视网格形状使其与机场跑道相应位置对齐［图 2－140（b）］。

(a) 透视网格

(b) 透视网格对齐

图 2－140　**透视网格添加及调节**

透视网格调节完成后，在工具选项栏点击“变形”按钮，透视网格四边形的顶点变为黑色实心圆点［图2－141（a）］。鼠标左键拖拽透视网格四边形顶点，使其与参考矩形的四个顶点对齐［图2－141（b）］，即可完成拼接图像的透视变形。

上述操作完成后，点击选项栏中的“应用”按钮。删除参考矩形图层。然后，利用裁剪工具对拼接图像进行裁剪，获得最终的机场拼接影像。

(a) 透视网格变形调整

(b) 透视网格变形调整完成

图2－141　遥感影像透视变形调整

2.6.2　主题海报制作综合案例

海报作为信息传递的重要形式，是一种集功能性、时效性、艺术性于一体的宣传工具，在活动报道、广告宣传领域应用十分广泛。海报的设计与制作不仅仅是Photoshop软件的应用问题，还包括方案设计、素材整理、编辑制作等多个方面的工作。

本节重点关注编辑制作部分，通过一个典型的强军主题海报综合案例，演示如何运用 Photoshop 编辑技术，基于原始素材创作类似参考效果的海报作品。

任务：如图 2－142 所示，利用原始素材，设计制作如参考效果所示海报作品，需考虑要素布局、颜色搭配等因素，并为图层对象添加特效。

(a) 素材

(b) 参考效果

图 2－142　强军海报制作案例

点击菜单“文件”→“新建”，创建海报空白画布，可以选择预定义尺寸，也可以自定义画布大小［图 2－143（a）］。导入本案例所需的素材，该步骤可以通过菜单“文件”→“置入嵌入对象”完成，也可以直接将素材拖

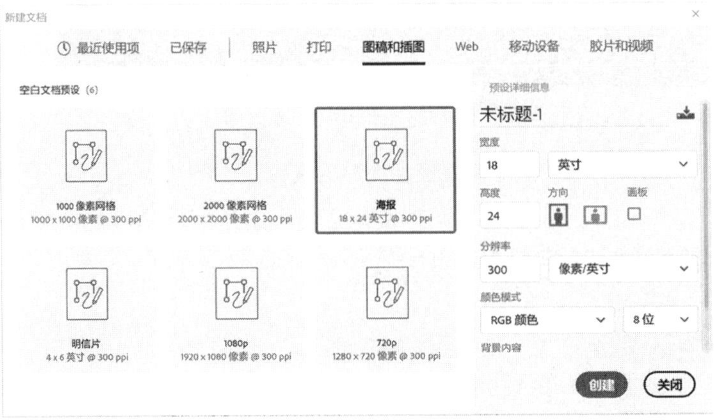

(a) 新建海报文档

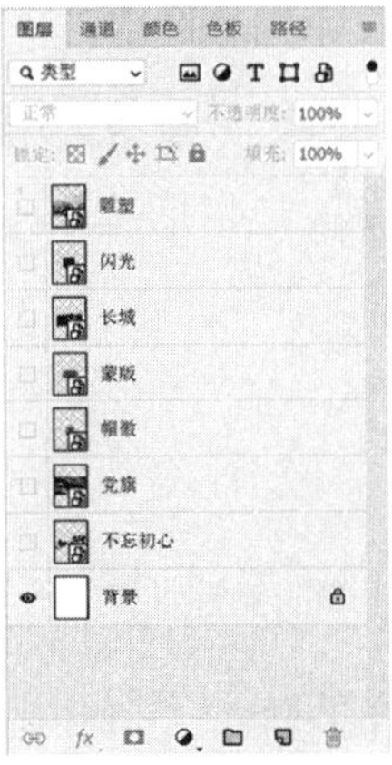

(b) 导入海报素材

图 2－143　新建海报及导入素材

放到文档窗口。为了避免图层之间叠加显示干扰，先将除背景图层以外的其他图层全部隐藏［图 2－143（b）］。

首先，制作海报的背景部分。利用渐变工具对背景图层进行填充，可以从预设渐变颜色中选取合适的颜色，也可以自定义编辑，颜色需要符合海报的整体风格，这里在橙－黄－橙预定义渐变色基础上进行修改，形成橙－红渐变颜色。颜色设置完成后，利用渐变工具在“背景”图层上画线，线段的起点对应于橙色，终点对应于红色，并获得平滑过渡的填充效果。

然后，打开“党旗”图层，利用“自由变换”工具调整其大小及位置。为了实现“党旗”与背景之间的平滑过渡，为“党旗”图层添加图层蒙版。利用黑白渐变色对图层蒙版进行填充，党旗部分区域产生了渐变过渡，但部分区域仍然有视觉突变，将焦点定位到图层蒙版，继续利用渐变工具修改图层蒙版，也可以利用画笔工具修改，直到获得满意的效果。采用类似的方法对“长城”图层进行处理，首先打开“长城”图层，利用“自由变换”工具调整素材的长宽比、大小、位置等，然后创建并编辑图层蒙版，获得长城与背景的融合渐变效果。为了进一步提高长城颜色与背景颜色的协调性，利用曲线工具将长城图层蓝、绿通道的响应降低，获得整体变暗、色调偏红的效果（图 2－144）。这样就完成了海报背景部分的制作。

图 2－144　海报背景参考效果（见书后彩图）

接下来处理前景内容，首先是帽徽［图 2－145（a）］。为了便于观看，打开“帽徽”图层，并关闭其他所有图层。这里需要利用抠图技术将帽徽提取出来。帽徽素材的背景是纯白色，而帽徽边缘以及一些高光的部分也是白色，因此不宜采用基于图像颜色差异的抠图方法。这里尝试采用基于通道的抠图方法。查看 3 个通道可以发现，蓝色通道帽徽和背景的差异最大，因此拷贝蓝色通道，并利用曲线工具进一步增加帽徽和背景之间的差异［图 2－145（b）］，然后利用橡皮擦工具将帽徽上一些细小的亮点擦除［图 2－145（c）］。上述操作完成后，就获得了一张黑白分明的通道图，将该通道作为选区载入，可以获得白色背景对应的选区［图 2－145（d）］。将帽徽图层栅格化后，即可删除白色背景［图 2－145（e）］。

(a)“帽徽”图像　(b) 通道曲线调整　(c) 橡皮擦处理　(d) 载入选区　(e) 背景删除

图 2－145　“帽徽”选区与抠图

上述过程完成后，打开其他图层，可以看到已经获得了干净的帽徽元素。最后，利用“自由变换”工具调整其大小和位置，完成帽徽图层的编辑。接下来利用“横排文字工具”添加文字信息，输入文字之后调节字体、字号、颜色等属性，并进行必要的版式改动和位置调整，参考效果如图 2－146 所示。

图 2－146　帽徽及文本编辑

接下来处理蒙版图形，这是剪贴蒙版的基底图层。由于该素材中蒙版图形与白色背景的不透明度都是100%，因此不能直接使用，需要利用抠图技术将白色背景删除。这里同样利用通道抠图技术完成该操作。从通道面板可以看出，绿色通道具有很好的区分度，因此可以直接将该通道作为选区载入，栅格化图层后即可将白色背景删除。背景删除的处理结果如图 2－147 所示。

(a) 背景选区

(b) 背景删除

(c) 背景选区

图 2－147　蒙版图形背景处理

打开其他图层查看效果，并通过变换工具调整蒙版图形的大小。然后将“雕塑”图层移动到蒙版图形的上方，并创建剪贴蒙版，实现“雕塑”图层的遮盖（图 2－148）。

如果对蒙版图形的外观不满意，可再次利用“自由变换”工具进行修改，也可以利用“变形工具”进行更加灵活的形状编辑。蒙版图层调节完成之后，利用“自由变换”工具对“雕塑”图层进行相应的调节，获得最终剪贴效果（图 2－149）。

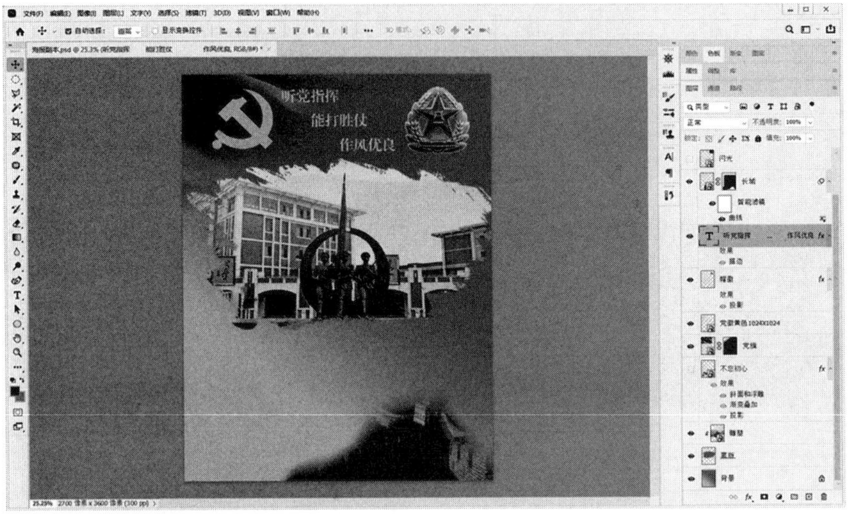

图 2－148　“雕塑”图层蒙版处理结果

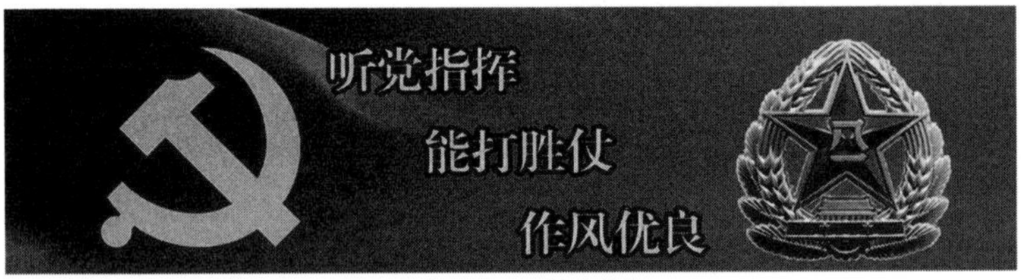

(a) 文本图层“描边”

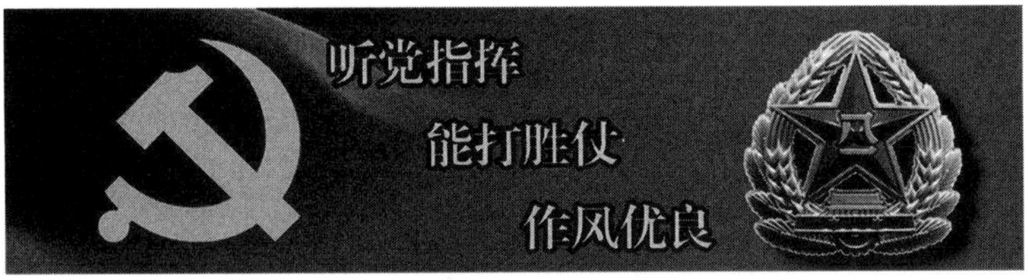

(b) “帽徽”图层“投影”

图 2－149　文本图层及“帽徽”图层样式

接下来，对文字进行处理并添加一些特效。对于横排文字，打开图层样式混合选项，为文本添加描边效果，让文本更加醒目。这里，描边大小采用 15 像素，位置选用外部，其他均为默认设置。对于“帽徽”图层，开启图层样式中的投影选项，可以改变光照的角度、距离等多种参数，实际使用中可以边调节边预览，选取合适的设置。

与此类似，打开艺术字图片素材，适当调节其大小和位置［图 2－150（a)］。开启图层样式中的投影，采用全局光可以确保所有图层的投影角度一致。为了改变文字颜色，可以利用颜色叠加填充，这里采用纯色填充方式，也可以用渐变叠加方式填充，并调整填充的角度、缩放倍数等参数，获得更加自然的填充效果［图 2－150（b)］。为了增加文字的立体感，开启“斜面和浮雕”选项，可以尝试不同的结构样式，调整深度、大小、方向等设置，这里采用内斜面、向上、49 像素，并设置一定的软化模糊。斜面和浮雕立体效果也依赖于光照角度，这里采用与投影设置相同的全局光，以保证立体效果和投影的一致性［图 2－150（c)］。

(a) 艺术字图片素材

(b) 投影及渐变填充

(c) 斜面和浮雕

图 2－150　艺术字图层样式设置

接下来，添加闪光特效。将闪光素材移动到最上方，采用不同的图层叠加混合模式，可以获得不同的效果。这里采用“线性减淡”图层叠加模式，获得纯净的闪光效果。然后利用“自由变换”工具调节素材大小和方向，提高其与文字的匹配程度。最后，拷贝闪光图层，将其适当调整并叠加在其他文字区域。至此，完成了从原始素材到强军海报的制作，参考效果如图 2 - 151 所示。

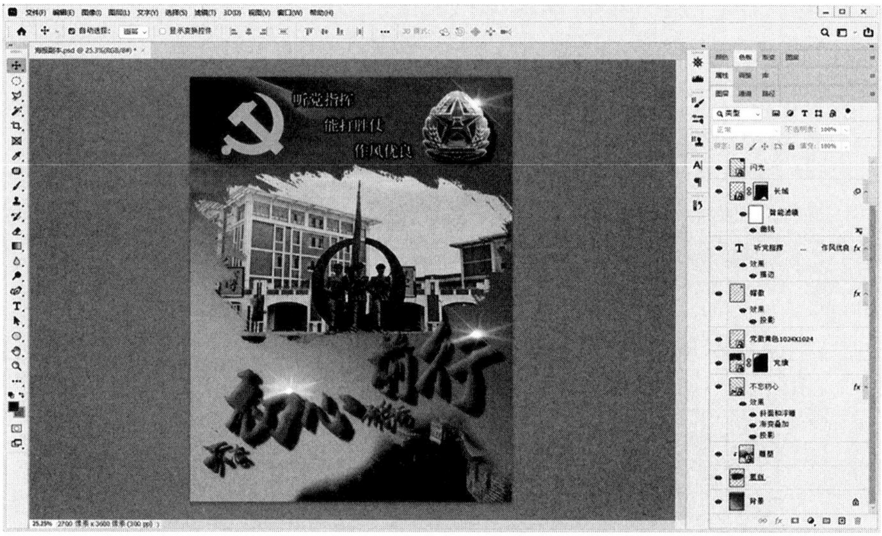

图 2 - 151　强军主题海报案例参考效果

2.7　习题

1. 判断题

（1）真彩色图像是指图像的颜色深度为 24 位，即该图像由 24 种颜色组成。　　（　　）

（2）图像压缩的目的是在尽可能保持视觉效果不变的前提下尽量减小图像的数据量。　　（　　）

（3）jpg 图像采用了 JPEG 压缩算法，它是一种有损压缩，且压缩比可变。　　（　　）

（4）图像平滑和图像锐化都属于图像增强处理，适合于不同的应用背景。（　）

（5）图像放大之后一般会出现模糊或失真。（　）

（6）随着人工智能技术的发展，Photoshop 软件不断更新改进，其交互便捷性和智能化程度不断提升。（　）

（7）Photoshop 中在全图颜色模式下调整色相/饱和度，原始图像的每个像素的值都可能发生改变。（　）

（8）在 Photoshop 中，为了实现响应曲线的灵活调整，可以添加多个控制点。（　）

（9）Photoshop 中运用添加到选区、从选区中减去、与选区交叉等选区运算可以实现更加灵活的选区。（　）

（10）Photoshop 中的 Photomerge 工具主要完成图像的几何对齐，不能实现图像颜色的融合。（　）

（11）分幅扫描拼接与摇摄全景拼接都可以利用 Photoshop 中的 Photomerge 工具完成。（　）

（12）分幅扫描拼接和摇摄全景拼接本质上都是先将图像进行透视变换然后进行拼接。（　）

（13）Photoshop 中的剪贴蒙版包括基底图层和内容图层，内容图层各像素是否可见是由基底图层相应像素的透明度决定的。（　）

（14）Photoshop 中，若采用全图曲线调整不能获得理想的图像增强效果，则采用通道曲线调整也不可能获得较好的增强效果。（　）

（15）一件海报作品中可以包括文字、图像、图形等多种要素，这些要素可以借助图层来管理与合成。（　）

（16）海报的设计与制作涉及方案设计、素材准备、编辑调整等多个方面。（　）

2. 单选题

（1）数字图像以矩阵的形式存储，矩阵中每个元素的值（　）

A. 只能是 0 或者 1　　B. 代表了对应像素点的颜色值

C. 代表了对应像素点的位置　　D. 代表了对应像素点的重要程度

（2）数字图像的最小单位是（　）

A. 颜色　　B. 图块　　C. 英寸　　D. 像素

（3）通过采样和量化可将物理图像变为数字图像，其中采样和量化可以

理解为　　　　（　　）

A. 每隔一定的时间取一个采样点，并对该点大小进行离散化处理

B. 在空间上每隔一定距离取一个采样点，并对其颜色值进行离散化处理

C. 每隔一定的时间取一个采样点，并对其颜色值进行离散化处理

D. 在空间上每隔一定距离取一个采样点，并对该点大小进行离散化处理

（4）某幅图像的直方图如图 2－152 所示，可以看出，该图像存在哪种质量问题？　　　　（　　）

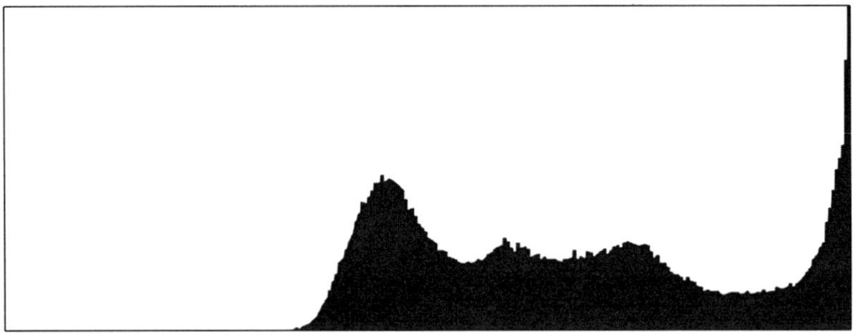

图 2－152　某图像直方图

A. 整体偏亮　　　　B. 整体偏暗

C. 对比度不足　　　　D. 反差过大，缺少中间细节

（5）为什么一幅图像用彩色打印机打印出的颜色与屏幕上显示的颜色看上去有些不同？　　　　（　　）

A. 彩色打印机质量不好

B. 打印分辨率不够高

C. 打印机和显示器采用的色彩模式不同

D. 纯粹是人的心理作用

（6）现有一张 800×600 像素、300dpi 的数字图像，则该图像尺寸为　　　　（　　）

A. 长宽大约为 2.7 英寸×2 英寸

B. 长宽大约为 800 mm×600 mm

C. 取决于打印纸的大小

D. 无法确定

（7）以下压缩算法中，属于有损压缩的是　　　　（　　）

A. 行程编码　　　　B. 霍夫曼编码

C. JPEG 压缩　　D. DCT 变换

(8) 一幅 800×600 像素的真彩色图像，其原始数据量为多少字节？（　）

A. 480 000　　B. 1 440 000　　C. 3 840 000　　D. 11 520 000

(9) 能够表现动画效果的图像文件格式有（　）

A. bmp　　B. jpg　　C. gif　　D. tif

E. png

(10) 以下不属于图像几何变换的有（　）

A. 平移　　B. 缩放　　C. 旋转　　D. 镜像

E. 对比度增强

(11) 利用 Photoshop 处理技术实现手持相机（如手机）拍摄的卡证图像的矫正需要什么信息？（　）

A. 卡证的长宽比　　B. 卡证的长度

C. 卡证的宽度　　D. 卡证的分辨率

(12) 以下关于 Photoshop 中的图层蒙版说法错误的是（　）

A. 图层蒙版是一幅灰度图

B. 基于灰度值设置原始图层各区域的不透明度

C. 可以利用填充工具或画笔修改图层蒙版

D. 不属于非破坏性编辑

(13) 以下关于利用 Photoshop 中的 Photomerge 工具实现遥感影像拼接说法错误的是（　）

A. 可以将多幅遥感影像拼合为一幅较大的影像

B. 可以实现几何对齐

C. 可以实现颜色融合

D. 最多只能处理 32 幅图像

(14) 海报作品的特性一般不包括（　）

A. 功能性　　B. 时效性　　C. 艺术性　　D. 单一性

3. **多选题**

(1) 下列关于 dpi 的叙述哪些是正确的？（　）

A. 每英寸的位数　　B. 描述分辨率的单位

C. dpi 越高，图像质量越低　　D. 每英寸像素点数

(2) 图像压缩的评价指标有（　）

A. 压缩比　　B. 压缩后图像质量
C. 压缩和解压速度　　D. 图像格式

(3) 能够表现透明效果的图像文件格式有 (　　)

A. bmp　　B. jpg　　C. gif　　D. png

(4) Photoshop 的应用领域包括 (　　)

A. 照片编辑　　B. 数字绘画　　C. 宣传报道　　D. 图形设计

(5) 以下哪些文件类型可以利用 Photoshop 软件打开编辑? (　　)

A. psd　　B. jpg　　C. png　　D. bmp

(6) 为了移除图像中的杂物, Photoshop 中可以采用下列哪些工具或方法? (　　)

A. 污点修复画笔工具　　B. 修复画笔工具
C. 内容识别填充　　D. 曲线调整

(7) 以下哪些场景可以运用 Photoshop 中的选区与抠图进行处理? (　　)

A. 对图像的部分区域进行色彩调整
B. 利用内容识别填充图像的某个区域
C. 复制草原天空图像中的一只雄鹰
D. 替换广告牌中的标语

(8) Photoshop 中常见的选区方法包括 (　　)

A. 形状选区　　B. 颜色差异选区
C. 通道选区　　D. 选择主体自动选区

(9) 在利用 Photoshop 制作多媒体作品时, 通常采用多种要素叠加融合的呈现方式, 对于这种多要素组合形式说法正确的有 (　　)

A. 信息元素更加丰富
B. 可添加特效要素以提升视觉冲击力
C. 多要素有机融合可提升艺术性
D. 会导致主体不突出, 因此应该慎用

(10) 以下关于 Photoshop 中图层的说法正确的有 (　　)

A. 可容纳文本、图像、图形
B. 图层之间互不干扰
C. 支持非破坏性编辑
D. 可用多个图层叠加合成作品

（11）Photoshop 中采用图像修饰与图层合成技术可以实现以下哪些图像处理效果？（　　）

A. 移除风景照中的人物

B. 抹除建筑外墙的大片涂鸦

C. 在规划设计图纸中添加一片绿地

D. 增加一栋与现有建筑类似的建筑

第3章　音频基础与音频处理

音频是多媒体的一种重要表现形式，通常指的是人耳可以听到的频率范围在20 Hz～20 kHz之间的声波，这个范围内的声音包括语音、音乐等各种生活环境中可感知的声音。当这些声音被录制并保存时，它们就以音频文件的形式存在。音频经过数字化之后成为数字音频，可以由计算机进行进一步的加工和处理，以满足不同应用的需要。

本章将首先介绍音频的一些基础知识，包括音频的基本概念、音频的数字化、音频压缩与音频文件格式，以及音频处理技术。在此基础上介绍如何使用音频处理软件Audition进行音频的编辑处理，包括认识Audition、如何打开和保存音频文件、如何录音、如何调整音高、如何添加效果、如何拼接合成音频等内容。

3.1　音频的基本概念

3.1.1　什么是声音

要理解音频的概念，首先需要了解什么是声音。简单地讲，声音是通过空气传播的一种连续的波，如图3－1所示。

图3－1　声波图

在现实生活中，声音是混杂的，由许多不同频率的正弦波复合而成。人们把发出声音的物体称为声源。声源发出声音在空气中引起非常小的压力变化，这种压力变化被耳朵的耳膜所检测到，然后产生电信号刺激大脑的听觉神经，从而使人能感觉到声音的存在。所以，自然界中声音是靠空气传播的。各种声音一般都具有周期性强弱变化的特性，因而也使得输出的压力随信号周期变化。人们将这种变化用一种图示的方法——正弦波来形象地表示（图3－2）。

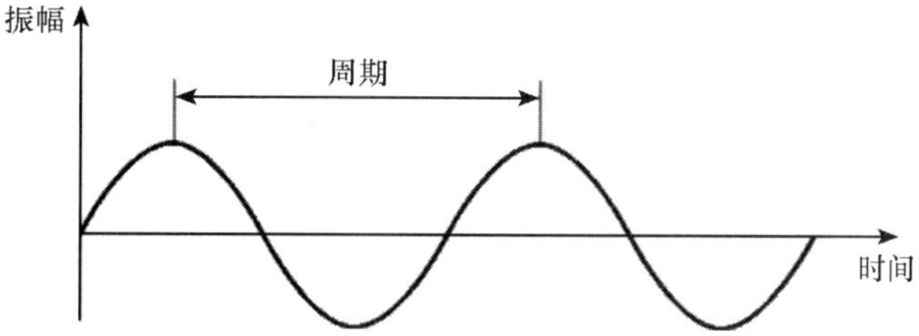

图3－2 声音的正弦波示意图

人们把曲线上的任一点再次出现（如声音由高到低再到高）所需的时间间隔称为周期。而1秒内声音由高（压力强）到低（压力低）再到高（压力强）这个循环出现的次数称为频率。频率以赫兹（Hz）为单位，频率越高，音调越高。在实际生活中，声音是混杂的，是由许多不同频率的正弦波合成的复合波。声音的频率范围称为声音的带宽，它是声音的一项重要参数。声波在物理上通常用振幅、频率和相位来进行描述。其中，振幅表示声波产生的压力，体现了声音的强弱。频率表示声波变化的速率，体现了音调的高低。相位表示声波的起点和方向，体现了声音的方位。

声音的物理特性与人对声音的主观感觉相对应，可分别用音调、音强和音色来描述。音调是指人耳对声音调子高低的主观感觉，主要与声波的频率有关，也和发声体的结构等因素有关。通常，女声的音调要比男声的音调高一些，这是因为女声声波频率比男声声波频率要高。音强是指人耳对声音强弱的主观感觉，在频率一定的情况下音强取决于声波的振幅。音色是指人耳对声源发声特色的感受，例如，在许多人同时说话的嘈杂声中，我们可以听出朋友的声音。不同的乐器，即使音调和音强都相同，我们也可通过音色的区别把它们区分开来。音色主要与声波的波形有关，也与发声材料有关。

此外，声音还具有方向性（图3－3）。人类感知声源位置的最基本的理论是双工理论，这种理论基于两种因素：两耳间声音到达的时间差和两耳间声音的强度差。时间差是由于距离的原因造成的，当声音从正面传来，距离相等，这时没有时间差；但若偏右三度，则到达右耳的时间就要比左耳约少30微秒，而正是这30微秒，使得我们辨别出了声源的位置。强度差是由于信号的衰减造成的，信号的衰减一方面是因为距离而自然产生的，另一方面是因为人的头部遮挡，从而使得靠近声源一侧的耳朵听到的声音强度要大于另一耳。正是由于声音到达左右耳的时间差和强度差的存在，人耳才能判别声音的来源方向。利用声音的这种方向性，可以制造声音的立体感和空间感效果。

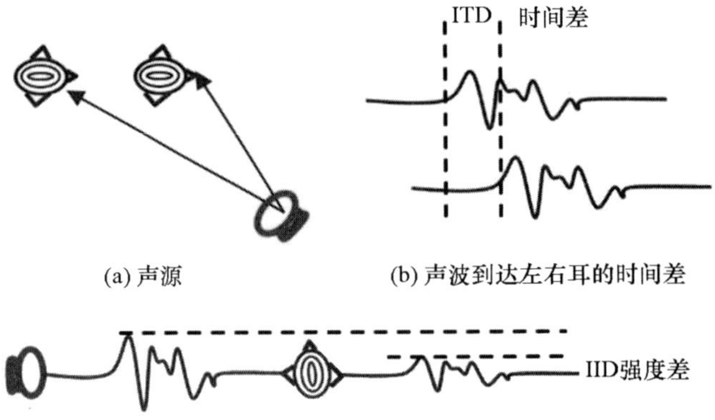

(a) 声源　(b) 声波到达左右耳的时间差

(c) 声波到达左右耳的强度差

图 3－3　声音的方向性

3.1.2　声音的分类

根据频率范围的不同，可将声音分为次声、音频和超声（图 3－4）。其中，次声是指频率低于 20 Hz 的声音；超声是指频率高于 20 kHz 的声音；音频则是指频率范围在 20 Hz～20 kHz 之间的声音，这个频率范围的声音能够被人耳所感知，如音乐声、风雨声、汽车声等，也被称为全频带声音。在音频中，有一类比较特殊的声音信号，其频率范围为 300 Hz～3.4 kHz，称为语音。

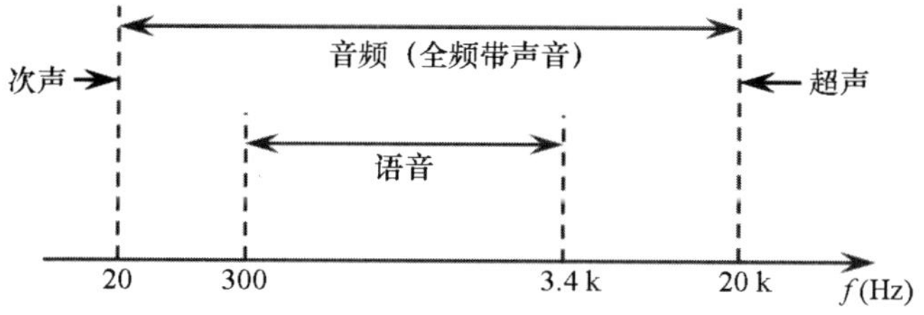

图 3-4 声音的分类

声音的质量与它所占用的频带宽度（带宽）有关。一般来说，频带宽度越宽，信号强度的变化范围就越大，音响效果也就越好。按照带宽可将声音质量分为如下 4 级。

（1）数字激光唱盘质量（10 Hz ~ 22 kHz）。通常又称为 CD - DA 质量，也就是常说的超高保真，即 Super HiFi（High Fidelity）。

（2）调频无线电广播质量（20 Hz ~ 15 kHz），简称 FM（Frequency Modulation）质量。

（3）调幅无线电广播质量（50 Hz ~ 7 kHz），简称 AM（Amplitude Modulation）质量。

（4）电话质量（200 Hz ~ 3.4 kHz）。

图 3-5 所示为这 4 级声音质量的频率范围，从图中可以看出 CD - DA 的频率范围最宽，其音质最好。调频立体声（FM）广播次之，接下来是调幅立体声（AM）广播，最后才是电话。

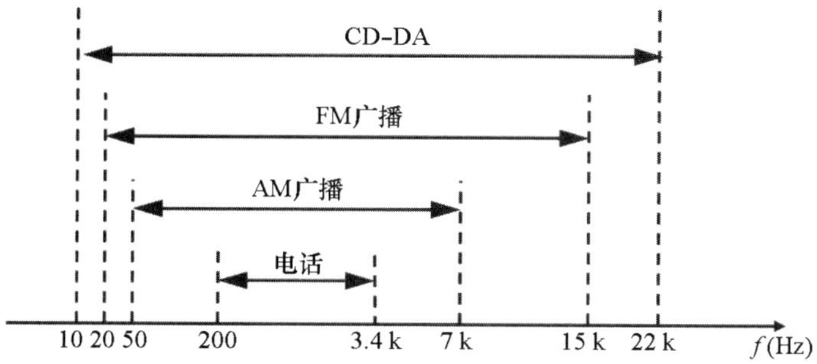

图 3-5 各类音频占据的频率范围

通常所说的音频是指数字音频。声源发出的模拟音频信号必须经过采样、量化、编码后才能变成数字音频，为后期所编辑和处理。

3.1.3 声音媒体的特性

声音媒体有其自身的特性。

（1）声音是一种随时间变化的连续媒体，也称为连续性时基类媒体，因此对声音媒体的处理要求有比较强的时序性。

（2）声音有三个要素，即音调、音强和音色。音调与声波的频率有关，频率高则音调高，反之则低；音强又称响度，它与声波的振幅成正比；音色与声波的形状有关，它是由混入基音的泛音所决定的，每个基音都有其固有的频率和不同音强的泛音。

（3）声音具有连续谱特性。在一定时间内，声音信号可以分成周期信号和非周期信号两类。周期信号可以用傅氏级数表示，其频谱是离散谱；非周期信号可用傅氏积分表示，其频谱是连续谱。具有离散谱的周期信号在听觉上具有明显的音高，被称为“有调声”，但真正的离散谱声音听起来十分单调。而其他的声音信号或者属于完全的连续谱，或者属于线性谱中混有一段段的连续谱成分，也正是这些连续谱成分使声音听起来饱和、生动。

（4）声音有方向感。声音是以声波的形式进行传播的，由于人能够判别出声音到达左右耳的时差和强度，因此可判别出声音的来源方向。同时也由于空间作用使声音来回反射，造成声音特殊的立体感和空间感效果。

（5）音色与失真特性。不同的人与不同的乐器在发出相同的基频和音高的声音时，听者对它的感觉并不完全相同，即音色不同。其原因是组成这些声音的其他频率分量大小不同。因此，为了保留声音原有的音色，传输和表现设备应保持信号的幅频特性，使其不产生失真，同时不产生多余的频率分量。

3.2 音频的数字化

自然界的声音信号是模拟的。声源发出的声波信号被传声器捕获，得到模拟的电信号，经过采样、量化、编码等一系列处理后，才成为数字音频信号。这个过程就是音频的数字化。

3.2.1 数字音频的概念

3.2.1.1 什么是数字音频

在计算机内，所有的信息均以数字表示。各种命令是不同的数字，各种幅度的物理量也是不同的数字。用一系列数字来表示的声音信号，称为数字音频。数字音频的特点是保真度好，动态范围大。

声音是机械振动，振动越强，声音越大。话筒把机械振动转换成电信号，在模拟音频技术中以模拟电压的幅度表示声音强弱。在数字音频技术中，把表示声音强弱的模拟电压用数字进行表示。模拟电压的幅度，即使在某电平范围内，仍然可以有无穷多个值。而用数字来表示音频幅度时，只能把无穷多个电压幅度用有限个数字来表示，即把某一幅度范围内的电压用一个数字来表示，称为量化。

计算机内的基本数制是二进制，为此也要把声音数据写成计算机的数据格式，称为编码。模拟电压幅度、量化和编码的关系举例如表3-1所示。

表3-1 模拟电压、量化和编码的关系举例

电压范围/V	量化（十进制数）	编码（二进制数）
0.5~0.7	3	011
0.3~0.5	2	010
0.1~0.3	1	001
-0.1~0.1	0	000
-0.3~-0.1	-1	111
-0.5~-0.3	-2	110
-0.7~-0.5	-3	101
-0.9~-0.7	-4	100

模拟声音在时间上是连续的，而以数字表示的声音是一个数据序列，在时间上只能是断续的。因此当把模拟声音变成数字声音时，需要每隔一个时间间隔在模拟声音波形上取一个幅度值，称为采样，该时间间隔称为采样周期（其倒数称为采样频率）。

由此看出，数字声音是由模拟声音经采样、量化和编码后得到的。计算机、数字 CD、数字磁带中存储的都是数字声音。模拟/数字转换器可以把模拟声音变成数字声音；数字/模拟转换器可以恢复出模拟声音。表 3－2 所示为模拟音频与数字音频的区别。

表 3－2　模拟音频与数字音频的区别

对比项	获取方式	电磁影响	幅度描述	时间特性	两者关系
模拟音频	直接记录音频信号的波形	受电磁性能的影响较大	模拟电压幅度在某电平范围内是连续的，有无穷多个值	模拟声音在时间上是连续的	模拟/数字转换器把模拟声音变成数字声音
数字音频	对模拟声音经采样、量化和编码后得到	不受电磁性能的影响	数字音频的幅度只能用有限个数字表示无穷多个电压幅度，即量化与编码过程	数字音频是一个数据序列，在时间上只能是离散的，时间间隔称为采样周期（其倒数称为采样频率）	数字/模拟转换器可以将数字声音恢复成模拟声音

数字音频是对模拟音频信号按采样的频率间隔，不断获取幅度的量值，使连续的声音转变为离散的数字量的结果。数字音频的质量，在很大程度上取决于采样频率、量化位数以及声道数等技术指标。

3.2.1.2　音频的数字化过程

计算机内的音频必须是数字形式的，因此必须把模拟音频信号转换成有限数字表示的离散序列，即实现音频数字化。模拟声音数字化最早采用脉冲编码调制（Pulse Code Modulation，PCM）技术，它几乎是所有数字音频格式的始祖。1939 年，法国工程师 Alec Reeves 发明了将连续的模拟信号变换为时间和幅度都离散的二进制码代表的脉冲编码调制信号的技术，并申请了专利。PCM 首先开始应用于电话系统，但直到 1962 年美国 Bell 实验室才为 AT&T 制成了国际上第一套商用 PCM 电话系统（T1 系统），这标志着通信开始进入数字化。后来的计算机发展促进了通信的数字化，并逐步与通信相结合。由于模拟声音信号非常复杂，PCM 需要通过采样、量化和编码 3 个步骤将连续变化的模拟信号转换为数字信号，其过程如图 3－6 所示。

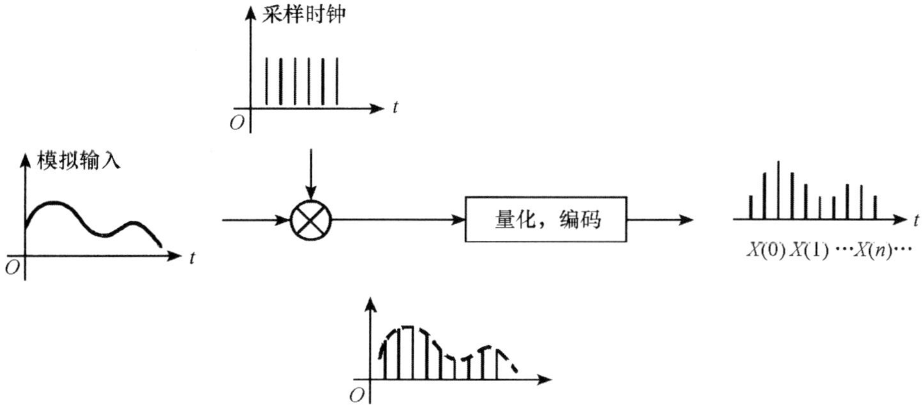

图 3－6　音频信号的数字化过程

（1）采样

采样就是对模拟信号每隔一个固定的时间间隔取一个样本值。例如，在拍摄电影时，不必要也不可能用胶片把演员的连续动作全部都拍摄下来，而是按照一定的时间间隔拍摄一幅幅不连续的画面，每幅画面只选取演员动作在某一瞬间的情形，这就是“采样”。只要采样的时间间隔足够短，如每秒采样不少于 24 幅，那么在放映时，由于人的眼睛具有视觉残留特性，在屏幕上看到的就不是一幅幅不连续的画面，而是流畅的整个动作。与此类似，要传输一个声音信号，不必像传送模拟信号那样把信号各个瞬时的声波幅度都连续地传送出去，而只需要每隔一定的时间间隔对信号取一个瞬时值（样本值），再将其传送出去。图 3－7 所示为在离散时间点的采样效果。

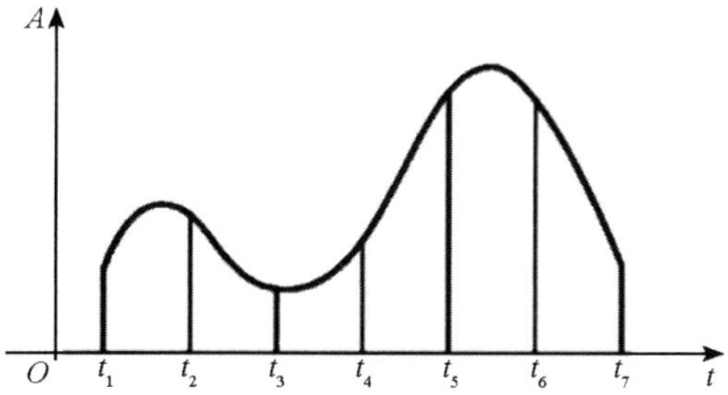

图 3－7　在离散时间点采样

显然，采样的时间间隔越短，所取的一系列值就越能精确反映原来的模拟信号。反之，采样时间间隔太长，就会使信号失真。每秒采样的次数叫作采样频率（Sample Rate），其单位为赫兹（Hz）。采样频率越高说明采样时间间隔越短，采样频率越低说明采样时间间隔越长。那么，采样频率究竟要达到多高才能较好地反映出原来的声音呢?

奈奎斯特采样定理认为：采样频率至少应为信号最高频率的两倍，才能把数字信号表示的声音还原为原来的声音。常用的音频采样频率有：8 kHz、11.025 kHz、16 kHz、22.05 kHz、37.8 kHz、44.1 kHz 和 48 kHz。

由于人耳的响应频率为 20 Hz~20 kHz，为保证声音信号不失真，采样频率至少应保证不低于 40 kHz。此外，为了避免高于 20 kHz 的高频信号干扰采样，在进行采样之前，需要对输入的声音信号进行滤波。考虑到滤波器在 20 kHz处有 10% 左右的衰减，因此再将其提高 10% 为 22 kHz。这个值乘以 2 就得到了 44 kHz 的采样频率。为了能够与电视信号同步，PAL 制式电视的场频为 50 Hz，NTSC 制式电视的场频为 60 Hz，取 50 和 60 的整数倍，所以 CD 音频通常采用 44.1 kHz 的采样频率。与全频带声音相比，人类的语音和电话信号的最高频率相对较低，可以选用较小的采样频率。

经过采样后，信号就成为时间上离散的了。

（2）量化

由于监测器的灵敏度有限和传输中噪声的干扰，没有必要传送每个样本值的准确大小，只要按照容许的误差将样本大小进行量化分层近似即可。量化的过程如下：先将整个幅度划分为有限个小幅度（量化阶距）的集合，把落入某个阶距内的样值归为一类，并赋予相同的量化值。如图 3－8 所示，将纵坐标上幅度的最大变化范围对应 $2^3=8$ 个层级，即 0、1、2、3、4、5、6、7。然后用四舍五入的方法将样本大小用接近的分层级来代替，这个过程称为“量化”。图中对应时刻 t_1、t_2、t_3、t_4、t_5、t_6、t_7 的样本值分别代替为 2、3、1、2、6、5、2。模拟信号经过采样、量化，在时间、幅度上都离散化了，变

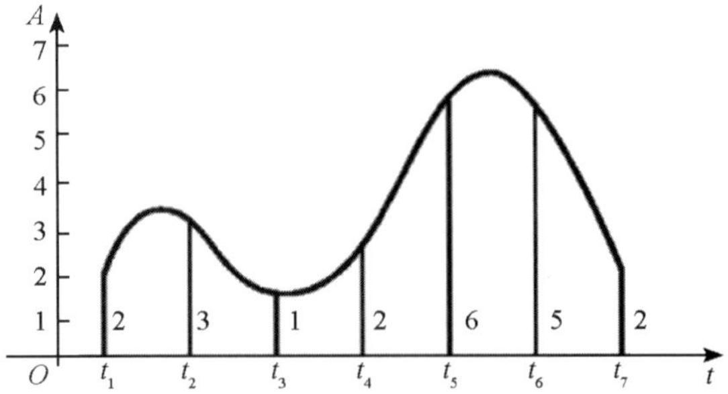

图 3－8　对样本值大小进行量化

得不再连续。

显然，分的层数越多，即二进制码的位数越多，则对原模拟信号反映的精度就越高。对于声音信号而言，记录的声音质量就越好。采用3位二进制编码，只分为2^3个层级，其精度只有$1/2^3$，即1/8。如用8位二进制编码，则可分为2^8个层级，精度可达$1/2^8$，即1/256。而用16位记录的声音质量又比8位记录的声音质量好得多。当然，二进制码位数的多少受到技术上的限制，常用8位、12位、16位、24位、32位等。同理，在相同量化位数的情况下，采样频率越高，声音效果就越好。

若采用均匀间隔量化的方法就称为均匀量化或线性量化，这种量化方式具有大信号信噪比有余而小信号信噪比不足的缺点。所谓信噪比（Signal to Noise Rate，SNR），就是有用信号与噪声之比，其单位是分贝（dB）。如果小信号量化级间宽度小些，而大信号量化级间宽度大些，就可以使小信号和大信号的信噪比趋于一致。这种非均匀量化级的安排称为非均匀量化或非线性量化。数字电视信号大多采用非均匀量化方式，这是由于模拟视频信号要经过校正，而校正类似于非线性量化特性，可减轻小信号量化时误差的影响。

对于音频信号的非均匀量化采用压缩、扩张的方法，即在发送端对输入的信号进行压缩处理再均匀量化，在接收端再进行相应的扩张处理（图3－9）。

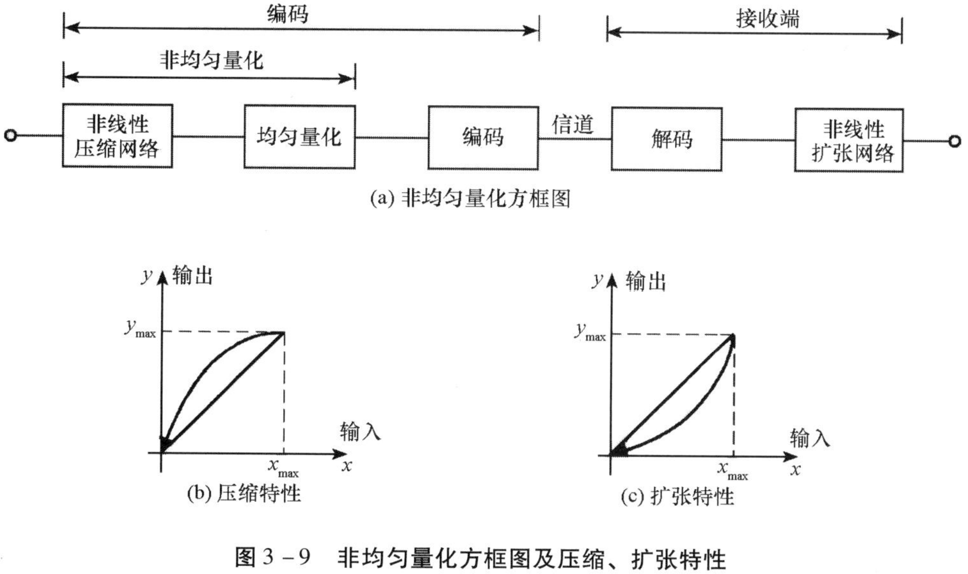

图3－9 非均匀量化方框图及压缩、扩张特性

（3）编码

将经过采样、量化后的样本值用二进制的代码来表示，即将样本值2、3、1、2、6、5、2用二进制编码表示为010、011、001、010、110、101、010，并按一定规则顺序排列形成脉冲序列，这就是“编码”（图3－10）。这样就生成了以数字信号表示的信息。在实际过程中量化和编码是同时进行的。

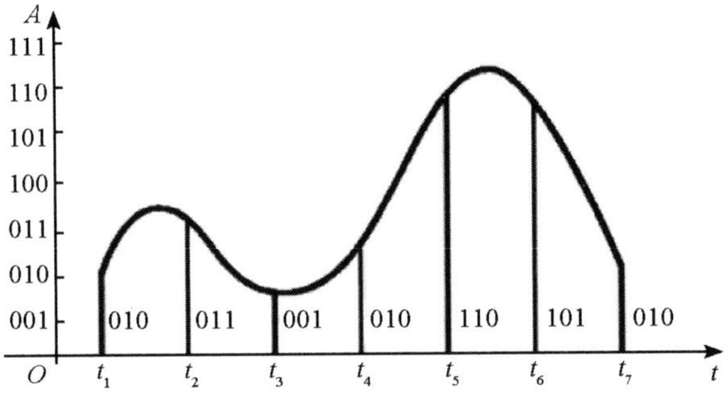

图3－10　对样本值进行编码

与模拟信号相比，数字信号有抗外界干扰的优点。模拟信号在传输或复制过程中会混入一些干扰，对于声音模拟信号则会增加噪声。而在数字电路中，由于数字信号只有0和1两个值，对应着矩形脉冲和零脉冲，这种简单的波形很容易识别。即使受到干扰，波形“走样”，也不必关心波形的精确形状，只要处理电路能识别原信号中的两种状态，就可以把原信号再生出来，而不会将噪声传递给下一个媒体。图3－11所示为数字信号抗干扰示意图。

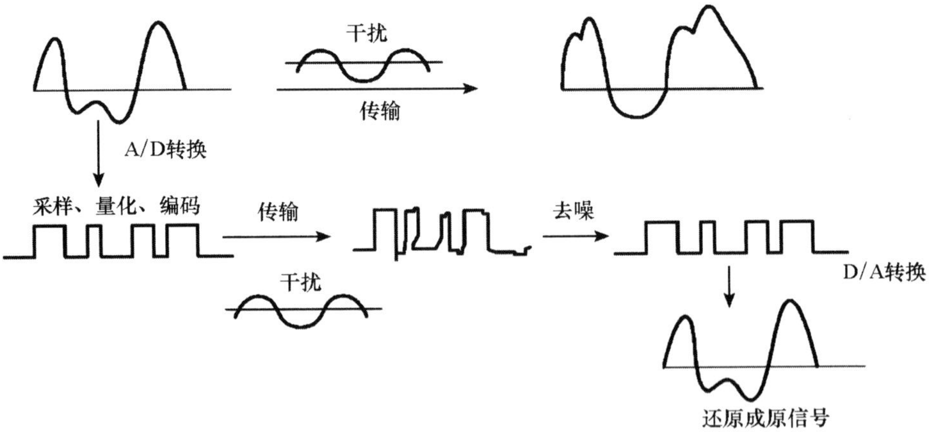

图3－11　数字信号抗干扰示意图

但是，用数字信号表示声音也有“信息丢失”的缺点。如前所述，在对模拟信号进行数字化的过程中，要经过采样、量化、编码的技术手段处理。其中，采样过程中就有采样时间间隔的问题，采样时间间隔越短，精度越高。在量化过程中还有二进制编码位数的问题，二进制编码的位数越多，读取的精度就越高。然而采样时间间隔和二进制编码位数都是有限的，所以从严格的意义上来讲，总会有一些信息丢失。例如，在收听激光视盘时，有时会觉得两位不同歌手的音色很像，这就是表达音质的一部分信息丢失造成的，而模拟信号是将声音原样记录下来，以保存其原始特征。

音频数字化是整个数字音频领域最基础的技术。在计算机中，这个过程是由声音处理卡（或称声卡）及其相应软件完成的。声音处理卡上的 A/D 转换电路对输入的音频模拟信号以固定的时间间隔进行采样，并将采样信号送给量化编码器，变成数码，并将其保存下来。每个采样值对应于音频信号某一点的瞬时值。

3.2.2 数字音频技术指标

数字音频是对模拟音频信号按采样的频率间隔，不断获取幅度的量值，使连续的声音转变为离散的数字量的结果。通常，数字音频的技术指标包括采样频率、量化位数以及声道数等。

3.2.2.1 采样频率

采样频率是指对声波每秒进行采样的次数，其单位为 Hz。如图 3－12 所示，每秒的采样次数不同，对原始模拟信号的恢复能力也不同。

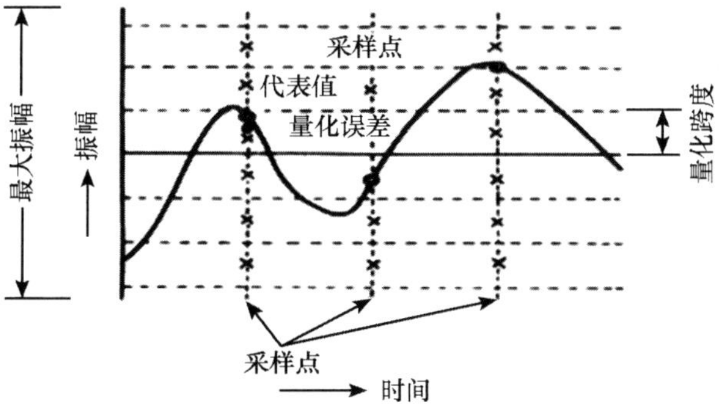

图 3－12 数字音频的采样量化示意图

显然，每秒的采样次数越多，即采样频率越高，采样值越能精确反映原来的模拟信号，数字音频的质量越好，但所需的存储空间也越大。反之，采样频率越低，数字音频的质量也就越差。根据奈奎斯特采样理论，只要采样频率高于输入信号最高频率的两倍，就能从采样信号系列中重构原始信号。数字音频常见的采样频率有：44.1 kHz，22.05 kHz，11.025 kHz 等。其中，CD 音乐的采样频率为 44.1 kHz，FM 广播的采样频率为 22.05 kHz，电话语音的采样频率为 11.025 kHz。

3.2.2.2 量化位数

数字音频的另一个重要技术指标是量化位数，它表示对声波的幅度轴（即声音的强弱）进行数字化的动态范围。简单来讲，就是每个声音样本在计算机中用多少比特（bit）的位数来进行存储，也称为量化精度。量化位数越高，越能细致地反映声音的强弱变化，但所需的存储空间也越大。量化位数每增加 1 位，数字音频的动态范围就增加 6 dB。常见的量化位数包括 8 位、16 位等。

3.2.2.3 声道数

反映数字音频质量的另一个指标是声道数。声道数是指声音同一时间产生的波形数。简单地讲，声道是指同一时间有几个喇叭发出声音。常见的有单声道和双声道。记录声音时，如果每次生成一个声波数据，称为单声道；如果每次生成两个声波数据，称为立体声（双声道）。单声道缺乏对声音的定位能力，而立体声在录制过程中被分配到两个独立的声道，从而能够达到很好的声音定位效果，现场真实感更强。立体声能带给人更好的听觉感受，但相应的数据量要比单声道的数据量加倍。立体声虽然满足了人们对左、右声道位置感觉体验的要求，但要达到更好的效果，仅仅依靠两个音箱是远远不够的。随着声音合成技术的发展，双声道立体声逐渐向多声道环绕声发展。早期运用 3 声道来增强人的沉浸感，后来发展到 4 声道（两前两后）、DVD 的 6 声道（5.1 声道）、7 声道（6.1 声道）、8 声道（7.1 声道），以及电影院的 10 声道等。

这里重点介绍一下 5.1 声道，如图 3－13 所示。5.1 声道是杜比实验室发布的家庭影院环绕声系统，包括中央声道、前置主左/右声道、后置左/右环绕声道，及 0.1 声道的重低音声道。其中，中央声道负责配合屏幕上的动作和人物对白；前置主左/右声道喇叭用来弥补在屏幕中央以外或不能从屏幕看到的动作及其他声音；后置左/右环绕声道负责外围及整个背景音乐，让人感觉置身于整个场景的正中央；而马达声、轰炸机的声音或是大鼓等震人心弦的重低音，则由重低音声道来完成。

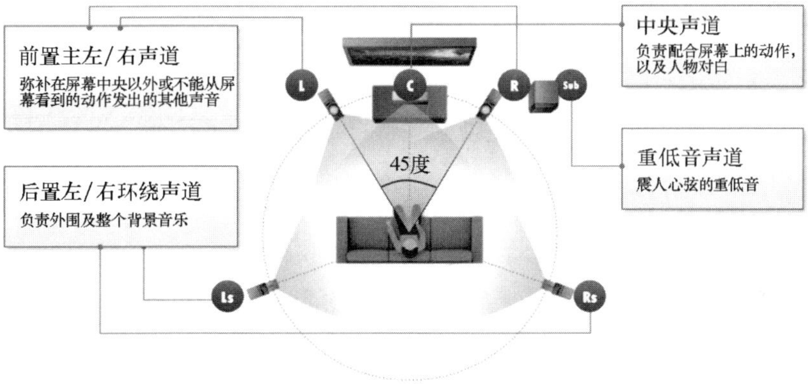

图3－13 5.1声道示意图

3.2.3 数字音频数据量的计算

数字音频数据量的计算与其技术指标密切相关。其计算公式如式（3－1）所示：

数据量(Byte)＝采样频率×量化位数×声道数×持续时间/8 （3－1）

根据公式（3－2），数据量等于采样频率、量化位数、声道数以及持续时间的乘积，这样得到的计算结果为比特，除以8将计算结果转换为字节。其中，采样频率和量化位数的乘积通常称为数据率，单位bit/s表示每秒的数据量。

下面计算：以CD音质采样量化1分钟得到的数字音频数据量是多少？

44.1(kHz)×16(bit)×2 ×1× 60/8 ≈10 MB （3－2）

由于CD的采样频率为44.1kHz，量化位数为16位，声道数为2，再乘以时间，除以8，最终得到1分钟的CD数据量约为10 MB，其数据率约为1 411.2 kbit/s。这个数据量非常庞大。因此，数字音频在计算机中进行存储时，往往需要进行一定的压缩编码，才能满足存储和传输的需要。

3.2.4 音频的采集与获取

3.2.4.1 音频的采集与获取方法

（1）音频数据的获取途径

音频数据的获取途径主要有以下几种。①使用声卡录制、采集声音信息，如利用 Windows 的 Sound Recorder（录音程序），或专业录音软件（如 Audition），或租用数字录音棚录制，最终将声音以文件的形式存储在计算机中。②使用声卡和 MIDI 设备在计算机上创作乐曲，如对于 MIDI 音乐可以使用专业 MIDI 编辑合成软件生成。③利用现有的声音素材库。④通过 Internet 下载音频数据。⑤通过其他外部途径（如 CD、电视等）购买版权获得音频。

（2）MIDI 音乐的采集

MIDI 音乐可以通过以下途径采集。①通过把专用的 MIDI 键盘或电子乐器的键盘连接到多媒体计算机的声卡上，采集键盘演奏的 MIDI 信息，形成 MIDI 音乐文件。②通过专用的 MIDI 音序器软件在多媒体计算机中创作 MIDI 音乐。③通过专业的数字音乐网站收集免费的 MIDI 资源或购买现成的 MIDI 作品。④通过专门的软件，把其他的声音文件（如 WAV 格式文件）转换为 MIDI 文件。

（3）WAV 声音的采集

WAV 格式的声音文件是波形文件的一种，它是模拟声音信号的数字化结果。对 WAV 格式声音文件的采集是利用声卡的采样、量化、编码功能，将麦克风、录音机、录像机、CD 唱机等传输到计算机的模拟声音信号转换为数字化的声音信号。通常在计算机内采用的声音采集软件有 Windows 系统自带的“录音机”、Audition 声音处理软件等。

3.2.4.2 音频的采集与获取设备

处理音频信号的 PC 插卡是音频卡，简称声卡。声卡处理的音频媒体主要有数字化声音（WAVE）、合成音乐（MIDI）、CD 音频。

（1）声卡的功能

声卡作为最基本的声音合成硬件设备，在音频的数字化过程中发挥着重要作用，它主要负责完成声音信号的录制与回放，模拟信号与数字信号之间的转换、编辑与合成、MIDI 接口等工作。

①播放数字音乐

这是声卡最基本的功能，得益于数字音乐的存储方式的改进。从原始的 WAV 到流行的 MP3，再到新兴的 WMA 等音频格式，数字音乐被广大用户所接受。边工作边听音乐成了大多数电脑玩家的习惯。最初的声卡仅仅能够播放一点简单的提示音，到后来的 8 bit 声卡、16 bit 声卡，计算机也越来越适合播放音乐了。目前最高档的声卡更是将支持的最大采样速率推向 192 kHz，而量化位数也高达 24 bit。因此，我们能够在计算机上欣赏 MP3、CD 甚至 DVD Audio。

②录音

录音也是声卡最基本的功能之一，可以采集来自麦克风、立体声线路输入的信号，甚至是 CD 的信号。目前大部分民用级声卡都可以采集 48 kHz/16 bit 的信号，许多声卡支持 96 kHz/24 bit 的录音，实际录音效果也达到了很高的水准，这为组建家庭录音室的硬件环境提供了更好的保障。

③语音通信

当声卡有了输出/输入信号的能力时，它就成了语音通信的重要组成部分。如果声卡可以同时输出和输入信号，这块声卡就支持全双工（可以同时进行信号的双向传输）的工作模式，非常适合在网络上进行语音通信。网络上语音通信的成本很低，通信质量也有很大的提高。用于语音通信的声卡需要支持全双工，即播放和录音可以同时进行。

④实时的效果器

当计算机游戏越来越 3D 化的时候，用户不但要求画面够 3D，也要求声音能够尽量模拟真实环境。有不少厂家提出了 3D 音效的方案，这些方案要求声卡有非常强大的运算能力以模拟真实的音效。这些功能的实现和声卡处理信号的能力有关，不但游戏中需要这些音效，欣赏音乐时也同样需要。当然，这些效果的实现也可以通过软件模拟来实现。

⑤接口卡

当使用模拟方式连接 CD - ROM 并播放时，声卡不会做控制电平之外的任何处理，这个时候声卡就是一块接口卡，作为一个中介设备出现。在接驳其他模拟设备（如电视卡）时，声卡都是作为接口卡使用的。例如，在播放 DVD，声卡输出 AC3 音频流的时候，也只是作为接口卡使用。早期的声卡都附带了 IDE 端口，可以用于连接光驱，这个时候，声卡也是一块接口卡。另外，大多数声卡也附带了一个 MIDI/游戏控制器的端口，用于连接 MIDI 键盘、游戏手柄等多媒体设备。随着 USB 标准被日益接受，这个端口的作用也逐渐减少，更多的设备采用了 USB 标准接驳。

⑥音频编解码

在数字音频世界中，存在各种各样的编码方案，大部分都可以由软件解决。当 DVD－ROM 开始普及时，人们发现 DVD 对系统的要求要比 VCD 高得多，尤其是音频部分。为了更好地做到身临其境，DVD 影片大部分都采用了 AC－3/DTS 方式编码其音频部分，算法远比以前大部分音频编码要复杂。Audigy2 ZS 允许用户在播放普通 DTS 音效的 DVD 时，将 5.1 矩阵解码成 6.1，这些都是声卡在起作用。另外，CS4630 系列的声卡大都支持硬件 MP3 加速，这就是声卡参与解码的结果。

⑦合成器

播放 MIDI 的效果好坏取决于声卡的合成能力。声卡的波表合成能力的好坏直接影响到声卡播放 MIDI 的性能。波表的英文名称为“WAVE TABLE”，即“波形表格”。它是将各种真实乐器所能发出的所有声音（包括各个音域、声调）录制下来，存储为一个波表文件。播放时，根据 MIDI 文件记录的乐曲信息向波表发出指令，从“表格”中逐一找出对应的声音信息，经过合成、加工后回放出来。现在大部分声卡都采用 DLS（DownLoadable Sample）波表合成技术，在 WDM 驱动支持下，所有声卡都能够有较好的合成效果，当然，前提是必须有一个好的 DSL 音色库。另外一种 FM 合成技术，由于合成效果过于单调，基本被淘汰。

（2）声卡的类型

声卡主要分为板卡式、集成式和外置式 3 种接口类型，以适应不同用户的需求，3 种类型的产品各有优缺点。

①板卡式：早期的板卡式声卡多为 ISA 接口，由于此类接口总线带宽较低、功能单一、占用系统资源过多，目前已被淘汰；PCI 接口拥有更好的性能及兼容性，支持即插即用，安装使用都很方便。

②集成式：集成式声卡集成在主板上，具有不占用 PCI 接口、成本低廉、兼容性好等优势，能够满足普通用户的绝大多数音频需求。集成式声卡的技术也在不断进步，多声道、低 CPU 占用率等优势使其逐渐占据了主导地位。

③外置式：外置式声卡通过外部接口与 PC 连接，具有使用方便、便于移动等优势。但这类产品主要应用于特殊环境，如连接笔记本电脑以实现更好的音质等。

3.3 音频压缩与音频文件格式

3.3.1 音频压缩方法概述

3.3.1.1 音频压缩编码的机理

音频压缩需要采用一定的算法来压缩音频数据，以减少存储空间和提高传输效率，并采用一定的格式来记录这些数据。音频压缩编码的目的，是在保证重建音频一定质量的前提下，以尽量少的比特数来表征音频信息，或者是在给定的数码率下，尽可能提高解码恢复出的重建声音的质量。统计数据表明，在音频数据中存在着多种形式的冗余，主要包括频域冗余、时域冗余和听觉冗余。

（1）频域冗余

音频信号在频域上的冗余主要表现在以下两个方面：①长时功率谱密度的非均匀性。在相当长的时间间隔内进行统计平均，可得到长时功率谱密度，其功率谱呈现明显的非平坦性。从统计观点看，这意味着没有充分利用给定的频段，或者说存在固有冗余度，功率谱的高频成分能量较低。②语音信号特有的短时功率谱密度。语音信号的短时功率谱，在某些频率上出现“峰值”，而在另一些频率上出现“谷值”。而这些峰值频率，也就是能量较大的频率，通常称为共振峰频率。共振峰频率不止一个，最主要的是前三个，它们决定了不同的语音特征。另外，整个功率谱也是随频率的增加而递减。更重要的是，整个功率谱的细节以基音频率为基础，形成了高次谐波结构。

（2）时域冗余

音频信号的时域冗余主要表现在以下五个方面。①样值幅度分布的非均匀性。统计表明，在大多数类型的音频信号中，不同幅度的样值出现的概率不同，小幅度样值比大幅度样值出现的概率要高。尤其在语音和音乐信号的间隙，会有大量的小幅度样值。②样值间的相关性。对语音波形的分析表明，相邻样值间存在很强的相关性。当采样频率为8 kHz时，相邻样值之间的相关系数大于0.85。如果提高采样频率，则相邻样值间的相关性将更强。根据这种较强的一维相关性，利用差分编码技术，可以进行有效的压缩。③信号周期之间的相关性。虽然音频信号分布于20 Hz～20 kHz的频带范围，但在特定的瞬间，某一声音却往往只在该频带内的少数频率成分上起作用。当声音只存在少数几个频率时，就会像某些振荡波形一样，在周期与周期之间存在着一定的相关性。利用音频信号周期之间的相关性进行压缩的编码器，比仅利用邻近样值间的相关性的编码器效果要好，但要复杂得多。④长时相关性。上述样值、周期间的相关性，都是在20毫秒时间间隔内进行统计的所谓短时自相关。如果在较长的时间间隔（如十几秒）内进行统计，便得到长时自相关函数。长时统计表明，当采样频率为8 kHz时，相邻样值之间的平均相关系数可高达0.9。⑤静音。语音间的停顿间歇本身就是一种冗余。若能正确检测出该静音段，并去除这段时间的样值数据，就能起到压缩的作用。

（3）听觉冗余

由于人耳对信号幅度、频率的分辨能力有限，因此可以充分利用人耳的听觉特性，将听不到的信号压缩掉。凡是人耳感觉不到的声音，即对人耳辨别声音的强度、音调、音色、方位没有贡献的成分，也称为与听觉无关的“不相关”部分，都可以视为冗余，可将它们压缩掉。

3.3.1.2　音频压缩方法分类

音频压缩方法有多种（图3－14）。无损压缩法包括不引入任何数据失真的各种熵编码，例如，霍夫曼编码、行程编码、算术编码等；有损压缩法可分为波形编码、参数编码、感知编码和同时利用多种技术的混合编码方法。

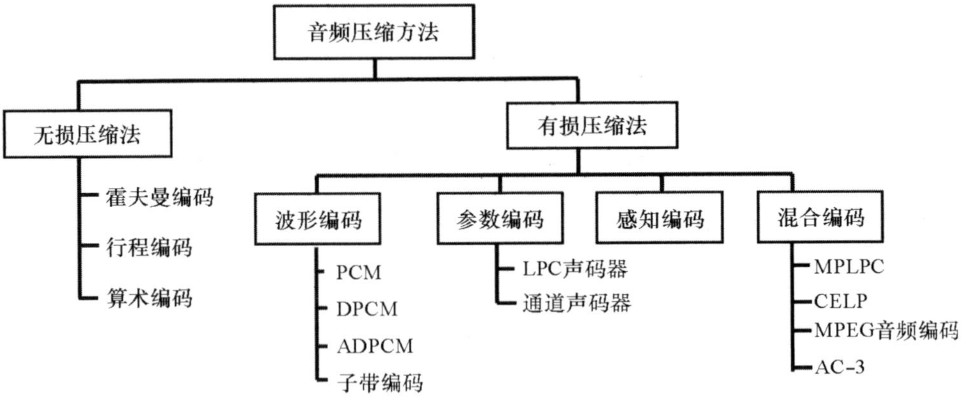

图3－14　音频压缩方法

（1）波形编码

波形编码是指直接对音频信号的波形采样值进行处理，通过静音检测、预测、非线性量化等手段进行压缩编码。它主要利用音频样值的幅度分布规律和相邻样值间的相关性进行压缩，目的是使重建后的音频信号的波形与原音频信号波形保持一致。这种编码系统保留了信号原始样值的细节变化，从而保留了信号的各种过渡特征。

波形编码的特点是通用性好，可以适用于任意类型的数字声音；技术成熟，算法复杂度低，容易实现，编解码时延短；重建声音信号质量好，在较高码率的条件下可以获得高质量的音频信号，既适合于高质量的音频信号，也适合于高保真语音和音乐信号；波形编码压缩比不大。

常见的波形编码方法有：脉冲编码调制（Pulse Code Modulation，PCM）、差分脉冲编码调制（Differential Pulse Code Modulation，DPCM）、自适应差分脉冲编码调制（Adaptive Differential Pulse Code Modulation，ADPCM）、子带编码（Sub-band Coding，SBC）、矢量量化（Vector Quantization，VQ）编码等。

（2）参数编码

参数编码把音频信号表示成某种模型的输出，利用特征提取的方法抽取必要的模型参数和激励信号的信息，并对这些信息进行编码，最后在输出端合成原始信号。其目的是重建音频，保持原始音频的特性。常用的参数编码方法包括线性预测编码（LPC）声码器、通道声码器等。参数编码能够用于低数码率的音频编码，主要是因为它可以应用感知模型把音频信号分解成不同的部分，然后在每个部分用适当的源模型和模型参数来描述并对其进行编码。在信道中传输这些参数，然后在接收端利用这些参数重新构造音频信号。在这个过程中，是用模型和参数来描述声音，而不要求重建后的音频信号的波形与原音频信号波形的形状保持一致。常用的音频参数有线性预测系数、滤波器组等。参数编码的压缩率很大，但计算量大，保真度不高，适合于语音信号的编码。

（3）感知编码

人耳对音频信号的幅度、频率和时间的分辨能力是有限的，凡是人耳感觉不到的成分都不进行编码和传递，对感觉到的部分进行编码时，也允许有较大的量化失真，只要这个失真是在人耳感觉不到的听觉阈值以下即可。感知编码建立在人类听觉系统的心理声学基础之上，只记录那些能够被人耳感觉到的声音，从而达到压缩数据量的目的。

感知编码的理论基于人耳的听觉阈值、临界频带和心理声学特性（包括频域掩蔽效应和时域掩蔽效应）。心理声学模型中一个基本的概念就是听觉系统中存在一个听觉阈值，低于这个阈值的音频信号人耳听不到，因此就可以把这部分信号忽略掉，无须对它进行编码，而不影响听觉效果。心理声学模型中的另一个概念是听觉掩蔽效应。人耳能在寂静的环境中分辨出轻微的声音，但在嘈杂的环境中，同样的声音则会被嘈杂声淹没而听不到。一个较弱的声音（被掩蔽音）的听觉灵敏度由于另一个较强的声音（掩蔽音）的存在而降低的现象被称为人耳的“听觉掩蔽效应”。这种听觉掩蔽效应可以在频率域内由掩蔽曲线来模拟，其频域上的某个信号在其前后的一定频域范围内都具有掩蔽效应。听觉主要是基于对音频信号的短暂频谱分析，在相邻频谱中，人的听觉系统无法感受邻近频谱上一个较强信号所掩蔽的失真。在理想状态下，掩蔽阈值以下的失真不能被人耳觉察出来。

感知编码的基本思路是：用一个随音频信号而定的听觉阈值电平来与原有音频信号进行比较，对于那些低于听觉阈值电平（人耳无法感知）的信号，略过编码或减少比特数，以有效降低总数码率。在音频压缩编码中利用掩蔽效应，就可以通过给不同频率处的信号分量分配以不同的量化比特数的方法来控制量化噪声，使得噪声的能量低于掩蔽阈值，从而使得人耳感觉不到量化过程的存在。

（4）混合编码

混合编码介于波形编码和参数编码之间，集中了这两种方法的特点。一方面，它要对声音信号建立描述模型并对模型参数进行计算和编码，具有参数编码的特征；另一方面，它还要对原始信号波形与重建信号波形的误差进行编码，以使最终重建波形与原始波形更加接近，在这一点上又具有波形编码的特点。混合编码可以在较低的码率上得到较高的音质。常见的混合编码方法有：码本激励线性预测编码（Code Excited Linear Prediction，CELP）、多脉冲激励线性预测编码（Multipulses Linear Prediction Coding，MPLPC）等。

3.3.2 音频压缩标准

3.3.2.1 电话质量的语音压缩标准

电话质量语音信号的频率范围是 300 Hz ~ 3.4 kHz，采用标准的脉冲调制编码（PCM），当采样频率为 8 kHz，量化位数为 8 bit 时，所对应的速率为 64 kbit/s。为了压缩音频数据，国际上从 ITU – T 最初的 G.711 64 kbit/s A (μ)律 PCM 编码标准开始，制定了一系列的语音压缩编码的标准。这些压缩标准充分利用了线性预测技术、矢量量化技术和综合分析技术，典型的算法有 ADPCM、码本激励线性预测编码（CELP）、短时延码本激励线性预测编码（LD－CELP）、长时线性预测规则码激励编码（RPE－LTP）、矢量和激励线性预测编码（VSELP）等。ITU 建议的用于电话质量的语音压缩标准见表 3－3。

表 3－3 ITU 建议的用于电话质量的语音压缩标准

标准	说 明
G. 711	采用 PCM，采样速率为 8 kHz，量化位数为 8 bit，对应的比特流速率为 64 kbit/s。使用了非线性量化技术
G. 721	将 64 kbit/s 的比特流转换成 32 kbit/s 的比特流，基于 ADPCM；每个数值差分用 4 位编码，采样频率为 8 kHz
G. 723	一种以 24 kbit/s 运行的基于 ADPCM 的有损压缩标准
G. 728	采用 LD－CELP 压缩技术；比特率为 16 kbit/s，带宽限于 3. 4 kHz；音质与 G. 721 标准相当

随着数字移动通信的发展，人们对于低速语音编码有了更迫切的要求。1983 年欧洲数字移动特别工作组（GSM）制定了采用长时线性预测规则码激励压缩技术的 GSM 编码标准，作为一种移动电话的压缩标准。其 6. 1 版本可在 13. 2 kbit/s 下运行，采样频率为 8 kHz。但压缩的音质不如 G. 711 系统。1989 年，美国公布的数字移动通信标准（CTIA）采用矢量和激励线性预测技术，速率为 8 kbit/s。13. 2 kbit/s 和 8 kbit/s 的语音压缩标准具有较大的压缩率和较高的语音质量，计算量也不是很大，因而具有广泛的应用前景。更低速的语音压缩技术主要应用于保密语音通信，美国国家安全局于 1982 年和 1989 年制定了基于 LPC 速率为 2. 4 kbit/s 的编码方案和基于 CELP 速率为 4. 8 kbit/s的编码方案。

3. 3. 2. 2 调幅广播质量的音频压缩标准

调幅广播质量音频信号的频率范围是 50 Hz～7 kHz，又称“7 kHz 音频信号”，当使用 16 kHz 的采样频率和 14 bit 的量化位数时，信号速率为224 kbit/s。1988 年 ITU 制定了 G. 722 标准，它可把信号速率压缩成 64 kbit/s。

G. 722 标准采用基于子带的 ADPCM 技术（SB－ADPCM），将现有的带宽分成两个独立的子带信道，使输入信号进入滤波器组分成高子带信号和低子带信号，然后分别进行 ADPCM 编码，最后进入混合器形成输出码流。压缩信号的带宽范围为 50 Hz ~ 7 kHz。在标准模式下，采样频率为 16 kHz，幅度深度为 14 bit。同时 G. 722 标准还可以提供数据插入的功能（最高插入速率为 16 kbit/s）。利用 G. 722 标准可以在窄带 ISDN 的一个 B 信道上传输调幅广播质量的音频信号。由于这种压缩方法能够在 8 kbit/s 的存储量下给出相当好的音乐信号，也适合于需要存储大量高质量音频信号的多媒体系统使用。

3.3.2.3 高保真立体声音频压缩标准

高保真立体声音频信号的频率范围是 50 Hz ~ 20 kHz，在 44.1 kHz 采样频率下用 16 bit 量化，信号速率为每声道 705 kbit/s。目前国际上比较成熟的高保真立体声音频压缩标准为“MPEG 音频”。MPEG 是动态图像编码的国际标准，“MPEG 音频”是该标准中的一部分。

ISO 的 MPEG 音频标准对声音的编码进行了规定，包括音频编码方法、存储方法和解码方法。编码器的输入和解码器的输出都与现存的 PCM 标准兼容，音频使用的采样频率一般为 32 kHz、44.1 kHz 和 48 kHz。MPEG 音频压缩方法中应用了许多典型的方法，传输速率为每声道 32 kbit/s ~ 448 kbit/s。

（1） MPEG－1 音频压缩标准

MPEG－1 音频压缩标准是最早提出的高保真立体声音频压缩标准。它采用感知编码和子带编码相结合的策略，针对不同应用需求提供了多种采样频率，可以使用不同层次的编码系统，编码器的复杂性和性能也随之不同。MPEG－1 音频分为 3 层：第 1 层把数字音频分为 32 个子带的基本映像，将数据格式化成块的固定分段，决定自适应位分配的心理学模型，使用会压缩、扩大和格式化的量化器；第 2 层提供了位分配、缩放因子和采样的附加编码，使用了不同的帧格式；第 3 层采用混合带通滤波器来提高频率分辨率，它增加了差值非均匀量化、自适应分段和量化值的熵编码，如表 3－4 所示。

表 3－4　MPEG－1 音频压缩标准

层次	压缩比	输出数据率	算法	应用
第 1 层	4:1	384 kbit/s	MUSICAM 简化版	小型数字盒式磁带
第 2 层	6:1 ~ 8:1	192 ~ 256 kbit/s	MUSICAM	数字广播音频、数字音乐、VCD
第 3 层	10:1 ~ 12:1	112 ~ 128 kbit/s	MUSICAM 与 ASPEC 结合	MP3、ISDN 上的声音传输

编码器处理数字音频信号，并生成存储所需要的数据流。但编码器的算法并没有标准化，可以使用多种算法，例如，音频掩蔽阈值估计的编码、量化和缩放，只要编码器输出的数据能符合标准即可。编码器的原理如图3－15所示。

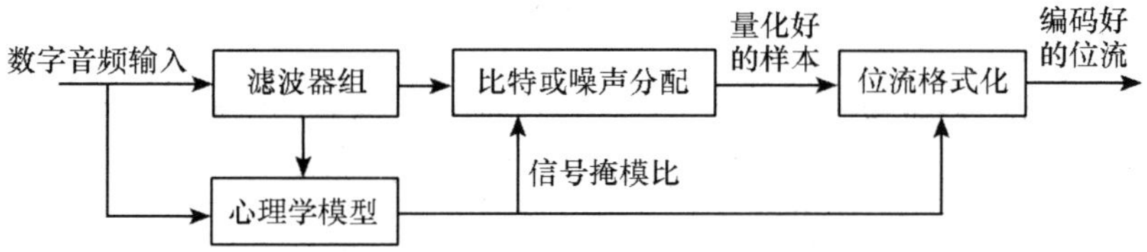

图3－15 MPEG－1音频编码器的原理

编码的过程如下：输入的音频采样值读入编码器，映像器首先对音频数据流进行滤波，然后建立输入音频数据流的子带采样表示。在第1层、第2层中是子带采样，在第3层中是经变换的子带采样。心理学模型建立控制量化和编码的一组数据，这些数据随实际编码器而变。一种可能的办法是利用音频掩蔽阈值来控制量化器，量化和编码部分是从已映像输入采样数据中生成的一组编码符号，这部分也与编码系统有关。编码的结果将封装成帧，如果需要，再加上其他信息，如校正信息等。

滤波器组实现时域到频域的转换。MPEG音频算法中使用了两个滤波器组，一个是多相滤波器组，另一个是混合多相MDCT滤波器组。滤波器输出的是量化了的值。第1层和第2层使用一个有32个子带的滤波器组，第3层的滤波器组的分辨率与信号有关。比特或噪声分配器既要考虑滤波器组的输出样本，又要考虑由心理声学模型输出的信号掩蔽比，并调整位分配或噪声分配，以满足位速率要求和掩蔽的需求。位流格式化器取得量化的滤波器输出，与位分配和噪声分配及其他所需的辅助信息一起，用有效的方式进行编码和格式化。

MPEG－1音频有两个心理学模型。声音心理学模型的计算要适用于相应的层次，而且算法有一定的灵活性。这两个模型即声音心理学模型1和声音心理学模型2。其中声音心理学模型1主要应用于第1层和第2层。声音心理学模型2是一个独立的模型，主要应用于第3层，也可以经过适当的调整来适应MPEG的任何层次。声音心理学模型主要用于编码，人们利用模型来判断哪些频率中的声音在整个声音中对人们的影响最大。据此，在编码时，对这些音适当增加量化的级数，可获得更好的效果。因此，两个声音心理学模型都通过计算信号的掩蔽比来为编码服务。声音心理学模型 1 通过对频率的分析，得到音调和非音调的成分，并求得掩蔽阈值，最后得到子带的信息掩蔽比。声音心理学模型 2 从能量入手，运用卷积等工具，也可得到信号的掩蔽比。

MPEG－1 音频的解码首先要做的事情是使解码器与位流同步，通过搜索同步字，便可获得同步。识别和处理编码数据的公共数据以后，开始对各层进行编码。首先读取位分配信息以及第一个子带的缩放因子，进行位分配解码。缩放因子选择信息解码，对子带样点进行逆量化，通过合成子带滤波器后，输出 PCM 采样值。这是第 1 层和第 2 层的解码过程。第 3 层的解码最复杂，主要包括子带分析滤波、快速傅里叶变换（FFT）、改进离散余弦变换（MDCT）、心理声学模型、非线性量化与比特率控制、霍夫曼编码、辅助数据编码、比特流格式化及纠错编码等处理过程。如图 3－16 所示。

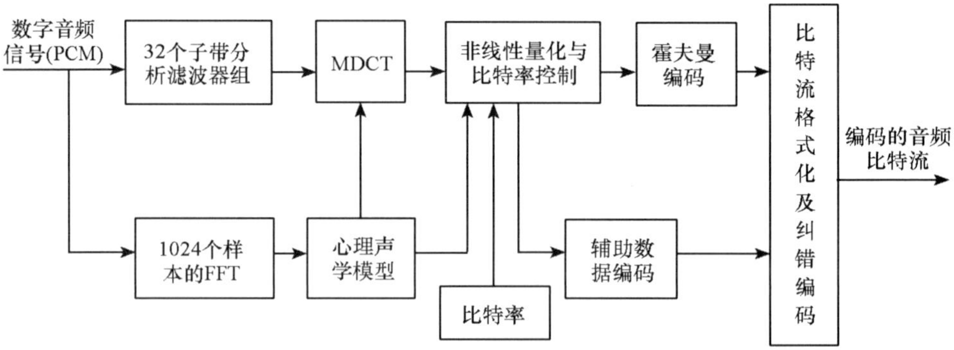

图 3－16　MPEG－1 第 3 层编码框架

（2）MPEG－2 音频压缩标准

MPEG－2 音频编码包括 MPEG－2 BC 和 MPEG－2 AAC 两种格式，前者是在 MPEG－1 基础上发展起来的，是 MPEG 为多声道声音开发的低码率方案。它增加了声道数，支持 5.1 声道；扩展了编码器的输出范围，从 32～384 kbit/s 扩展到了 8～640 kbit/s；增加更低的采样频率，如 16 kHz、22.05 kHz、24 kHz。

由于 MPEG－2 BC 强调与 MPEG－1 的向后兼容性，不能以更低的码率来实现高音质。为了改进这一不足，产生了 MPEG－2 AAC，现已成为 ISO/IEC 13818－7 国际标准。MPEG－2 AAC 是一种非常灵活的声音感知编码标准，采用感知编码的方法，利用听觉系统的掩蔽特性来减少声音编码的数据量，并通过子带编码将量化噪声分散到各个子带，用全局的声音信号将噪声掩蔽掉；

采用模块化的编码方法，将 AAC 系统分解为一系列模块，用标准化的 AAC 工具对模块进行定义。AAC 定义了基本配置、低复杂性配置、可变采样频率配置三种配置策略，从而实现更好的压缩效果。

MPEG－2 AAC 支持的采样频率为 8～96 kHz，编码器的声源可以是单声道、立体声和多声道的声音，多声道扬声器的数目、位置及前方、侧方、后方的声道数都可以设定，因此能支持更灵活的多声道构成。可支持 48 个主声道、16 个低频增强（LFE）声道、16 个配音声道和 16 个数据流。其压缩比为 11∶1，即每个声道的码率为（44.1×6）/11＝64 kbit/s，5 个声道的总码率为 320 kbit/s 的情况下，很难区分解码还原后的声音与原始声音之间的差别。与 MPEG－1 的第 2 层相比，MPEG－2 AAC 的压缩比可提高 1 倍，而且音质更好；在质量相同的条件下，MPEG－2 AAC 的码率大约是 MPEG－1 第 3 层的 70%。

3.3.3　音频文件格式

数字音频在计算机当中是以各种音频文件格式进行存储的。常见的数字音频格式有 CD、WAV、MIDI、MP3、WMA、RA、APE、VOC、CMF 等。

3.3.3.1　CD 格式

CD 格式是 1982 年飞利浦和索尼公司公布的一种文件格式，也是目前为止音质最好的一种近似无损的音频文件格式，常被称为天籁之音。CD 唱片也叫音乐 CD 或数字音频光盘，是光盘的一种存储格式，专门用来记录和存储数字音频。

CD 格式文件的扩展名为 CDA，这个文件里只包含一个 44 bit 的索引信息，用于记录音频文件所在的位置。由于它并不包含真正的声音信息，因此需要使用特定的抓音轨软件将其转换成 WAV 文件，才能在硬盘上进行播放。如果光驱质量好且参数设置得当，其转换过程基本上是无损的。

CD 格式一般具有 44.1 kHz 采样频率、16 位量化位数立体声格式。其优点在于记录的声音质量纯正。声音的存储采取“音轨”形式，记录声音波形时没有任何信号损失，保证了高品质声音的再现。其缺点在于该格式无法进行编辑处理。并且，由于 CDA 编码数据量庞大，其音频文件也非常大。

1 分钟的 CD 数据量约为 10 MB，占用的存储空间比较大。一张 CD 光盘的容量只能容纳大约 72 分钟的音乐信息。

3.3.3.2 WAV 格式

WAV 文件也叫波形声音文件，该格式是微软公司开发的一种无损的音频文件格式，被 Windows 平台及其应用程序所支持。它以一定的采样频率对模拟音频进行采样，得到一系列离散的采样点，并把采样点的采样值量化成二进制数得到数字音频。WAV 文件记录了对实际声音进行采样的数据，可以重现自然界的各种声音，包括不规则的噪音、CD 音乐等。其声音文件质量很好，和 CD 相差无几，但其文件所占的空间很大，半小时的立体声音乐，WAV 文件约占 300 MB，因此不适合长时间记录音频数据，传播起来难度也较大。由于 WAV 格式直接记录声音的波形，不做任何压缩，因此，虽然文件巨大，却能被多种音频播放软件所支持，其兼容性是众多音频文件格式中最好的。作为最原始、最基本的波形声音文件，WAV 文件格式几乎可以转换为所有类型的数字音频文件格式。

3.3.3.3 MIDI 格式

MIDI 格式是数字音乐的国际标准，扩展名为 MID。在 MIDI 文件里，记录的是音乐的信息，如乐器种类、键名、力度、时间长短等，通过指令（即 MIDI 消息）告诉声卡如何再现音乐。MIDI 文件主要用于音乐创作，是作曲家最喜爱的一种文件格式，用于在乐器和计算机之间交换音乐信息。MIDI 能模拟多种乐器的声音，将乐器产生的音乐转换成电子数据，通过电缆传送至 MIDI 设备，指挥它演奏音乐。

MIDI 具有以下优势：①文件数据量很小，每分钟的数据量在 5～10 kB 之间，因为它存储的都是指令，而不是声音波形文件；②易于存储和编辑，修改命令比编辑数字化的声音波形要容易许多；③易与其他媒体相融合，可以作为背景音乐，因而 MIDI 音乐可以与其他媒体一起播放，这样可以增强演示效果。其劣势在于：只能记录标准所规定的有限种乐器的组合，其回放质量受到声卡合成芯片的限制，缺乏重现真实自然声音的能力。MIDI 文件有几个变通格式，如“. rmi”和“. cmf”等。

3.3.3.4 MP3 格式

MP3 是目前市场上非常流行的一种音频文件格式，它诞生于 20 世纪 80 年代的德国。MP3 采用 MPEG－I Audio Layer3 标准对 WAV 音频文件进行压缩，以较大的压缩比达到 CD 唱片的音质。它采用的是一种有损压缩方式，能在人耳察觉不到损失音质的前提下，将音频文件数据量压缩到最小。音频质量达到了高保真，以近乎音乐 CD 的高音质对数字音频文件进行高效压缩，压缩文件可小到原来的十几分之一，其压缩比可达到 10∶1～14∶1。经过压缩后每分钟的 MP3 音乐为 1 MB 左右，这样每首歌的大小只有 3～5 MB。由于它数据量较小，因此在网络上非常流行。

MP3 音频文件采用了一种基于感官编码的有损压缩技术。由于人耳对 12 kHz以上的高频信号不敏感，因此在编码时牺牲 12 kHz 以上的高频部分来换取文件大小的降低，同时尽可能维持原来的声音质量，这也是它实现高压缩比、保持较高音质的关键因素。MP3 文件的大小约为 WAV 文件的 1/10，而音质却非常好，仅次于 CD 和 WAV，这些优点使其具有强大的市场竞争力，已经成为网络上音频交流、传输的主要格式。

3.3.3.5 WMA 格式

WMA（Windows Media Audio）是微软公司发布的一种音频文件格式。这种文件兼具音质好、文件体积小的优点，支持流媒体技术，适合在网络上在线播放。在只有 64 kbit/s 的码率情况下，WMA 可以达到接近 CD 的音质。WMA 还拥有可变码率（VBR）、无损压缩技术，并支持多声道编码。WMA 还加入了数字版权管理（Digital Right Management，DRM）技术，内置了版权保护技术，可防止复制以保护版权。WMA 以其优异的性能和高压缩比的特性，成为微软主推的在线音频格式。在绝大多数的 MP3 播放器上，通常支持的两种音频文件格式就是“. mp3” 和“. wma”。

3.3.3.6 其他音频文件格式

其他音频文件格式包括 RA（Real Audio）、APE 等。其中 RA 是 Real Networks 公司的一种文件格式，采用流媒体技术，可以随网络带宽的不同而改变声音的质量，在保证大多数人听到流畅声音的前提下，令带宽富裕的用户获得较好的音质。这种 Real 音频具有流媒体的一切优点——文件小、易于传输、可在线实时播放，是目前网络实时播放的主要格式之一。RA 音乐的主要用途是在线播放，它不适合于编辑和处理。APE 是一种高保真、几乎无损的音频压缩文件格式，经常被音乐爱好者用来进行音频素材的保存。

3.3.3.7 音频文件格式总结

如图 3－17 所示，按音频文件每分钟数据量从小到大的顺序来看，数据量大的音频文件格式为 WAV、CD、APE 等，每分钟数据量约为 10 MB，这些音频文件音质最好，非常适合素材保存、音乐收藏等应用。其次是 MP3、WMA、RA 等音频文件格式，每分钟数据量约为 1 MB，这些音频文件音质较好，比较适合在线播放、网络交流等应用。数据量小的音频文件格式为 MID、RMI、CMF 等，每分钟数据量约为 10 kB，文件记录的是消息指令，适合创作、音效制作等应用。

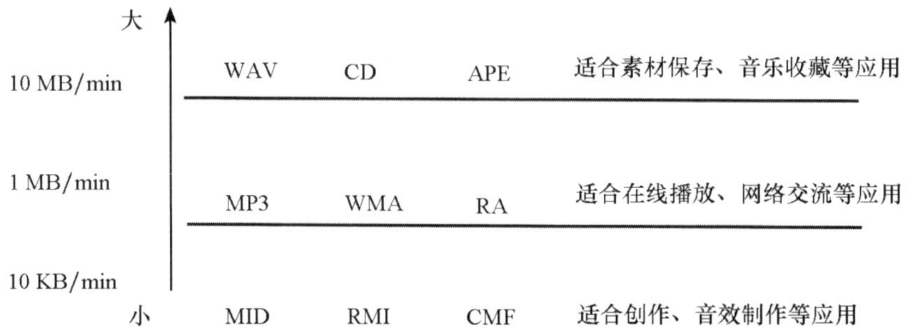

图 3－17　音频文件格式总结

3.4　音频处理技术

3.4.1　音频编辑

音频编辑主要完成对音频的录音、降噪、滤波混响、淡入淡出、往返放音、交换声道等基本的处理任务。

3.4.1.1　录音

在创建一个新的录音文件时，先要对文件的声道、分辨率、采样频率进行设置。一般来说声道选择立体声，分辨率（即量化位数）选择 16 bit，采样频率选择 44.1 kHz。分辨率决定了数字音频的动态范围，较高的分辨率可以提供更多可能性的振幅值，从而产生更大的动态范围和更高的信号噪声比，提高信号保真度。采样频率是音频信号采样时每秒的数字快照数量，这个数字决定了一个音频文件的频率范围。采样频率越高，数字波形越接近原来的模拟波形。录音时分辨率选择 16 bit，采样频率选择 44. 1 kHz，录音效果能达到 CD 的音质。

3. 4. 1. 2　降噪

虽然音频文件大多是在录音室进行，但还存在一些背景噪音，所以音频文件录音完成后，要进行降噪处理。降噪处理有多种方法，一般分为采样、滤波、噪声门等。在这些方法中，效果最好的应该是采样降噪法。采样降噪法就是先提取噪音信号，然后删除原信号中符合该噪音特征的信号。采用准确有效的降噪方法可以得到一个几乎无噪音的声音文件。要想取得好的降噪效果，首先要放大声音波形，选中噪音区内波形最平稳且最长的（无节目信号的间隔处）一段，然后在降噪对话框中，将各参数值修改好，单击确定按钮，去除原音频文件中的噪音。

3. 4. 1. 3　滤波（均衡）

滤波通过选择性增强或衰减特定频率成分来优化信号，均衡主要用于补偿信号在传输过程中由于信道特性引起的失真，它们常常结合使用以提高信号质量。滤波（均衡）将音频信号分为多个不同频段，然后通过不同频段的中心信号电平需要进行提升或衰减。通过均衡器对音源加以修饰，会得到良好的效果。在数字音频编辑软件中，在“效果”菜单中，有一个“快速低通滤波器”，它的工作方式与一个标准的音频均衡器相似，利用它可以对声音进行频率调整。在 Auditon 音频软件中，还有一个参数均衡器，它能提供最大程度的音调均衡控制，对频率、Q 值和增益提供全面控制。

3. 4. 1. 4　效果器

音频编辑软件的“效果”菜单提供了 10 多种常用音频特效的命令，从压缩到延迟再到回声等，每一种特效都是日常音频应用领域使用广泛的效果，使用它们能够更方便地在音效合成方面进行操作，得到令人满意的效果。在制作时往往需要根据作品的题材去选择效果器中的具体应用。

3. 4. 1. 5　编辑与制作

在广播播出的录制节目中，绝大部分作品都有配乐或音效的铺垫，给节目增添了很多色彩。特别是录制歌曲时，更离不开后期的编辑与制作。在音频编辑软件界面中有一个单、多轨转换窗口，当转换到多轨界面时，每一轨道前面有 M、S、R 三个字母，M 代表此轨静音，S 代表此轨有声音，R 代表对此轨进行录音。在多轨界面时，有淡入淡出点，在制作时，何时淡入，何时淡出，是强入淡出还是淡入强出，要根据作品的需要来选择。

上述基本的音频编辑工作可以通过音频编辑软件来完成。常见的音频编辑软件包括 Audition、Sound Forge、WaveCN 等。在第 3.5 节案例学习部分，将以 Audition 为例，介绍音频编辑的具体方法。

3.4.2 语音识别

人的表达方式有多种，其中语音是最迅速、最常用和最自然的一种。语音识别以语音为研究对象，是音频技术的一个重要研究方向，其最终目标是实现人与机器的自然语言通信。

语音识别（Automatic Speech Recognition，ASR）是将人发出的声音转换成文字、符号，或给出响应，如执行控制、做出回答。从技术角度而言，语音识别是把输入的语音信号经过数字信号处理后得到一组特征参数，然后将这组参数与预存的模板进行比较，从而确定说话者内容的一门声音识别技术。语音识别将使计算机变得“善解人意”，最终可能逐步取代键盘、鼠标等传统输入设备，成为计算机的主要输入手段，使用户界面产生质的飞跃。

20 世纪 50 年代初，AT&T 公司的 Bell 实验室实现了第一个可识别 10 个英文孤立数字的语音识别系统 Audry 系统。20 世纪 90 年代，随着多媒体时代的到来，IBM、Microsoft、Apple、Philips 等公司都为语音识别系统的研发和成果转化投入巨资，语音识别技术日渐成熟。现在，语音识别系统已经走出了实验室，出现了比较成熟的语音识别系统。如微软公司开发的语音识别系统，将语音识别工具集成于 Office 系列软件工具中，语音识别软件可将人类语音转化成文本，直接存储于 Word 文档中。

在语音识别领域，IBM 公司于 1997 年 9 月推出了 ViaVoice 中文连续语音识别系统，引起了人们极大的关注。它成功解决了汉语同音字多、有声调、口音复杂等难题，为汉字快速方便的输入提供了有效的方法，因而被广泛认为是汉字输入的重要里程碑。该公司在 1999 年底推出的 ViaVoice 中文语音识别系统中，除了具有非特定人、无限词汇量、连续语音识别、高识别率、专业文章智能分析与理解等强大的语音功能，还为上网用户提供了轻松上网的功能。2001 年，IBM 公司开始研发“超人类语音识别”项目，试图提高机器语音识别的能力，使之超越人类。

随着计算机的功能越来越强大，价格越来越便宜，个人电脑的普及和语音识别技术的突破将极大地推动语音识别系统的进一步普及和应用。语音识别技术应用于需要以语音作为人机交互手段的场合，主要是实现听写和命令控制功能。

3. 4. 2. 1 语音识别系统

语音识别的研究领域比较广，归纳起来，一般有以下几个方面：

①按可识别的词汇量多少划分，可分为小词表语音识别、中词表语音识别和大词表语音识别三类。其中，小词表语音识别能识别词汇小于 100；中词表语音识别能识别词汇大于 100；大词表语音识别能识别词汇大于 1000。

②按照语音的输入方式划分，可分为孤立词语音识别、连接词语音识别、连续语音识别三类。孤立词语音识别只识别词表中的每个条目（无论是单音节还是短语），条目间都有明显的停顿，条目内的音节要求连续。连接词语音识别对连接词表中的几个条目，能进行切分识别，给出连接词的识别结果，这种识别需要用到词与词之间的连接信息，所以称为连接词语音识别。连续语音识别能识别自然语言中的连续自然的语音。

③根据对说话人的依赖程度，可分为特定人语音识别、限定人语音识别和非特定人语音识别三类。特定人语音识别使用前需由特定人对系统进行训练，系统建立相应的特征库之后，特定人即可口呼待识词由系统识别，这样的系统只能识别训练者的声音。限定人语音识别，需要限定的几个人使用同一系统的语音识别系统。非特定人语音识别，不必经使用者训练就可以识别不同发音者的语音。此外，对说话人的声纹进行识别，称为说话人识别。这是研究如何根据语音来辨认和确认说话者。

语音识别系统的最终目标是：不存在对说话人的限制，即非特定人的语音识别；不存在对词汇量的限制，即基于大词汇表的语音识别；不存在对发音方式的限制，即可识别连续自然发音的语音识别；系统的整体识别率应该相当高，接近于人类对自然语音的识别能力。这也正是听写机系统最终要达到的目标。典型的语音识别系统的实现过程如图 3－18 所示。

一个完整的语音识别系统大致分为三个部分：①语音特征提取。从语音波形中提取出随时间变化的语音特征序列。②声学模型匹配。声学模型是语音识别系统中最为关键的一部分，其目的是提供一种有效的方法，计算语音特征矢量序列和发音模板之间的距离。在辨识时将语音特征与声学模型进行匹配与比较，达到最佳识别结果。③语言模型与语言处理。语言模型包括由

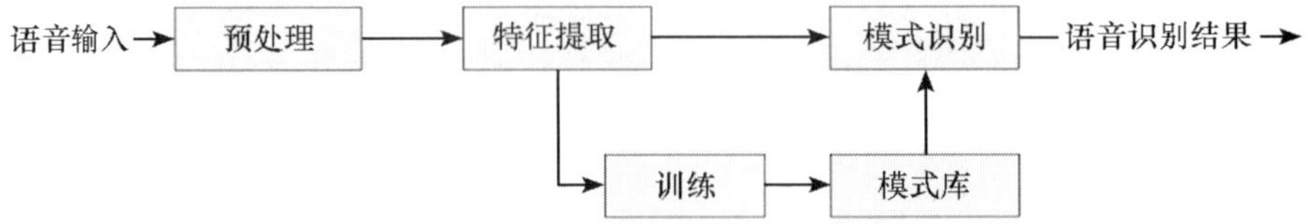

图 3－18　典型的语音识别系统实现过程

辨识语音命令构成的语法网络或由统计方法构成的语言模型，语言处理可以进行语法、语义分析。当分类发生错误时，可根据语言模型进行判断纠正，特别是一些同音字，必须通过上下文才能确定其意义。所以一般的音频分析系统也是由上面三个部分组成。

此外，还涉及语音识别单元的选取，包含选择识别单元、特征提取、模型训练与模式匹配。选择识别单元是语音识别研究的第一步。语音识别单元有单词、音节和音素三种，具体如何选择，可以根据研究任务而定。特征提取就是通过对语音信号进行分析处理，去除与语音识别无关紧要的冗余信息，获得影响语音识别的重要信息。对于非特定人语音识别来讲，希望特征参数尽可能多地反映语义信息，尽量减少说话人的个人信息。模型训练是指按照一定的准则，从大量已知模式中获取表征该模式本质特征的模型参数；而模式匹配则是根据一定的准则，使未知模式与模型库中的某个模型获得最佳匹配。

3.4.2.2　语音识别的难点

要完全实现语音识别的目标，存在很多困难，这是因为：①由于使用者在年龄、性别、口音、发音速度、语音强度、发音习惯与方式等方面存在着较大的差异，要实现对语音的稳定识别是很难的，而要做到能够排除这些因素的干扰，保留它们的共性，也是很困难的；②随着能够识别的词汇量增大，系统所需要的空间和时间的花销就越多，最终将导致识别性能急剧下降而丧失可用性；③尽管连续发音是人们最为自然的发音方式，但是语音识别系统很难把连续语音作为一个整体来进行识别；④实用的语音识别系统要求提高语音特征参数的鲁棒性、对不同非高斯噪声的非敏感性，以及对不同用户的适应能力等，这些复杂性需求的实现是非常困难的。

随着语音识别技术的日益发展和提高，可以运用这种技术来提高音频分析系统的功能和效率。但语音识别技术也有局限性。因为在大多数音频中都伴有背景噪声，而背景噪声将会破坏信号原有的声学特征及模型参数，使语音质量下降，导致一般的语音识别软件很难对其进行准确的关键词识别。为了提高语音识别软件的识别率，必须研究有关的语音处理技术，采用实用性较强的语音增强算法，达到降低信号中背景噪声的目的。

3.4.3 语音合成

语音合成（Speech Synthesis），也称文语转换（Text To Speech，TTS），是将文本形式的信息转换成自然语音的一种技术，其最终目标是使计算机能够以清晰自然的声音，将各种语言的文字转换成语音来进行朗读。要使计算机像人一样，具有说话的能力，是一个十分复杂的问题，涉及语言学、韵律学、语音学、自然语言处理、信号处理、人工智能等诸多学科。

语音合成就是将文本转化为语音输出的过程，这个过程的主要工作是将输入的文本按字或词分解为音素，并且对文本中的数字、货币单位、单词变形及标点等需要进行特殊处理的符号进行分析，并将音素生成数字音频，然后用扬声器播放出来或者存储为声音文件以备日后播放。

首先由应用程序把语言以纯文本的形式输出，当需要发声的时候就调用语音合成引擎进行语音合成，将文本处理后通过音箱用近似人的声音朗读出来。通常还可以通过改变语音合成引擎的设置来改变说话的速度、声音频率、声音大小，还能模拟口形、唇型和舌位的变化对声音的影响。现在已经有许多应用软件使用 TTS 技术实现语音合成功能，如微软 Office 中的 TTS 功能。

一般来讲，实现计算机语音输出有两种方法：一是录音/重放，二是文 - 语转换。第 2 种方法是基于语音合成技术的一种声音产生技术。它可用于语音合成和音乐合成。文 - 语转换是语音合成技术的延伸，它能把计算机内的文字转换成连续自然的语声流。若采用这种方法输出语音，应预先建立语音参数数据库、发音规则库等。需要输出语音时，系统按需求先合成语音单元，再按语音学规则，连接成自然的语流。

计算机话语输出按其实现的功能来分，可以分为以下几类：①有限词汇的计算机语音输出：它可以采用录音/重放技术，或针对有限词汇采用某种合成技术，对语言理解没有要求，可用于语音报时、汽车报站等。②基于语音合成技术的文字 - 语音转换（TTS）：即由书面语言到语音的转换，它并不只是由正文到语音信号的简单映射，还包括了对书面语言的理解，以及对语音的韵律处理。

3.4.3.1 合成方法

语音合成方法，从合成采用的技术讲可分为发音器官参数语音合成、声道模型参数语音合成和波形编辑语音合成；从合成策略上讲可分为频谱逼近和波形逼近。①发音器官参数语音合成。这种方法对人的发音过程进行直接模拟。它定义了唇、舌、声带的相关参数，来估计声道截面积函数，进而计算声波。②声道模型参数语音合成。这种方法基于声道截面积函数或声道谐振特性合成语音，如共振峰合成器、LPC 合成器。③波形编辑语音合成。波形编辑语音合成是直接把语音波形数据库中的波形相互拼接在一起，输出连续语流。该技术在基音同步叠加（Pitch Synchronous Overlap Add，PSOLA）方法的推动下得到很大的发展与广泛的应用。PSOLA 把基音周期的完整性作为保证波形及频谱平滑连续的基本前提。该算法首先对原始波形进行分析，产生非参数的中间表示；其次对中间表示进行修改；最后将修改过的中间表示重新合成语音信号。

3.4.3.2 语音基元数据库的构建

任何一个计算机语言输出系统都有语音数据库，用于存储语音基元。构建语音基元数据库重点要考虑两个问题：基元的选择和语音数据的存储形式。

（1）基元的选择

基元的选择有多种方案，目前常用的有次音素、音素、音节、词汇、双音素、三音素等。基元选得大，容易获得较好的音质；基元选得小，数据量小，拼接灵活、但韵律修饰规则复杂。①选择音节：对于音节特征明显的语言，人们乐于选择音节作为合成基元。这时基元的采集和分割较为简单。②选择双音素和三音素：选择双音素和三音素作为合成基元充分考虑了音之间的过渡和相互影响。通过存储多种上下文基元，然后在合成中选择适当的基元进行拼接，可以达到较高的自然度。

（2）语音数据的存储形式

语音数据的存储形式可分为两大类：波形存储和参数存储，采取哪种存储形式取决于合成算法。为减少数据量，一般要对语音数据进行压缩。①波形存储方式：该方式存储的是数字化的语音波形数据。这些数据一般都经过编码，常用的编码方式有 PCM、ADPCM 等。波形存储方式的主要优点是编码和解码算法简单，易于实时实现，缺点是数据量大。②参数存储方式：该方式是从语音信号中提取的参数进行存储，常用的有 LPC 参数、LSP（LSF）、共振峰参数等。参数存储方式的主要优缺点恰好和波形存储方式相反，其主要优点是数据量小，易于实现韵律修改，但有限的参数很难表述自然语音的细微变化。

3.4.3.3 韵律模拟

韵律模拟需要解决以下问题。①自然语言中的韵律特征。在自然语流中，人们使用语调、节奏和重音等方式来表达说话者的语义和感情，这些韵律特征是自然语流的重要组成部分。②韵律合成及方法。由于语音数据库中不可能把反映韵律变化的基元都选存进去，语言输出系统要想取得高质量效果，必须具备韵律合成的功能。语调、节奏和重音这些韵律特征是通过超音段特征——音高、音长、音强及频率分布的变化而表现出来的。因此，对这些超音段特征的修改成了韵律合成的基础。目前，超音段特征的修改可通过各种方法实现，如修改基频模式、共振峰模式、PSOLA 算法等。③韵律模拟的问题。要实现韵律模拟，需解决韵律规则、韵律描述、计算模型和修改算法等问题。这要借助语音学、语言学、心理学、信号处理等学科的成果。但是目前对自然语流中韵律现象的研究还远未达到建立可计算韵律模型的要求。

3.5 案例学习：音频编辑处理

这一节主要是通过案例学习的方式，针对 Adobe Audition 的应用，从初识 Audition、音频波形处理、音频降噪特效处理、音频多轨处理四个方面，来学习音频编辑处理的相关内容。

3.5.1 初识 Audition

Adobe Audition 是一款专业的音频编辑软件，专门为在录音棚、广播电台和影视动画制作等方面工作的专业人员设计，可以提供先进的音频混合、编辑、控制和效果处理等功能。

Audition 软件适用于专业人员，也适用于音乐和朗读爱好者，普通用户也可以用它来进行音频的后期加工和处理。它内置的功能包括录音、播放、变速、变调、降噪、混响、淡入、淡出等，也可以支持更专业的 VST 外部效果器插件和 VSTi 虚拟乐器插件，可以应用于配乐诗朗诵、个人 CD 制作、音频广告制作、军事情报分析等。

图 3－19 为 Audition 的界面。左上角是工具栏，包括“打开文件”、“导入文件”等工具按钮；下方是文件/效果器栏，可以对多个文件或效果器进行编辑；中间是音轨属性面板，对多音轨的一些属性调整都在这个面板中完成；右上方是左右拖拽杆，其下方是时间轴；右侧中间是上下推拽杆，其下方是电平显示区；游标表示当前音频播放点在时间轴上的位置。

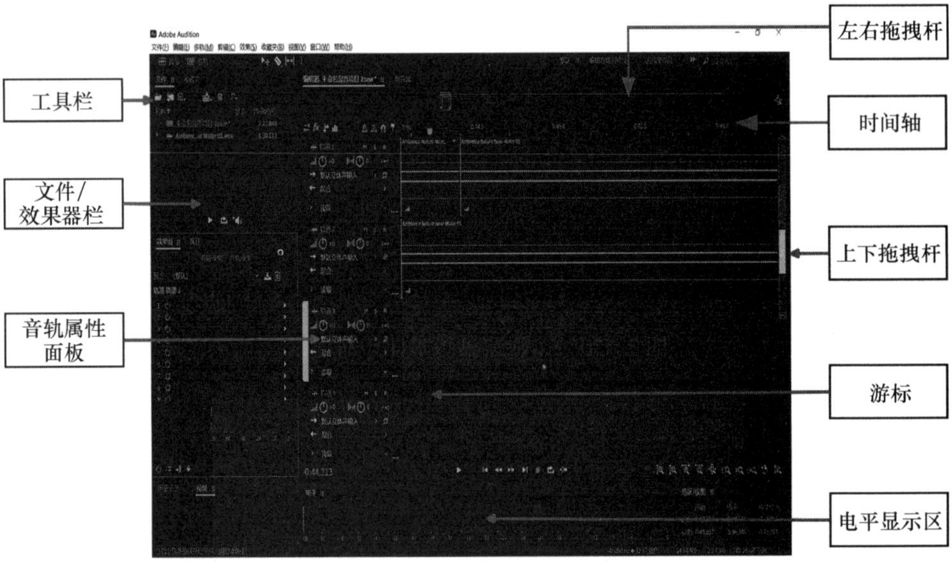

图 3－19　Adobe Audition 界面示意图

3.5.2　音频波形处理

本节主要介绍 Audition 软件的一些基本操作，包括获取音频的波形、录制人声的旁白、波形基本编辑操作、音效、特效制作等。

3.5.2.1　获取音频的波形

获取音频的波形有 3 种方式：

①通过文件菜单下面的“打开文件”功能，选择相应的文件以后，编辑区就会出现文件的波形。

②单击文件面板中“导入文件”按钮，选择文件导入后，在文件面板中就会出现导入的音频文件，双击这个音频文件，在编辑区就会出现文件的

波形。

③在文件面板中空白处，双击鼠标左键，即可打开“导入文件”对话框。

3.5.2.2 录制人声的旁白

如果需要录制旁白，可以用文件菜单下面的“新建”命令，打开“新建音频文件”对话框，设置录音参数。录制旁白解说通常只用单声道，采样频率 22 kHz 就可以了，如图 3－20 所示。

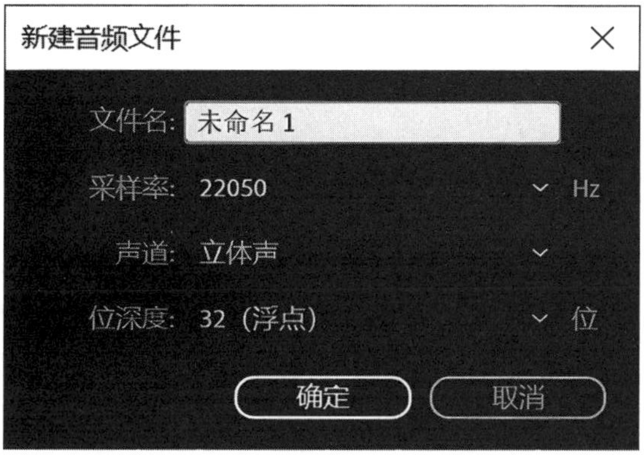

图 3－20 “新建音频文件”对话框

音频文件创建后，Audition 音频波形编辑区如图 3－21 所示：

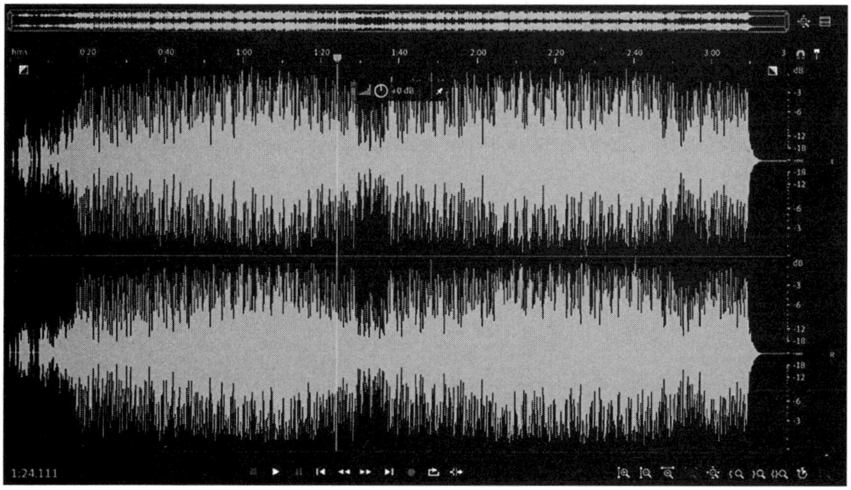

图 3－21 Adobe Audition 音频波形编辑区

3.5.2.3　波形基本编辑操作

Audition 音频编辑和 Windows 的其他应用软件一样，它的操作中也大量使用剪切、复制、粘贴、删除等基础的操作命令，除了使用编辑菜单下的命令选项，这些操作的快捷键和其他 Windows 应用软件是一致的。

在波形区可以单击并且拖动波形，可以选择部分波形，然后双击，则可以选择整个显示窗口的波形。

3.5.2.4　音频特效制作

Adobe Audition 中内置了 45 种以上的效果器，可以很方便地进行音频特效的制作，各类效果器都集成在效果菜单下面，如图 3－22 所示。

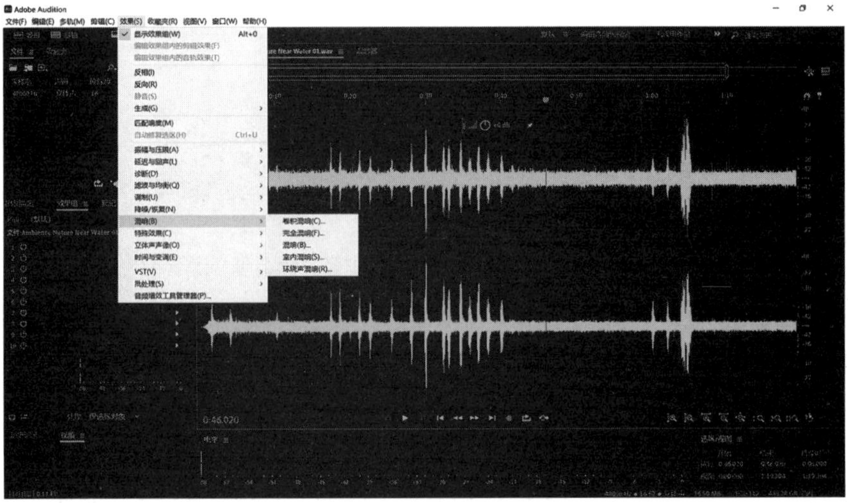

图 3－22　Adobe Audition 效果菜单

音频特效编辑中有几种最简单的特效，如图 3－23 所示。第 1 种是反向处理，主要是在时间上，对音频进行反向的播放；第 2 种是反相处理，这个“相”是指“相位”的相，是指波形纵向的翻转；第 3 种是静音处理，就是让这个选区的波形清零。另外，还有一种常见的简单音频效果就是音量的增减和渐变，如图 3－24 所示。这个效果器的位置在“效果”→“振幅与压限”→“增幅效果器”中，其中左侧增益决定左声道的增益大小，右侧增益决定右声道的增益大小。链接滑块的作用就是把左右声道进行关联，关联以后如果调整左声道的振幅的增益情况，右声道也将随着变化，其中有一个“电源开关按钮”，它控制着开关的使能作用，点亮这个开关以后会呈现绿色，代表振幅增益处理在起作用，关闭这个开关以后显示灰色，代表振幅增益处理不起作用。

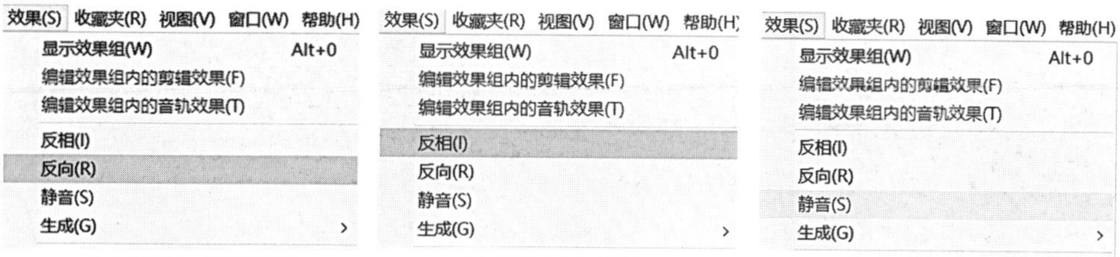

图 3－23　几种音频特效处理方式

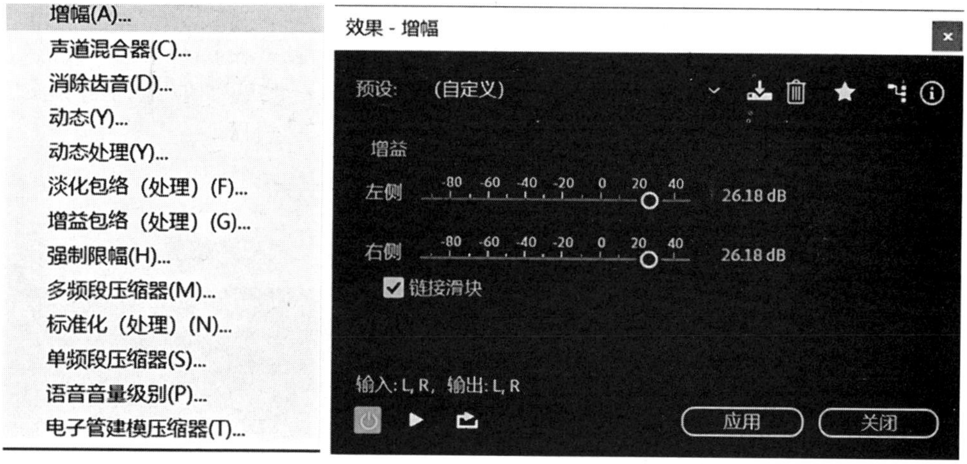

图 3－24　增幅效果器

通用的音频特效处理流程，主要有以下步骤，如图 3－25 所示。

①首先是计划和构思，然后是确定效果器，在菜单中选择相应的效果种类，调整参数或调用预置的参数，试听效果，并且跟原声做对比，判断是否满意，如果满意就进行保存。

②如果不满意，判断是否仍使用这个效果，如果仍使用这个效果就进一步地调整参数，或调用预置参数，再次试听并且反复调整。如果不采用这个效果的话，这个流程就结束，重新进行计划和构思。

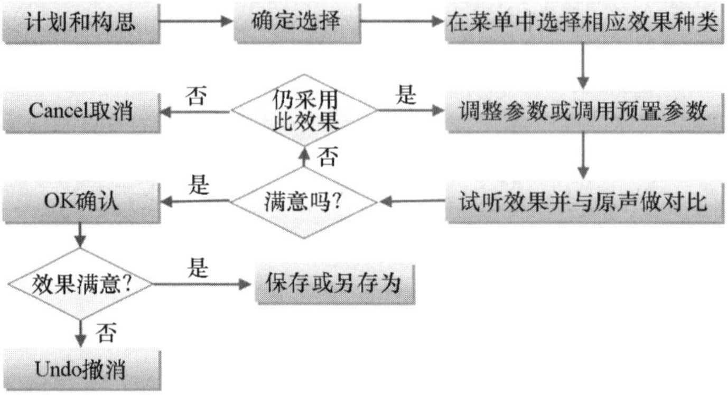

图 3 -25 音频特效处理流程

3.5.2.5 音频特效制作案例：音调的变化

一种常见的特效处理就是音调的变化，在很多谍战片中都有这样的场景，地下党员在通话时都将自己的声音进行了变调处理，改变了他说话的方式，隐藏了自己的声音特征，从而达到迷惑敌人、保护自己的目的。

在 Adobe Audition 中，可以使用“效果”→“时间与变调”→“伸缩与变调”效果器来实现这一功能，如图 3 -26 所示。

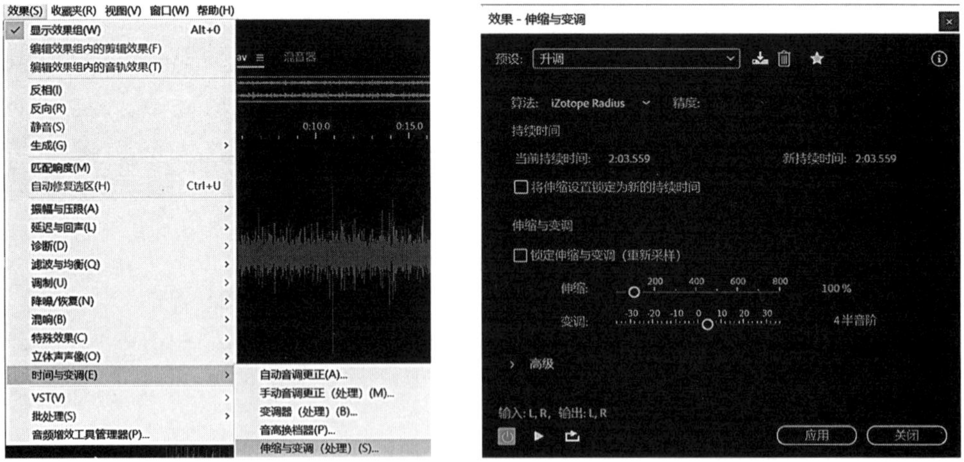

(a) 选择效果器　　　　(b) 设置参数

图 3 -26 伸缩与变调效果器

语音变声的关键操作在于怎么给音频做升降调的处理。要想升高音调可以在预设菜单里面选择升调，这就相当于变调但不变速，是比较常见的一种需求。如果想要它变得更多一些，可以增加变调参数的数值，比如说把它增加一倍。

除变调以外，效果器还可以调整音频的长度，能够非常精确设计这个数值。例如，如果希望让它变为原长度的 80%。除升高之外，声音还可以降低，比如从 0 降到 -2，那么声音会变得非常低沉。

3.5.2.6 音频特效制作案例：人声的消除

另一种常见的特效处理是人声的消除。录制歌曲的时候，经常需要伴奏的背景音乐，但有时候可能找不到合适的伴奏文件，就只能由自己来制作音频伴奏了。它的基本原理是在包含人声的原音频中，把人声部分去掉或减弱，只留下音乐伴奏的部分。在 Adobe Audition 中可通过中置声道提取功能来实现这一效果，这是 Adobe Audition 被使用得最广泛的功能之一。

图 3 - 27 为操作界面，可以使用“效果”→“立体声声像”→“中置声道提取器”来实现人声消除或减弱的效果。提取器的预设效果中有“人声移除”“卡拉 OK（降低人声 20 dB）”“增幅人声 6 dB”“提升中置声道低音”“提高人声 10 dB”“无伴奏合唱”“跟唱（降低人声 6 dB）”等功能。

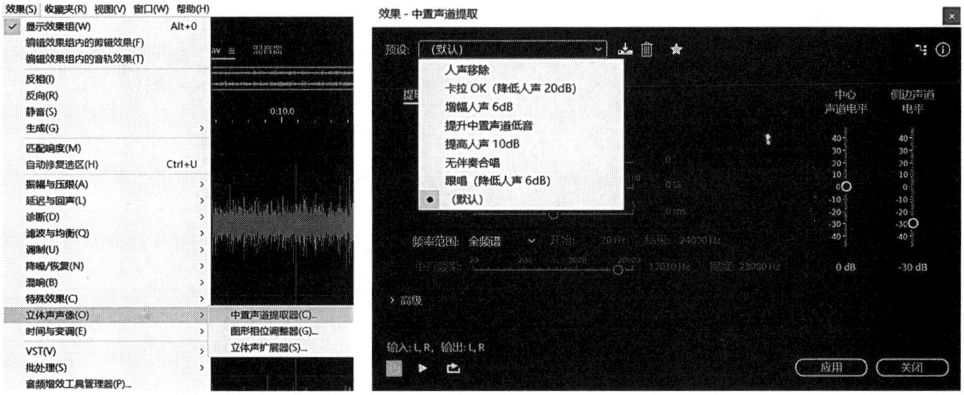

(a) 选择效果器　　(b) 设置参数

图 3 - 27 人声的消除效果器

通常情况下可以选择“卡拉 OK（降低人声 20 dB）”，人声会基本消除，或者说非常微弱。如果想要更好一点的效果，可以根据歌曲是男声还是女声，在频率范围内选择低音人声或高音人声。最好不选择全频谱，如果选择全频谱，可能得到的效果会听起来很薄，效果不会太好。

如果觉得人声去除的幅度不够大，那么可以把中心声道电平降低一点。因为做伴奏的过程本质上其实是把歌曲里面位于中间的声音音量降低，歌曲中主唱的声音一般就是在立体声空间正中间的位置，所以通过降低中置声道声音的方法，就可以把人声去掉或尽量减弱，并且把伴奏留下来。

3.5.3 音频降噪特效处理

音频降噪主要使用“效果”→“降噪/恢复”子菜单中的效果器来实现。

3.5.3.1 常见的音频降噪效果器

第 1 种常见的音频降噪效果器是降低嘶声，该方法主要针对“嘶嘶”声进行降噪处理，执行步骤是选中有“嘶嘶”声噪声的音频文件，执行“效果”→“降噪/恢复”→“降低嘶声”处理器命令。在里面的声道选择左或者右，决定了嘶声降低情况显示窗中，显示的是左声道还是右声道嘶声的降低情况，如图 3－28 所示。

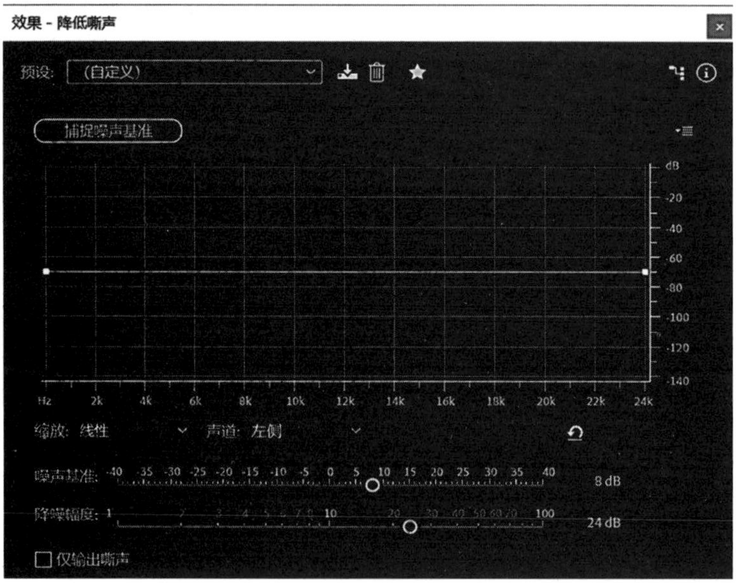

图 3－28　降低嘶声窗口示意图

第2种常见的音频降噪效果器是“自动咔嗒声移除”，这个效果器主要针对类似于“咔嗒”声、“噼啪”声，以及“嘭嘭”声之类的短时间突发的爆破音进行降噪处理。执行的步骤是选中有“咔嗒”声等噪声的音频文件，执行“效果”→“降噪/恢复”→“自动咔嗒声移除”效果器，如图3－29所示。对话框中的“阈值”决定了查找并消除的噪音量的多少，数值越小则代表查找并且消除的噪音越多，值得注意的是过小的数值会对音频造成损伤。“复杂性”代表着降噪处理的精细程度，数值越大代表着处理的程度越精细越复杂，过大的数值也会对音频造成损伤。

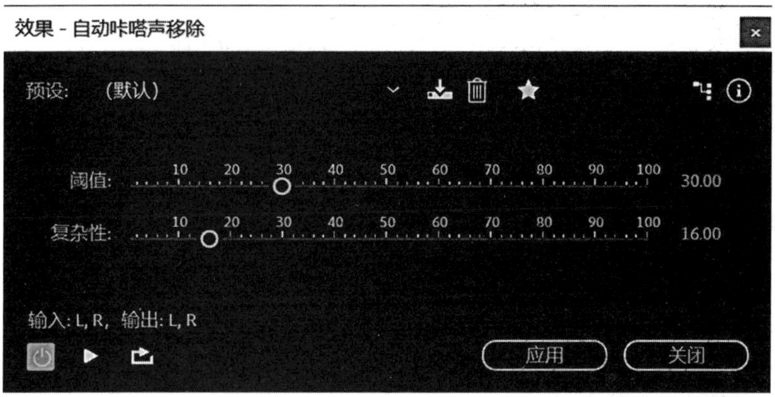

图3－29 自动咔嗒声移除示意图

图3－30所示是一个功能更为通用的采样降噪处理效果器，针对的大多是连续的、稳定的、不会有明显变化的噪声，比如说录音环境中的背景噪声、走路声、扫地声、远处的人声等。

噪声样本显示窗口以频率为横坐标，显示出捕捉到的噪音样本各个频段的电平情况。降噪曲线，显示高、中、低频的降噪程度。

这里的缩放比例可以选择线性或者对数为横坐标进行显示，降噪的幅度决定着降噪的程度，越靠右，降噪的程度越大。“捕捉噪声样本”按钮将当前音频的选区作为噪声的样本进行采集。

高级设置中的频谱衰减率，决定声音低于噪声电平时的频率衰减程度，通常设置在40%～75%；平滑总量决定着降噪中的各频率段之间的连接程度，通常设置为1比较合适；精度因数的值对失真的情况会产生影响，通常设置在5以上。

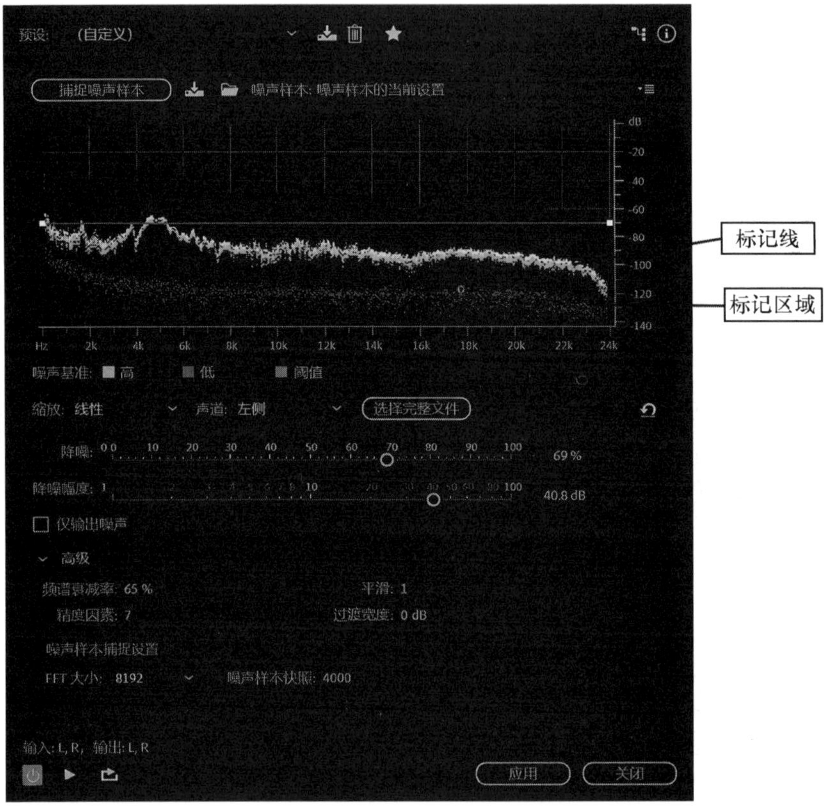

图 3－30　音频降噪（处理）显示窗口功能示意图

3.5.3.2　降噪实际操作案例

执行降噪的流程如图 3－31 所示，总体上为如下步骤：首先打开含有噪声的音频文件，如案例中的“需降噪声频原件 . wav”，接着选择纯噪声的部分波形，执行“效果”→“降噪/恢复”→“降噪（处理）”效果器中的“捕捉噪声样本”命令，采集当前的噪声样本并作为采样样本的依据，最后选中全部音频波形，点击“应用”按钮即可完成降噪。下面把其中关键步骤再解析一下：

首先，要进行降噪，最好找到音频里纯噪声的部分，也就是如图 3－31（c）白色部分的一段音频，这部分音频只有纯噪声，对其进行采样处理效果才是最好的。选择只有噪声的部分，打开“效果”→“降噪/恢复”→“降噪（处理）”效果器，得到如图 3－30 的显示界面，点击“捕获噪声样本”按钮即可获取背景噪声样本。然后有一个关键的操作，要先点击“选择完整文件”按钮，然后再点“应用”，这样就完成了降噪的操作。如果不点“选择完整文件”按钮，只会把当前选择的这个噪声片段给去除掉，导致没达到预期效果。点击了“选择完整文件”按钮，才会把整个文件当中的噪声都去除掉。

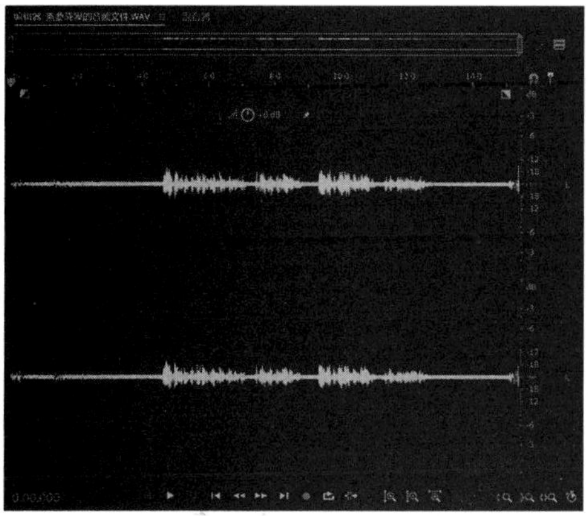

(a) 降噪前的噪声音频

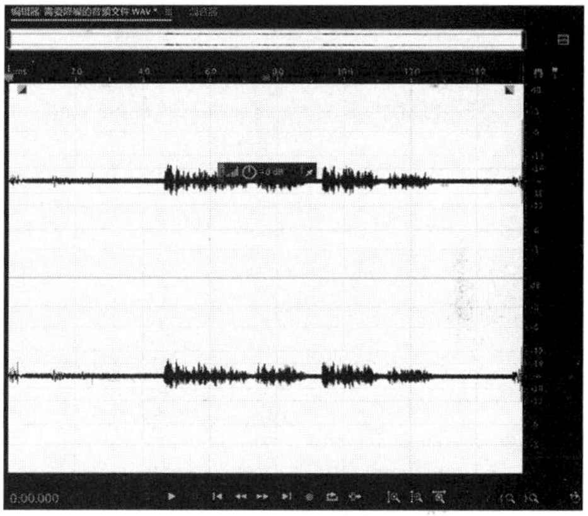

(b) 降噪处理后的音频

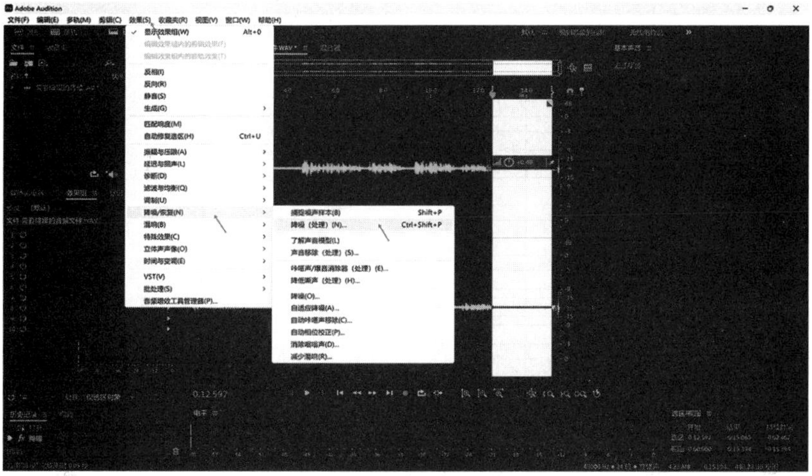

(c) 选择纯噪声后的处理操作

图3－31　降噪操作示意图

图3－30噪声样本显示窗口上面标记线是一条控制线，可以增加若干控制点，每移动这条标记线的控制点，中间降噪图的标记区域也会随之变动。其实这个标记区域就是降噪效果的体现，标记区域越往上，降噪的处理就会越剧烈，越往下，处理就会越少。降噪效果器非常智能，它能够分频率对音

频进行降噪，可以单独对某个高频、低频，或者某一些频点生成详细的降噪曲线图，从而实现对降噪效果的精准控制。

3.5.4 音频多轨处理

所谓的多轨是相对于单轨而言的。在单轨模式下只能编辑一个音频文件，而在多轨模式下，可以同时编辑多个音频文件和一个视频文件。在多轨合成项目中，每一个音频轨道都可以插入若干个不同的音频文件。这些音频素材，在多轨合成项目中称为剪辑。每个剪辑都可以单独进行破坏性或非破坏性处理，而不影响其他素材。这些剪辑也可以作为工程文件，单独保存在一个文件夹当中。

3.5.4.1 音频多轨导入

音轨的导入有三步：第一步是打开 Audition，切换到多轨模式；第二步，执行“文件”→“导入”命令，导入需要的音频文件；第三步，按住鼠标的左键，将文件列表栏中的音频文件，拖拽到相应的轨道上。

图 3－32 是多轨处理时的音频属性面板，在其中可以设置音轨的名称，可以进行音量的调节，也可以进行相位的调节。它有一些通用的快捷键，比如说“M”，代表 Mute，即静音，按下“M”按钮，则本音轨处于静音的状态；“S”是 Solo，独奏，按下“S”按钮，则除了本音轨之外的其他所有音轨都处于静音的状态；“R”是 Record，即录音，按下“R”按钮，则本音轨切换到录音状态。

多轨混编的工作流程一般如下：首先将素材添加到多轨的工程当中，然后将素材导入轨道里面，调整排布各个素材块的位置，设定各个音轨整体的音量、音相等。还可以进行一些精细的调整，包括使用各种控制曲线，最后保存工程文件，导出成品的音频。

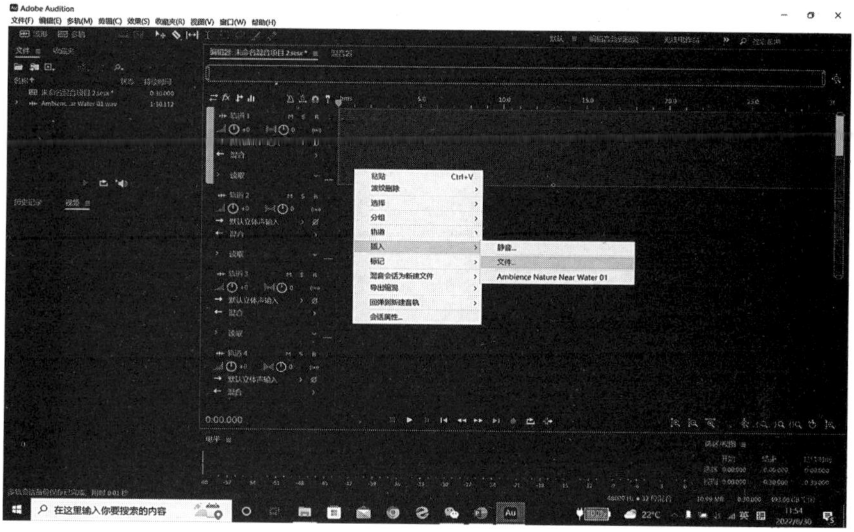

图3-32 音频多轨导入

3.5.4.2 音频多轨处理案例

在生活中常常会听到使用较多轨道的例子，例如，一首吉他弹唱的歌曲，玩游戏时从主题音乐切换到人物的对话声，由枪战声切换到人物的死亡声等，其中都存在着多个音轨与多个音轨之间的切换。

下面是实际具体操作：执行“文件”→“打开”命令，分别打开案例中的两个音频文件“001. wav”和“002. wav”，可以观察一下这两个音频的波形，并且分别进行试听。执行“文件”→“新建”→“多轨会话”，新建一个多轨会话，可以修改这个会话的名称，例如命名为“乡村自然音效”。

然后把第一个音频文件拖入轨道1中，双击“轨道1”，将其名称设置为“流水声”；把第二个音频文件拖入轨道2中，双击“轨道2”，将其名称设置为“鸟鸣声”。

将鼠标移动到“流水声”音轨的右侧，可以拖动其长度，使它跟轨道2中的“鸟鸣声”长度一致。通过拖动的方式，还可以调整两个音轨的上下位置：直接拖动“鸟鸣声”的轨道，让它移动到流水声的上方。

最后点击并拖动“流水声”音轨波形开始和结束时的“淡入/淡出”按钮，可添加音频淡入和淡出的效果，模拟流水渐渐接近和渐渐远去的声音，这样就完成了一个多轨音频的制作。

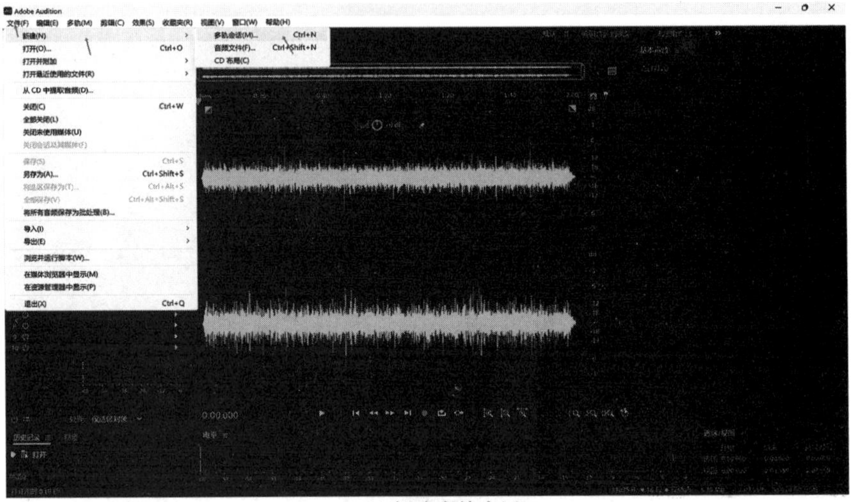

(a) 新建多轨会话

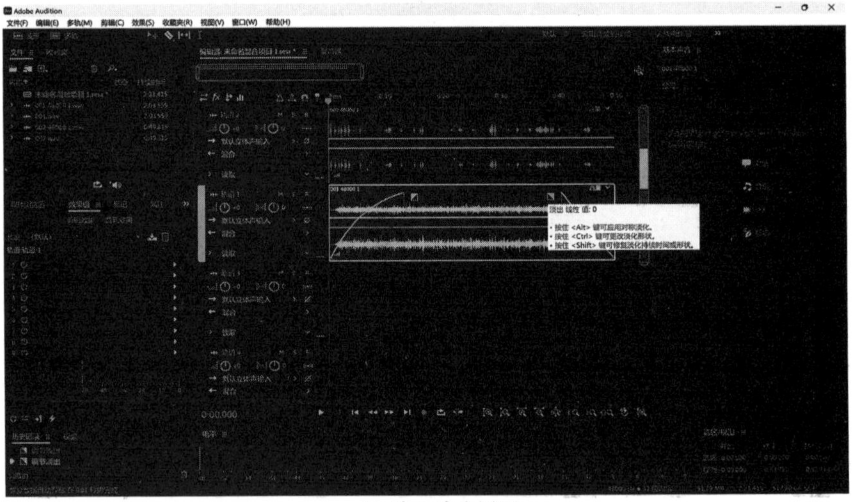

(b) 淡入淡出设置

图 3－33　音频多轨操作

执行“文件”→“导出”→“多轨混音”→“整个会话”命令，即可将多轨音频进行混音，并输出为常用的 WAV 等格式音频文件，如图 3－34 所示。

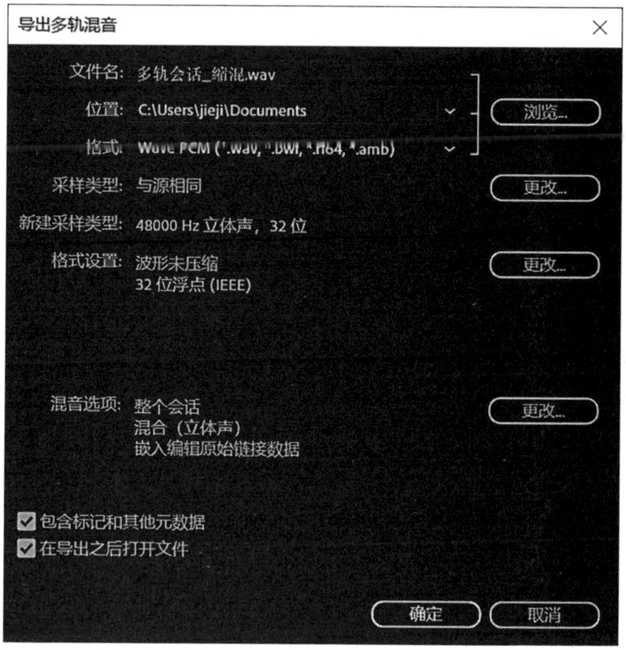

图 3-34 导出多轨混音

3.6 习题

1. 判断题

（1）为了使合成的语音自然易懂，需要对语音进行韵律处理。（ ）

（2）Adobe Audition 软件适用于专业人员，也适用于音乐和朗读爱好者。普通用户也可以用它来进行音频的后期加工和处理。（ ）

（3）Audition 软件在波形区单击并拖动可选择部分波形，双击则可选择整个显示窗口的波形。（ ）

（4）音频降噪主要是使用效果菜单中“降噪/恢复”子菜单下面的效果器来实现。（ ）

（5）采样降噪处理针对的噪声大多是连续的、稳定的、不会有明显变化的声音，如录音环境中的走路声、扫地声、远处的人声等噪声。（ ）

（6）所谓的多轨是相对于单轨而言的，在单轨模式下只能编辑一个音频

文件，在多轨模式下可以同时编辑多个音频文件和一个视频文件。（　　）

（7）在多轨合成项目中，每个音频轨道都只能插入一个音频文件。

（　　）

2. 单选题

（1）人们通常所说的音频（也即全频带声音），其频率范围在什么区间？

（　　）

A. 20 Hz ~ 20 kHz　　B. 300 Hz ~ 3.4 kHz

C. 小于 20 Hz　　D. 大于 20 kHz

（2）CD 音质的数字音频，其采样频率为（　　）

A. 44.1 kHz　　B. 22.05 kHz　　C. 11.025 kHz　　D. 20 kHz

（3）音频波形处理效果中的反相处理是指（　　）

A. 时间上反向播放　　B. 波形纵向翻转

C. 选区波形清零　　D. 时间上正向播放

（4）很多谍战片中，间谍人员在通话时改变说话的方式，隐藏自己声音的特征，从而达到迷惑敌人、保护自己的目的。需要达到这样的效果，在 Audition 中应使用什么效果器？（　　）

A. 伸缩与变调　　B. 混响

C. 延迟与回声　　D. 特殊效果

（5）使用 Audition，在一首歌曲中消除或减弱人声，应使用什么效果器？

（　　）

A. 伸缩与变调　　B. 混响

C. 中置声道提取器　　D. 特殊效果

（6）针对“嘶嘶”声进行降噪处理应使用什么效果器？（　　）

A. 降低嘶声（处理）　　B. 自适应降噪

C. 自动咔嗒声移除　　D. 自动相位校正

（7）针对类似“咔嗒”声、“噼啪”声以及“嘭嘭”声之类的短时间突发爆破音进行降噪处理，应使用什么效果器？（　　）

A. 降低嘶声（处理）　　B. 自适应降噪

C. 自动咔嗒声移除　　D. 自动相位校正

（8）音频多轨处理时，按下“M”按钮，能实现什么功能？（　　）

A. 本音轨处于静音状态

B. 除本音轨外其他所有音轨都处于静音状态

C. 本音轨切换到录音状态

D. 除本音轨外其他所有音轨都处于播放状态

3. **多选题**

(1) 声音的主观要素通常包括 ( )

A. 音调 B. 频率 C. 音强 D. 音色

(2) 人之所以能够判别声音的方向，是因为声音到达左右耳存在 ( )

A. 频率差异 B. 时间差 C. 强度差 D. 音调差异

(3) 5.1 声道包括 ( )

A. 中央声道 B. 前置主左/主右声道

C. 后置左/右环绕声道 D. 重低音声道

(4) 数字音频的数据量与以下哪些技术指标有关? ( )

A. 采样频率 B. 振幅 C. 量化位数 D. 声道数

(5) 以下哪些方法属于音频的有损压缩方法? ( )

A. 波形编码 B. 霍夫曼编码

C. 参数编码 D. 感知编码

(6) MIDI 文件格式的特点是 ( )

A. 数据量小 B. 易于存储指令信息

C. 编辑灵活 D. 缺乏重现自然声音的能力

(7) 以下哪几类音频格式采用了流媒体技术，比较适合于低带宽情况下的网络音频应用? ( )

A. RA B. WAV C. APE D. WMA

(8) 音频编辑处理包括以下哪些工作? ( )

A. 录音 B. 降噪 C. 混响 D. 淡入淡出

(9) 评价语音识别系统的优劣，需要考虑哪些因素? ( )

A. 识别准确率 B. 识别速度 C. 适用性 D. 可扩充性

(10) Audition 软件的功能包括下列哪些? ( )

A. 录音、播放 B. 降噪、混响

C. 变速、变调 D. 淡入、淡出

(11) Audition 软件适用于哪些方面的应用? ( )

A. 配乐诗朗诵 B. 个人 CD

C. 音频广告 D. 平面广告制作

第 4 章　视频基础与视频处理

视频是运动的图像序列，具有数据量大、内容丰富等特点，是多媒体的一种重要表现形式。因此，学会掌握分析与处理视频方法具有重要作用。本章将介绍视频的基本概念、视频的数字化、视频压缩与视频文件格式，以及视频处理技术。在此基础上介绍使用视频处理软件 Premiere 进行视频编辑处理的方法，包括认识 Premiere、视频剪辑、视频过渡、视频效果、添加字幕等内容。

4.1　视频的基本概念

4.1.1　什么是视频

人类接收信息的 70% 来自视觉，其中活动图像是信息量最丰富、直观、生动、具体的一种承载信息的媒体。视频就是内容随时间变化的一组动态图像。这些图像以一定的速率（计量单位为帧率 fps，即每秒显示的帧数目）连续地投射在屏幕上，使观察者具有图像连续运动的感觉。所以，视频又叫作序列图像、运动图像或活动图像。从数学角度描述，视频是随时间变化的图像，或称为时变图像。典型的帧率范围为 24 ~ 30 fps，这样的视频图像看起来是连续的。通常，有一个或多个音轨伴随着视频图像，以提供声音。常见的视频信号包括电视节目、电影、动画片等。根据信号表示方法的不同，视频可分为模拟视频和数字视频两类。

4.1.1.1　模拟视频

早期的广播电视信号是一种典型的模拟视频信号。电视摄像机通过电子扫描将时间、空间函数所描述的景物进行光电转换后，可得到单一的时间函数的电信号，其电平的高低对应于景物亮度的大小，即可用一个电信号来表征景物。这种电视信号称为模拟电视信号，其特点是信号在时间和幅度上都是连续变化的。对模拟电视信号进行处理的视频技术（如校正、调制、滤波、录制、编辑、合成等）称为模拟视频技术。电视接收机通过显示器进行光电转换，产生人眼所接受的模拟信号的光图像。

模拟视频信号经过数字化处理之后，就变成了一帧帧由数字图像组成的图像序列，即数字视频信号，它用二进制数字表示，是计算机能够处理的数字信号。每帧图像由 N 行、每行 M 个像素组成，即每帧图像共有 $M \times N$ 个像素。利用人眼的视觉暂留特性，每秒连续播放30帧以上，就能给人以较好的连续运动场景的感觉。

4.1.1.2 数字视频

计算机只能处理数字视频，数字视频克服了模拟视频的局限性，它的主要优点如下。①适合于网络应用。在网络环境中，视频信息可以很方便地实现资源的共享，通过网络线、光纤，数字信号可以很方便地从资源中心传到办公室和家中。数字视频信号可以长距离传输而不会产生任何不良影响，而模拟信号在传输过程中会有信号损失。②再现性好。模拟信号由于是连续变化的，因此不管复制时采用的精确度多高，失真总是不可避免的。经过多次复制以后，误差就很大。数字视频可以不失真地进行无限次复制，其抗干扰能力是模拟图像无法比拟的。它不会因为存储、传输和复制而产生图像质量的退化，从而能够准确地再现图像。③便于计算机编辑处理。模拟信号只能简单调整亮度、对比度、颜色等，极大地限制了处理手段和应用范围，而数字视频信号可以传送到计算机内进行存储、处理，很容易进行创造性的编辑与合成，并进行动态交互。数字视频的缺陷是处理速度慢，所需的数据存储空间大，从而使处理成本增加。数字视频与模拟视频的对比如表4－1所示。

表4－1 数字视频与模拟视频的对比

特点	数字视频	模拟视频
失真性	可以无失真多次复制	每转录一次，就会有累积误差，会出现信号失真
保存时间	质量好，便于长时间存放	长时间存放后视频质量降低
计算机编辑处理	便于计算机非线性编辑与处理	难处理

如今，数字视频的应用已经非常广泛，并带来一个全新的应用局面，包括数字电视、VCD、DVD、数字式便携摄像机等在内的各种应用均需要采用数字视频。

4.1.2 电视视频基础

视频最早起源于电视技术的发展，因此有必要先了解一下电视视频的基础知识。电视是捕获、广播和重现运动图像和声音的远程通信系统，包括黑白电视系统和彩色电视系统。下面分别从扫描方式、电视制式以及电视编码等方面进行介绍。

4.1.2.1 扫描方式

模拟电视系统通常采用光栅扫描方式。电视信号是用光栅扫描的方法显示在显示器上的，扫描线从顶部开始，一行一行地向下扫描，直至显示器的最底部；然后再返回到顶部的起点，重新开始扫描。这个过程产生的一个有序的图像信号集合，就组成了电视显示中的一幅图像，称为帧；连续不断的图像序列就形成了动态视频图像。扫描行的长度与图像垂直方向上的所有扫描行所跨过的距离之比，称为宽高比。传统电视的宽高比标准为4:3，新型电视的宽高比为16:9。

水平扫描线所能分辨出的点数称为水平分解力，一帧中垂直扫描的行数称为垂直分解力。一般说来，点越小，线越细，分解力越高。当一个系统水平分解力为400线时，是指它在对应于图像高度的水平距离内能够交替地显示200条黑线和200条白线。垂直的行数一般是525线（北美和日本）和625线（中国和欧洲）。每秒所扫描的帧数就是帧频，一般为25帧时人眼就不容易看到闪烁。扫描方式可分为逐行扫描和隔行扫描两种。

（1）逐行扫描

逐行扫描是从显示屏的左上角一行接一行地扫描到右下角，在显示屏上每扫描一遍就显示一幅完整的图像。逐行扫描如图4－1所示。图中，实线为行扫描正程，即电子束从左到右扫描过的轨迹；虚线为行扫描逆程，即电子束从右到左扫描过的轨迹。行扫描周期为电子束从左到右扫描完一行正程所需的时间加上从右到左扫描完一行逆程所需的时间。

逐行扫描有以下优点：图像垂直清晰度高，空间处理效果好，有利于电视转换和制式转换，能改善视频压缩效率等。其缺点是码率高，行扫描频率

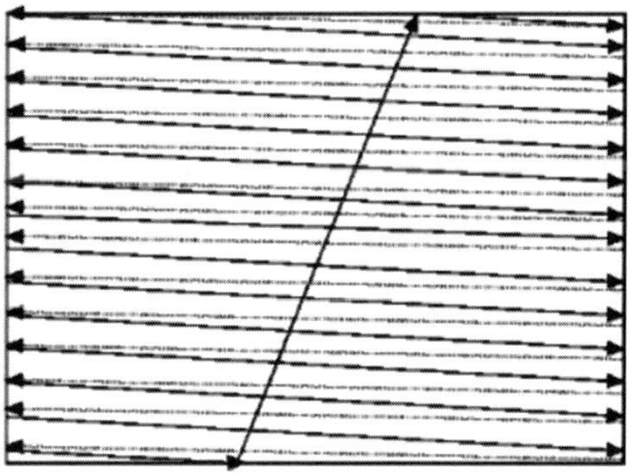

图 4－1 逐行扫描

增高，硬件实现难度加大。

（2）隔行扫描

隔行扫描是指扫描完第 1 行后，从第 3 行开始的位置继续扫描，再分别扫描第 5、7、9……行，直到最后一行为止。所有的奇数行扫描完后，再使用同样的方式扫描所有的偶数行，这时才构成一幅完整的画面。可以看出，在隔行扫描中，一帧需要奇数行和偶数行两部分组成，分别将它们称为奇数场和偶数场。也就是说，要得到一幅完整的图像，需要扫描两遍，如图 4－2 所示。对于帧速率为 25 fps 的 PAL 制电视系统来说，虽然每一行都以每秒 25 次的扫描速度刷新，但整个图像看起来是以每秒 50 次扫描速度来刷新的。场扫描周期为场扫描正程时间与逆程时间之和。

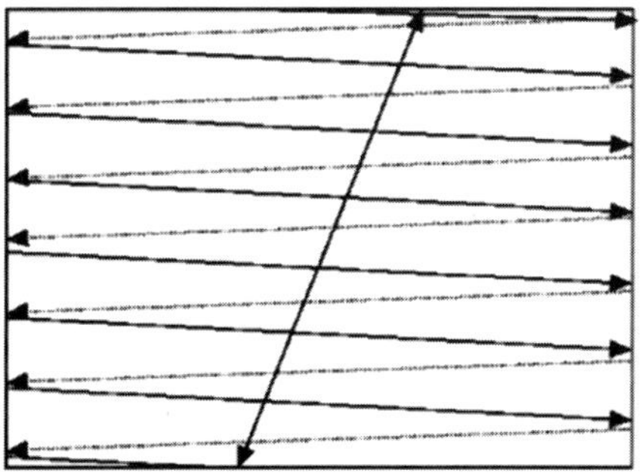

(a) 扫描奇数行

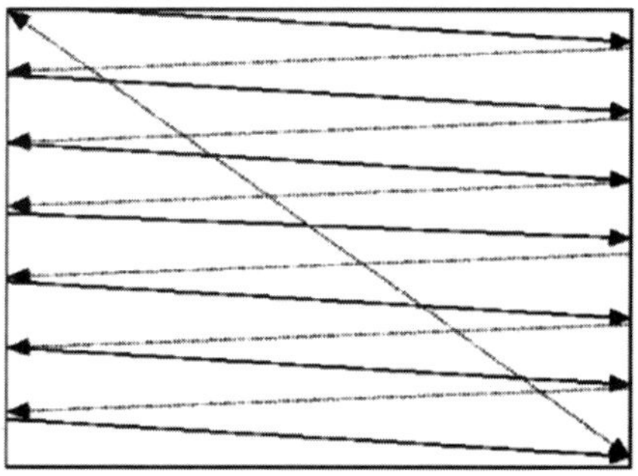

(b) 扫描偶数行

图 4－2 隔行扫描

采用隔行扫描的目的是压缩光电转换后所产生的视频信号的频带。例如，在电视中采用一帧图像隔行扫描后的顺序传输，可以压缩一半频带而不明显降低图像质量。比如，当逐行扫描频率为30 Hz时，人们会觉得屏幕闪烁；但是同样的扫描频率，如果用隔行扫描技术，人们就不会觉得屏幕闪烁。当然，和真正的逐行扫描频率为60 Hz的效果相比，还是有差距的。

一帧电视信号称为一个全电视信号，它由奇数场行信号和偶数场行信号，以及同步信号顺序组成。同步信号就是控制信号，所谓同步是指摄像端（发送端）的行、场扫描步调与显像端（接收端）扫描步调完全一致，即要求同频率、同相位才能得到一幅稳定的画面。

隔行扫描，实际上是以牺牲一定的图像分辨率为代价的折中办法。对于远距离观看的电视，强调的是画面的整体效果，对于图像的细节可不予考虑。早期的电视系统大都采用隔行扫描，因为隔行扫描能节省频带，且硬件实现简单。而对于近距离观看的计算机显示器而言，隔行扫描会损失图像细节。因此，计算机显示器都采用了逐行扫描的办法，其刷新频率在60 Hz以上。

4.1.2.2 电视制式

电视信号要进行存储、传输和播放需要依赖一定的标准，这种标准就是电视制式。按电视视频信号的不同，电视制式可分为模拟电视制式和数字电视制式。其中，模拟电视制式又可细分为黑白电视制式和彩色电视制式两种。早期的黑白电视制式已经较少使用，彩色电视制式则包括NTSC制式、PAL制式和SECAM制式三种类型，均与黑白电视制式相兼容。目前各国或各地区的电视制式不尽相同。比较常用的有美国、日本使用的NTSC制式，中国、欧洲使用的PAL制式，以及法国、俄罗斯等国所使用的SECAM制式。这三种制式的主要技术指标如表4-2所示。

表4-2　三种彩色电视制式的主要技术指标

电视制式	帧频/Hz	行/帧	亮度带宽/MHz	色度带宽/MHz	彩色幅载波/MHz	声音载波/MHz
NTSC	30	525	4.2	1.3（I），0.6（Q）	3.58	4.5
PAL	25	625	6.0	1.3（U），1.3（V）	4.43	6.5
SECAM	25	625	6.0	1.0（U），1.0（V）	4.25	6.5

(1) NTSC 制式

NTSC (National Television Standard Committee) 是美国国家电视系统委员会在 1953 年制定的一种兼容的彩色电视制式，主要用于美国、加拿大等大部分西半球国家，以及日本、韩国、菲律宾等地。NTSC 信号是一种 2∶1 隔行扫描的视频信号，其主要性能参数如下：①扫描线数：262.5 行/场，即 525 行/帧；②帧率：60 场/秒，即 30 fps；③宽高比：4∶3。④工作频率：交流电 50 Hz。

NTSC 制式规定每秒 30 帧，每帧 525 行，采用隔行扫描方式，每一帧由两场组成，其图像分辨率为 720×480。该制式采用 YIQ 颜色空间，Y 为亮度信号，色度的 I 分量带宽为 1.3 MHz，Q 分量可记录人眼不敏感的颜色，故可进一步压缩 Q 分量的带宽到 0.6 MHz。有的国家（如日本）采用立体声伴音，这样不仅可以传播立体声伴音，还可以实现播级双语电视节目效果。双语也即对应于同一电视画面，两个声道分别广播两种语言，两个声道可以互相切换和独立广播。

(2) PAL 制式

PAL (Phase Alternate Lock) 是联邦德国于 1962 年制定的一种彩色电视制式，它克服了 NTSC 制式相位敏感造成色彩失真的缺点。德国、英国、新加坡、中国、澳大利亚、新西兰等国家采用这种制式。这种制式亦是 2∶1 隔行扫描。但与 NTSC 相比，它有不同的垂直和瞬时清晰度，带宽略高（8 MHz），且处理彩色信息亦有所不同。其主要性能参数如下：①扫描线数：312.5 行/场，即 625 行/帧；②帧率：50 场/秒，即 25 fps；③宽高比：4∶3；④工作频率：交流电 50 Hz。

与 NTSC 制式相比，PAL 制式以较少的瞬时清晰度换取了较高的垂直清晰度。我们国家采用的电视标准是 PAL 制式，它规定视频每秒 25 帧，每帧 625 个扫描行。625 行中用于扫描图像的有效行数只有 576 行，所以图像在垂直方向上的分辨率为 576 点。其图像分辨率为 720×576。

由于 PAL 制式与 NTSC 制式的场频、行频以及色彩处理方式均有不同，因此两者是互不兼容的。

(3) SECAM 制式

SECAM (Sequential Color and Memory) 是顺序传送彩色信号与存储恢复彩色信号制，是由法国人在 1956 年提出、1966 年制定的一种彩色电视制式。它也克服了 NTSC 制式相位失真的缺点，采用时间分隔法来传送两个色差信号。使用 SECAM 制式的国家或地区主要集中在法国和欧洲东部。它的主要性能参数和 PAL 制式类似，PAL 和 SECAM 的差别之一是如何再现彩色信息。它们均利用色度信息的 Cr 和 Cb 分量，但在 PAL 和 SECAM 中用亮度信号来集成彩色分量的方法是不同的。相比于 NTSC 而言，PAL 和 SECAM 均有更好的彩色再现能力。

（4）数字电视制式

数字电视节目的采集、制作、传输，以及用户终端的接收都是数字化的。相比模拟电视，数字电视的图像质量更高，节目容量更大，伴音效果更好。数字电视按分辨率不同，可分为普及型、标清型、高清型等。①普及型数字电视，即 DPTV，其分辨率为 352×288 或 352×240，约 300 电视线，画质相当于 VCD 标准。②标清型数字电视即标准清晰度数字电视 SDTV，其分辨率为 720×576 或 720×480，约 500 电视线，屏幕宽高比为 4:3，相当于 DVD 标准的画质。③高清型数字电视即高清晰度数字电视 HDTV，其分辨率常为 1920×1080i，1280×720p，约 1000 电视线，屏幕宽高比通常为 16:9。数字电视制式种类繁多，美国、日本、欧洲均有各自定义的标准，目前这些制式标准尚未统一。我国的数字电视以欧洲 DVB 标准为主。

4.1.2.3 电视编码

电视编码是将 RGB 信号转换成黑白或彩色电视兼容以及适合发射与传输的电视信号的过程。常见的电视编码方式包括 RGB 视频、YUV 视频、S 视频和复合视频等。

彩色电视采用的是加基色系统，使用红绿蓝（RGB）作为三基色进行配色，产生出 R、G、B 三个输出信号。RGB 信号可以分别传输，但要配上相应的同步信号。另外一种信号传输方法是将 RGB 信号组合起来在一条电缆中传输，这就是复合信号。现有 NTSC、PAL 和 SECAM 等不同的复合信号。根据亮色度原理，任何彩色信号都可分为亮度和色度。色度只要使用色差就可以表示颜色信号，而不必使用 R、G、B 三个完整的信号；将亮度和色度交错排列分别放到电缆上，就组成了复合信号。

动态视频对于颜色空间的表示有多种情况，最常见的是 R、G、B 三维彩色空间。也还有其他彩色空间表示，如 Y、U、V（Y 为亮度，U、V 为色差），H、S、I（色调、饱和度、强度）等，并且还可以通过坐标变换而相互变换。

根据三基色原理，在视频领域利用 R、G、B 三色不同比例的混合来表现丰富多彩的世界。首先，摄像机在拍摄时，通过光敏器件，如 CCD（电荷藕合器件），将光信号转换为电信号，这种电信号最初就是 R、G、B 三个信号。在电视机或显示器内部，最终也使用 RGB 信号分别控制三个电子枪撞击荧光屏，使之发光，产生我们观看到的影像。由于摄像机的原始信号和电视机、显示器里的最终信号都是 RGB 信号，因此使用 RGB 视频作为传输与记录方式，得到的视频将具有极高的信号质量。但 RGB 视频并没有得到广泛的应用，比如电视机就没有采用 RGB 视频，原因之一是 RGB 视频需要很高的视频带宽，因而增加了相关设备的成本；二是与现行的黑白电视不兼容。

为此，按亮度方程 $Y=0.39R+0.5G+0.11B$（PAL 制式）将 RGB 视频转换为亮度信号 Y 和两个色差信号 U、V，形成 YUV 视频。其中 $U=B-Y$，$V=R-Y$。在这种方式中，利用人眼对亮度细节分辨率高而对色度细节分辨率低的特点，对两个色差信号的频带宽度进行了压缩处理。

两个色差信号还可以进一步合成为一个色度信号 C，进而形成 Y/C 记录方式，这种方式得到的视频一般被称为 S 视频（S－Video）。这种记录方式是录像机常见的和广泛采用的方式，由于记录时对色度信号进行了降频处理，因此这种方式又称为彩色降频方式。

把亮度 Y 与色度 C 进一步混合在一起，便形成复合视频（Composite Video）。应用复合视频主要是为了方便传输以及电视信号的发射。

从以上的分析可以看出，RGB 视频的质量与带宽高于 YUV 视频，而 YUV 视频高于 Y/C 视频（S 视频），而 S 视频又高于复合视频，图 4－3 所示为各种视频的带宽与质量的比较。

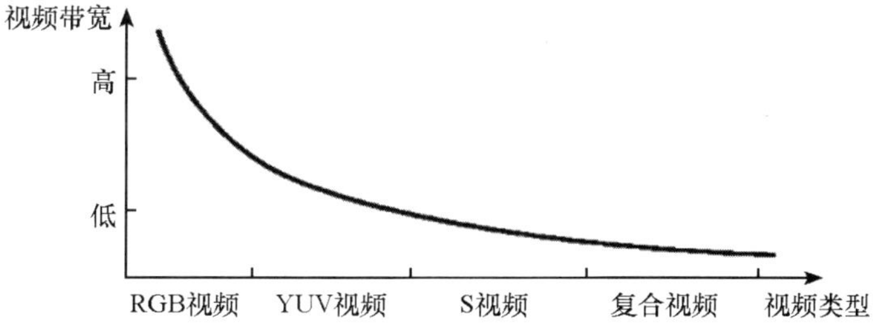

图 4－3 各种视频的带宽与质量的比较

4.2 视频的数字化

4.2.1 视频数字化过程

视频的数字化是指在一段时间内以一定的速度对视频信号进行捕获并加以采样后形成数字化数据的处理过程。通常，NTSC 制式、PAL 制式和 SECAM 制式的视频信号都是模拟的，在进入计算机前必须进行数字化处理，即模/数转换和彩色空间变换等。视频信号数字化与音频信号数字化一样，要对视频信号进行采样捕获，其采样深度可以是 8 位、16 位或 24 位（采样深度是经采样后每帧所包含的颜色位数）。然后将采样后所得到的数据保存起来，以便对它进行编辑、处理和播放。

4.2.1.1 视频信号的采样

视频信号的采集就是将视频信号经硬件数字化后，再将数字化数据加以存储。在使用时将数字化数据从存储介质中读出，并还原成图像信号加以输出。视频信号的采样可分为单幅画面采样和多幅动态连续采样。在单幅画面采样时，可以将输入的视频信息定格，并将定格后的单幅画面以多种图像文件格式加以存储。对于多幅动态连续采样，可以对视频信号进行实时、动态的捕获和压缩，并以文件形式加以存储。在捕获一段连续画面时，可以用每秒 25～30 帧的采样速度对该视频信号进行采样。

（1）彩色空间之间的转换

YCbCr 模型是 YUV 模型的数字化表示，Y 代表亮度信号，Cb、Cr 代表色差信号。在数字域中 RGB 和 YCbCr 两个彩色空间的转换关系用式（4－1）表示：

$$\begin{cases} Y = 0.299R + 0.587G + 0.114B \\ Cb = -0.1687R - 0.3313G + 0.5B + 128 \\ Cr = 0.5R - 0.4187G - 0.0813B + 128 \end{cases} \tag{4-1}$$

其中，R、G、B 取值范围为［0，255］的整数，Y、Cb、Cr 的取值范围也为［0，255］的整数。

（2）采样格式

对彩色电视图像进行采样时，可以采用两种采样方法。一种方法是使用相同的采样频率对图像的亮度信号和色差信号进行采样，另一种方法是对亮度信号和色差信号分别采用不同的采样频率进行采样。如果对色差信号使用的采样频率比对亮度信号使用的采样频率低，就称这种采样为图像子采样。

图像子采样在数字图像压缩技术中得到了广泛的应用。这种压缩方法的基本根据是人的视觉系统所具有的两条特性：一是人眼对色度信号的敏感程度要低于对亮度信号的敏感程度；二是人眼对图像细节的分辨能力有一定的限度，利用这个特性可以把图像中的高频信号去掉而使人不易察觉。图像子采样也就是利用人的视觉特性来达到压缩彩色电视信号的目的。

图像子采样通常表示为 4∶n∶n 的格式。4 代表 ITU – R BT6.01 制定的 NTSC、PAL 和 SECAM 视频中的亮度信号 Y，数字化的标准采样频率为 13.5 MHz，后面两个数字分别代表色差信号 Cb 和 Cr 的采样频率。目前常见的采样格式有如下几种。

① 4∶4∶4。这种采样格式不是子采样格式，它是指在每条扫描线上每 4 个连续的采样点取 4 个亮度 Y 样本、4 个红色差 Cr 样本和 4 个蓝色差 Cb 样本，这就相当于每个像素用 3 个样本来表示，如图 4 – 4（a）所示。

② 4∶2∶2。这种子采样格式是指在每条扫描线上每 4 个连续的采样点取 4 个亮度 Y 样本、2 个红色差 Cr 样本和 2 个蓝色差 Cb 样本，如图 4 – 4（b）所示。当显示像素时，对于没有 Cb 和 Cr 的 Y 样本，使用前后相邻的 Cb 和 Cr 样本进行计算得到该 Y 样本的 Cb 和 Cr 样本。

③ 4∶1∶1。这种子采样格式是指在每条扫描线上每 4 个连续的采样点取 4 个亮度 Y 样本、1 个红色差 Cr 样本和 1 个蓝色差 Cb 样本，如图 4 – 4（c）所示。当显示像素时，对于没有 Cb 和 Cr 的 Y 样本，使用前后相邻的 Cb 和 Cr 样本进行计算得到该 Y 样本的 Cb 和 Cr 样本。

④ 4∶2∶0。这种子采样格式是指在水平和垂直方向上每 2 个连续的采样点上各取 4 个亮度 Y 样本、1 个红色差 Cr 样本和 1 个蓝色差 Cb 样本。虽然 MPEG – 1 和 MPEG – 2 使用的子采样都是 4∶2∶0，但它们的含义有所不同，如图 4 – 4（d）、（e）所示。与 MPEG – 1 的 4∶2∶0 相比，MPEG – 2 的子采样在水平方向上没有半个像素的偏移。

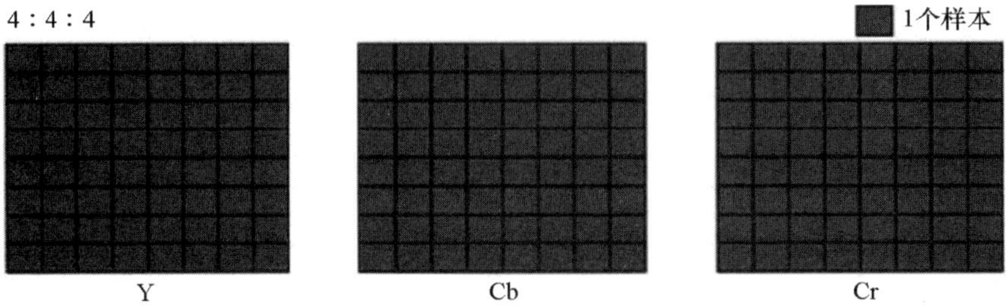

(a) 4：4：4采样格式

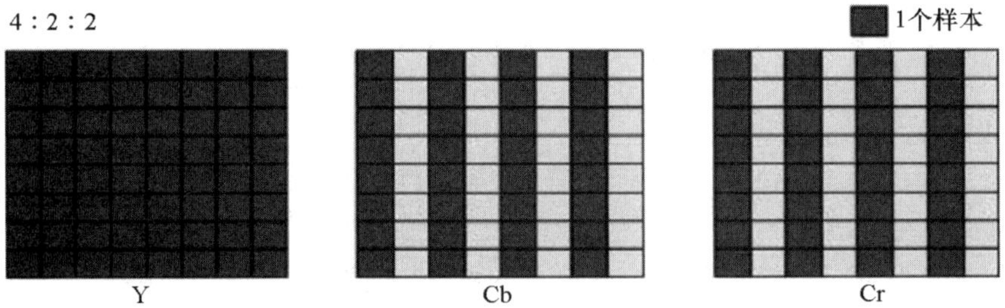

(b) 4：2：2采样格式

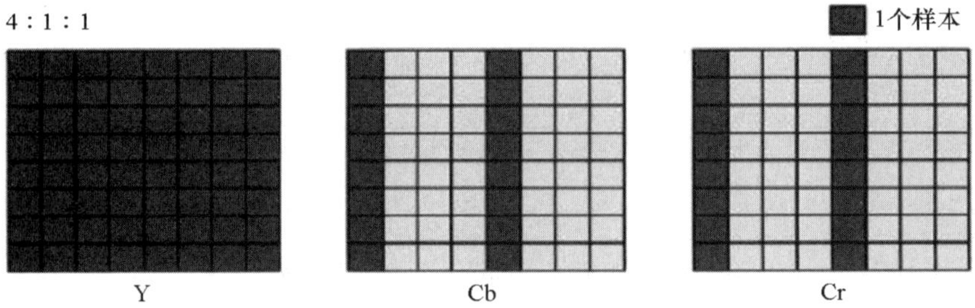

(c) 4：1：1采样格式

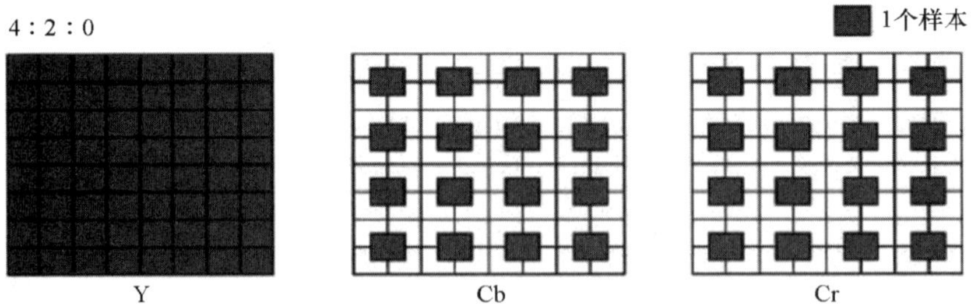

(d) MPEG-1 4：2：0采样格式

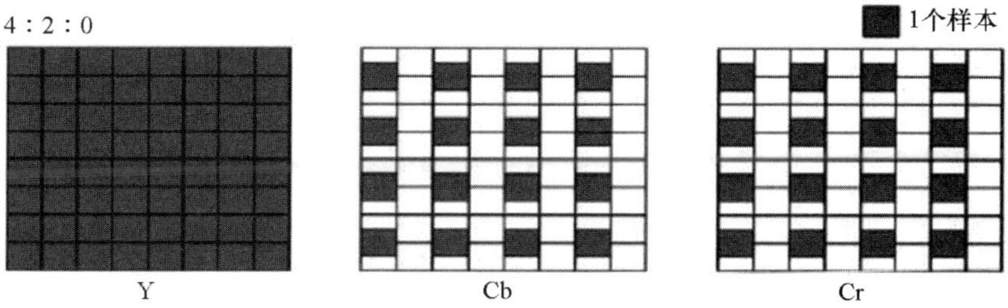

(e) MPEG-2 4:2:0采样格式

图4-4 子采样格式

(3) 采样频率

ITU-R BT.601 用于对隔行扫描电视图像进行数字化，对 NTSC 和 PAL 制式彩色电视的采样频率和有效显示分辨率都做了规定。ITU-R BT.601 对 PAL 制式的亮度信号，每一条扫描行采样 864 个样本；对 NTSC 制式的亮度信号，每一条扫描行采样 858 个样本。ITU-R BT.601 对所有的制式，每一扫描行的有效样本数均为 720 个，如图 4-5 所示。

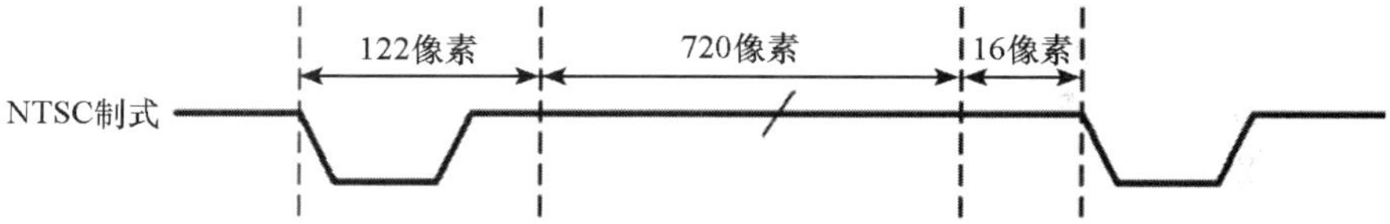

(a) NTSC制式的亮度采样结构

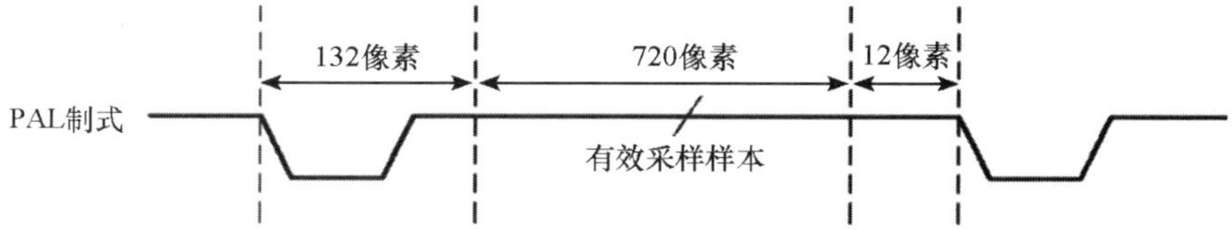

(b) PAL制式的亮度采样结构

图4-5 ITU-R BT.601 的亮度采样结构

表4-3 所示为 ITU-R BT.601 推荐的采样格式、编码参数和采样频率。

表 4－3　ITU－R BT. 601 推荐的采样格式、编码参数和采样频率

采样格式	信号格式	采样频率/MHz	样本数/扫描行	
			NTSC	PAL
4:2:2	Y	13.5	858（720）	864（720）
	Cb	6.75	429（360）	432（360）
	Cr	6.75	429（360）	432（360）
4:4:4	Y	13.5	858（720）	864（720）
	Cb	13.5	858（720）	864（720）
	Cr	13.5	858（720）	864（720）

ITU－R BT. 601 推荐使用4:2:2 的彩色电视图像采样格式。使用这种采样格式时，Y 用13.5 MHz（对 PAL 制式，采样频率$f=625\times25\times N=13.5$ MHz，$N=864$，N 为每一扫描行上的采样数目）的采样频率，Cb、Cr 用6.75 MHz 的采样频率。采样时，采样频率信号要与场同步信号以及行同步信号同步。

为了既可用625 行（PAL 制式与 SECAM 制式）的电视图像，又可用525 行（NTSC 制式）的电视图像，原 CCITT 规定了 CIF（Common Intermediate Format）、QCIF（Quarter－CIF）和 SQCIF（Sub－QCIF）格式，具体格式参数如表4－4 所示。

表 4－4　CIF、QCIF 和 SQCIF 图像格式参数

参数	CIF		QCIF		SQCIF	
	行数/帧	像素/行	行数/帧	像素/行	行数/帧	像素/行
亮度（Y）	288	360（352）	144	180（176）	96	128
色差（Cb）	144	180（176）	72	90（88）	48	64
色差（Cr）	144	180	72	90（88）	48	64

对视频信号进行数字化采样后，就可以对数字视频进行编辑或加工，如复制、删除、特技变换、改变视频格式等。

4.2.1.2　视频信号的量化

采样过程是把模拟信号变成时间上离散的脉冲信号，量化过程则是进行

幅度上的离散化处理。因此，在时间线的任意一点上量化后的信号电平与原模拟信号电平之间在大多数情况下总是存在一定的误差。量化所引入的误差是不可避免的，同时也是不可逆的。由于信号的随机性，这种误差大小也是随机的。这种表现类似于随机噪声效果，具有相当宽度的频谱，因此又把量化误差称为量化噪声。

降低量化误差最直接的方法就是增加量化级数，减小最小量化间隔，但由此带来码率的增加，从而要求更大的处理带宽。一般的视频信号均采用 8 bit、10 bit 进行量化，在信号质量要求较高的情况下采用 12 bit 进行量化。

正如模拟音频信号传输过程中采用不均匀量化一样，在视频信号的量化过程中也可以采用不均匀量化方式，即将模拟信号先进行对数变换，其目的是让变化量大的地方变化小，让变化量小的地方变化大。然后，再进行普通的 8 bit 量化，经传输后再恢复出来的模拟信号可以通过指数变换予以还原。此时，信号传输的效果类似于 12 bit 量化的效果。

4.2.1.3 视频信号的压缩与编码

在计算机使用的所有媒体中，数字视频产生的数据量最大，而且视频的捕捉和回放要求很高的数据传输率，因此视频压缩是需要解决的关键问题之一。实际应用中，可能意识不到压缩和解压缩的过程（即这个过程对用户来讲是透明的），但当编辑一个视频文件时，就已经使用了某种压缩方法缩小文件的尺寸，而在该文件回放时，解压缩过程会尽可能快速和完美地再现原来的视频图像。

如果要从 CD－ROM 驱动器上播放视频，或者从硬盘上播放全屏幕视频，压缩更是必不可少的。在视频文件中可以使用几种压缩/解压缩算法，其中既有基于软件的方案，也有基于硬件的方案。硬件压缩比纯软件压缩速度快得多，而且压缩效率也高，但要附加硬件，既增加了成本，使用也不方便。为此，多媒体应用中的视频（通常存储在 CD－ROM 上）通常使用软件压缩，以便有 CD－ROM 驱动器的用户无须增加专门硬件就可以播放。使用何种压缩方案会直接影响视频在计算机或电视上播放的视觉效果和速度。

采样、量化后的信号转换成数字符号才能进行传输，这一过程称为编码。视频编码的理论基础是信息论，通过信息压缩，从时间域、空间域两方面去除冗余信息，将可推知的确定信息去掉。

视频编码是将数字化视频信号经过编码转成电视信号，从而可以录制到录像带中或在电视上播放。在通信理论中，编码分为信源编码和信道编码两大类。信源编码是指将信号源中多余的信息除去，形成一个适合用来传输的信号。为了抑制信道噪声对信号的干扰，往往还需要对信号进行再编码，使接收端能检测或纠正数据在信道传输过程中引起的错误，这称为信道编码。

视频编码技术主要包括 MPEG 和 H. 26x 系列标准（详见第 4. 3. 3 节），编码技术主要分为帧内编码和帧间编码。前者用于去掉图像的空间冗余信息，后者用于去除图像的时间冗余信息。对于不同的应用环境可以采用不同的技术，从游戏机到电视台广播级的视频编码技术已经基本成熟。

4. 2. 2 数字视频技术指标

在数字视频中有 5 个重要的技术参数将最终影响视频图像的质量，分别为帧速、分辨率、颜色数、压缩比和关键帧。

帧速。即视频帧播放的速率。视频通过快速变换图像帧的内容而达到运动的效果。根据制式的不同，视频有 30 fps（NTSC）、25 fps（PAL）两种常用帧速。帧速越高，数据量越大，质量越好。有时为了减少数据量，降低了帧速，如只有 16 fps，也可以达到满意程度，但效果略差。

分辨率。即组成视频源数据的水平与垂直像素的点数。视频分辨率越大，数据量越大，质量越好。这里要正确区分视频分辨率和视频显示分辨率（显示的像素点数），比如某段视频数据由水平方向 320 个像素点、垂直方向 240 个像素点组成，这样的一段视频既可以显示在 160 × 120 像素的窗口内，也可以放大显示在 640 × 480 像素的窗口内。

颜色数。指视频中最多能使用的颜色数。由于每个像素上的颜色被量化后将用若干位来表示，因此在数字视频中每个像素所占的位数就称为视频颜色深度，如 16 位、24 位、32 位等。颜色位数越多，色彩越逼真，数据量也越大。

压缩比。指视频压缩前与压缩后数据量之比。压缩比较小时对图像质量不会有太大影响，而超过一定倍数后，将会明显看出图像质量下降。压缩比越大在回放时所需的解压时间就越长，尤其是对于采用对称压缩技术的视频文件和采用纯软件解压的系统，所得到的视频图像质量将受到影响。

关键帧。视频数据具有很强的帧间相关性，动态视频压缩正是利用帧间相关性的特点，通过前后两个关键帧动态合成中间的视频帧。因此对于含有频繁运动的视频图像序列，关键帧数目少就会出现图像不稳定的现象。

无论质量如何，视频的数据量都非常大。对于未经压缩的视频，其数据量（单位：bit/s）可由式（4－2）推算：

$$数据量=\frac{水平方向分辨率\times垂直方向分辨率\times颜色深度\times帧率}{8} \tag{4-2}$$

例如 1 分钟 24 位真彩色 320 × 240 的 PAL 制式的视频数据量为 329.59 MB。从上述计算中不难看出，计算机中要处理视频信号的最大困难是数据量极其庞大，而且要求一定的速度。巨大的数据量不但要求大容量的存储设备，而且更重要的是增加数据的传输时间。因此，就需要对视频进行压缩，减少处理的时间、存储的空间、传输的时间和带宽。

但压缩比与数字视频的质量之间是一对矛盾关系。一般情况下，压缩比越大，数据流越小，但画质不佳；压缩比越小，数据流越大，容量越大，但画质清晰。因为许多视频压缩算法都是通过将像素组合成许多小彩色块来减少文件长度，这样在重放时便会出现颗粒性或块状性的马赛克效果。压缩比越大，这种现象越明显。如果需要获得尽可能高的图像质量，就必须采用较低的视频压缩比。大多数用户在使用视频采集编辑产品时均要求其产生品质尽可能高的视频，这是以损失容量为代价的，但随着存储介质性价比的提高，容量问题几乎已不再是主要问题了。

4.2.3 视频的采集与获取

4.2.3.1 视频的采集与获取方法

视频的获取途径，主要有以下 4 种。①通过 CD－ROM 数字化视频素材库采集视频。DVD 电影、卡拉 OK 已十分普及，可以从中节选一些作为素材进行采集。②利用摄像机、录像机与视频卡捕获视频。摄像机、录像机与视频卡相连，可以拍摄现场的视频图像，得到连续的图像帧。如果有数码摄像机，可以直接抓取数字视频。如果视频素材在录像带上，通常采用视频采集卡配合相应的软件进行采集。③通过视频处理软件制作生成视频。这种方式是把静态的图像或图形文件序列通过视频处理软件编辑处理，组合形成视频文件序列。例如，使用 Adobe 公司的 Premiere 软件进行视频转换和编辑处理。④通过文件格式转换得到视频。通过文件格式转化软件将计算机生成的动画或其他格式的文件转换成 AVI 等格式的视频文件。

4.2.3.2 视频的采集与获取设备

视频的获取和处理需要一些硬件设备的支持。常见的视频获取和处理设备包括视频获取设备、视频卡等。下面将分别进行介绍。

(1) 视频获取设备

1) 数码摄像机

将视频信号数字化后进行存储，这在专业级、广播级的摄/录像系统上已应用了相当长的时间，但因为相应设备的价格很高，一般单位和家庭都无法承受。随着数字视频标准的逐渐统一，数码摄像机成为数字视频获取的重要设备。

数码摄像机是将通过 CCD 转换光信号得到的图像电信号和通过话筒得到的音频电信号，经过模/数转换并压缩处理后送给磁头转换记录。采集数字视频信号是数码摄像机的最大特点。此外，它还具有以下特点。

①记录画面质量高。视频图像清晰程度最基本、最直观的度量是水平清晰度。水平清晰度的线数越多，意味着图像清晰程度越高。由数码摄像机拍摄并播放在电视机屏幕上的图像，比人们现在普遍采用的模拟、非广播级摄像机所拍摄的图像，清晰度要高很多。目前，数码摄像机记录画面的水平清晰度高达 500 线以上，与早期广播级的摄像机清晰度水平相当。

②记录声音达 CD 水准。DV 摄像机采用两种脉冲调制（PCM）记录方式。一种是采样频率为 48 kHz、16 bit 量化的双声道立体声方式，提供相当于 CD 质量的伴音；另一种是采样频率为 32 kHz、12 bit 量化的 4 声道方式。

③信噪比高。播放录像时在电视画面上出现的雪花斑点是视频噪声。DV 摄像机记录播放的视频信噪比很高，用模拟录像带播放时会出现图像上下颤抖的现象，而在以数字方式拍摄记录的录像带上不会出现类似情况。

④可拍摄数码相片。数码摄像机也可像数码相机一样进行照相，许多数码摄像机上具有照片拍摄模式，并且所拍摄出来的照片影像特别清晰，不仅可以通过电视屏幕显示观看，而且可以直接输入计算机进行处理。

⑤能与计算机进行信息交换。数码摄像机以数字形式记录的视频或图像信号，能通过 IEEE 1394 接口与 PC 相连接，将信号输入计算机后，就可方便对其进行编辑和多种特效处理。这使得数码摄像机成为多媒体的最佳移动采集源，而且这种转换无须进行压缩，因此几乎没有质量的损失和信号的丢失，便于人们构建数字化的视频编辑系统。

2）数码摄像头

数码摄像头又称为网络摄像机或计算机摄像机，它是一种新型的多媒体计算机外部设备和网络设备，人们形象地称之为计算机和网络的“眼睛”。按照工作原理来划分，数码摄像头属于数码影像设备。最初面世的数码摄像头必须与视频采集卡一起使用，才能达到捕捉流畅的动态画面的效果。随着数码影像技术的发展以及USB接口的普及，大多数数码摄像头都可以通过内部电路直接把图像转换成数字信号传送到计算机上。只要CPU处理能力足够快，CCD捕捉到的图像信号基本上可以达到实时的动态效果。数码摄像头大多配有专用的软件控制程序，以实现最基本的拍照、摄像、管理影像文件等功能。随着计算机CPU运算速度的提高，数码摄像头作为廉价的数码影像产品可以实现一些高档数字设备（如数码相机、数码摄像机）的部分功能，使它具有广阔的市场前景。

（2）视频卡

视频卡是基于PC的一种多媒体视频信号处理平台，它可以汇集视频源、音频源和激光视盘机（Laser Video Disc Player）、录像机（VCR）、摄像机等的信息，经过编辑或特技处理而产生非常漂亮的画面。这些画面还可以被捕捉、数字化、冻结、存储、输出及进行其他的操作。对画面的修整、像素显示调整、缩放功能等都是视频卡支持的标准功能。多媒体视频卡除可以实现视频信号数字化、捕捉特定镜头外，还可以在VGA上开窗口并与VGA信号叠加显示。常见的视频卡有视频采集卡、视频压缩卡、视频播放卡和电视转换卡等。

1）视频采集卡

视频采集卡将视频信号连续转换成计算机存储的数字视频信号（离散）保存在计算机中或在VGA显示器上显示，也称为视频转换卡。如果能够实时完成压缩，则称为实时压缩卡。只能单帧捕获视频信号的，称为图像采集卡。

2）视频压缩卡

视频压缩卡根据JPEG/MPEG标准进行压缩与解压的工作，其价格较为昂贵，比较有代表性的是MPEG压缩卡。MPEG压缩卡用于将视频影像压缩成MPEG格式，它首先将模拟音视频信号数字化，然后按MPEG标准的压缩算法分别对数字音视频信号进行压缩编码，产生一个码率约为1.5 Mbit/s的MPEG复合音视频码流，然后再转变为扩展名为.mpg格式的文件存储在硬盘上。根据所支持的信号输入方式，MPEG压缩设备可分为专业型和普及型。专业型MPEG压缩卡可以支持YUV、S-Video和复合视频等多种输入。它们一般还带有数字滤波预处理和专业分量型录像机控制等功能。预处理功能除能减少视频信号中的噪声外，还可限制视频信号的动态范围，使信号更容易压缩，有效地降低压缩算法引起的压缩失真，可大大提高图像的主观清晰度。

3）视频播放卡

视频播放卡用于将压缩保存在计算机中的视频信号在计算机的显示器上播放出来，这种卡也称之为 MPEG 解压卡或电影卡。MPEG 解压卡采用硬件方式将压缩后的 VCD 影碟数据解压后进行回放。当计算机将 CD－ROM 内的数据传送到 MPEG 卡上时，通过卡上的 MPEG 解码器，将已压缩的数据进行解压。品质较好的 MPEG 卡可播放 30 fps 的视频画面，速度和 NTSC 制式一样。有些 MPEG 卡还提供了视频输出端口和音频输出端口，可以将 VCD 画面播放到大屏幕彩色电视机或其他录像设备上，具备了视频输出的功能。

4）电视转换卡

电视转换卡将标准的 NTSC、PAL、SECAM 电视信号转换成 VGA 信号在计算机屏幕上显示，是一块能接收全频道、全制式彩色电视节目的视频信号转换卡，它的输出与计算机的 CRT 制式匹配。电视转换卡主要分为两类，即电视卡和 TV 编码器。电视卡将标准的 NTSC、PAL、SECAM 电视信号转换成 VGA 信号在计算机屏幕上显示，这类卡也称为 TV－VGA 卡或电视调谐卡（TV Turner）。它带一个高频头，可将计算机变成一台电视机，收看不同频道的电视节目。TV 编码器将计算机的 VGA 信号转换为标准的电视信号在电视上进行播放或录像，多用于广告片的后期处理。这类卡也叫作 PC－TV 卡或 VGA－TV 卡。

5）其他视频卡

其他视频卡包括视频捕获卡、视窗动态视频卡、模拟视频叠加卡等。其中视频捕获卡用于捕捉和编辑静态视频图像，完成视频图像数字化、编辑以及处理等工作。动态视频捕获和播放卡用于实时动态视频和声音的同时获取及压缩处理，该卡还具有存储和播放功能，常用于视频监控、办公自动化和多媒体节目创作等场合。视窗动态视频卡提供视窗显示，动态画面的柔合及叠加，淡入、淡出等功能，使电视画面变得多姿多彩。

4.3 视频压缩与视频文件格式

4.3.1 视频压缩背景

数字视频如果不压缩的话，其数据量是非常庞大的，既不利于存储，也不利于传输。另一方面，视频数据中存在着大量的空间冗余和时间冗余，完全具备压缩的可能性。例如，从空间冗余角度看，同一幅图像内部，相邻像素的颜色往往相近，因此可以根据某个像素的颜色值预测相邻位置像素的颜色值。从时间冗余角度看，相邻的图像帧之间在视觉上往往具有较大的相关性，一帧图像的某个场景可以由相邻帧的场景重构出来。除此之外，视频数据中还存在着感知冗余、知识冗余等多种类型的冗余，这些冗余的存在为视频压缩提供了可能。

4.3.2 视频压缩方法

按照视频压缩过程是否会丢失信息，可将视频压缩方法分为无损压缩和有损压缩两大类。无损压缩方法包括霍夫曼编码、行程编码、算术编码等统计编码方法。有损压缩方法包括预测编码、变换编码、模型编码、基于重要性的编码以及混合编码等，如图 4 –6 所示。

视频的无损压缩方法与图像压缩方法类似，这里不再赘述，下面重点对视频压缩方法中的预测编码和变换编码进行介绍。

4.3.2.1 预测编码

预测编码是根据原始的离散信号之间存在着一定关联性的特点，利用前面的一个或多个信号对下一个信号进行预测，然后对实际值和预测值的差（预测误差）进行编码。如果预测比较准确，误差信号就会很小（通常采用均方，误差最小）。因此，在同等精度要求的条件下，就可以用比较少的数码进行编码，达到压缩数据的目的。DPCM 和 ADPCM 较适合用于声音和图像数据的压缩，因为这些数据均由采样得到，相邻样值之间的差不会相差很大，可以用较少的位来表示差值。由于在对差值编码时进行了量化，因此预测编码是一种有失真编码方法。

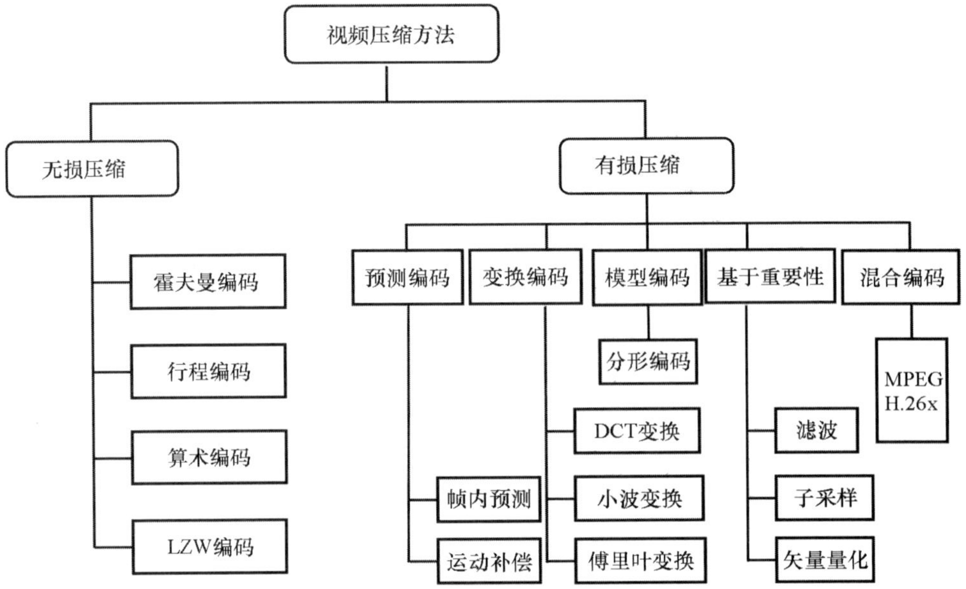

图4-6　视频压缩方法分类图

(1) DPCM

PCM为脉冲编码调制，它是将原始的模拟信号经过时间采样后对每一样值进行量化，作为数字信号传输。DPCM是差分脉冲编码调制的英文缩写，它不是对每一个样值都进行量化，而是预测下一个样值，并量化实际值和预测值之间的差，达到压缩的目的。解压时也使用同样的预测器，并将这一预测值和存储的已量化的差值相加，产生出近似的原始信号，基本恢复原始数据。在DPCM中，特殊的“1bit量化”情况称为△调制。

DPCM系统的基本原理框如图4-7所示。

图中：$x(n)$ 为采样的图像或声音数据；$\tilde{x}(n)$ 是 $x(n)$ 的预测值；$d(n)=x(n)-\tilde{x}(n)$ 是实际值与预测值的差值；$\hat{d}(n)$ 是 $d(n)$ 的量化值；$\hat{x}(n)$ 是引入了量化误差的 $x(n)$。

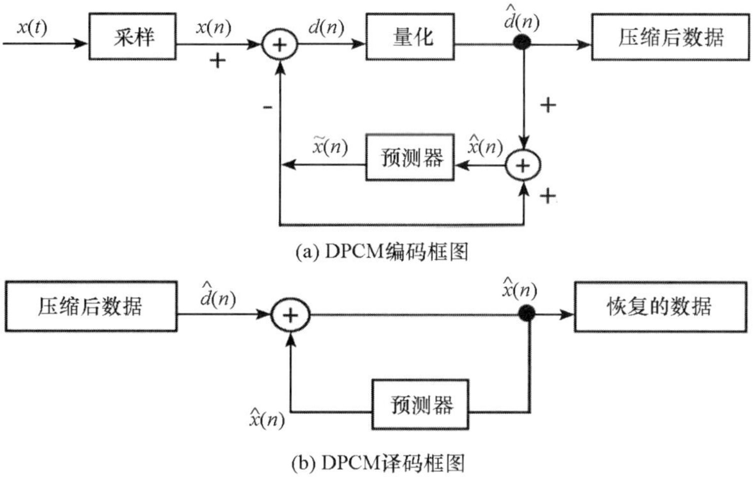

(a) DPCM编码框图

(b) DPCM译码框图

图 4－7 DPCM 系统框图

通过下面的简单例子，可以说明 DPCM 系统的工作原理。例如：DPCM 系统如图 4－8 所示，预测器的预测值为前一个样值（图中 D 表示单位延迟），假设输入信号已经量化，差值不再进行量化。若 DPCM 系统的输入为｛0 1 2 1 1 2 3 3 4 4……｝，则编码过程如下：

0	1	2	1	1	2	3	3	4	4……
0	0	1	2	1	1	2	3	3	4……
0	1	1	－1	0	1	1	0	1	0……

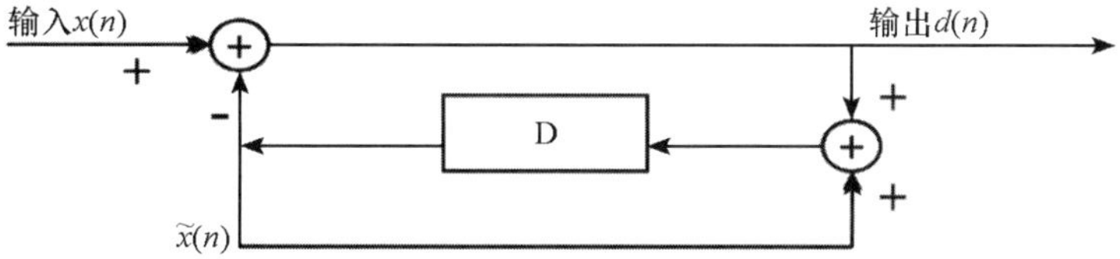

图 4－8 单位延迟的 DPCM 系统

通过比较 x（n）和 d（n），可见编码系统输出的 d（n）的幅度变小了，可以用较少的比特数编码，由此压缩了数据。

DPCM 的关键点在于预测器和量化器的设计。通常，一个好的预测器可以使许多预测值和实际值之间的差值很小，或为零。因此，误差信号量化器所需的量化间隔通常比原信号所需的量化间隔少，可以用较少的比特来表示量化的误差信号，实现数据压缩。理论上，应该用线性或非线性技术使预测器和量化器同时达到最佳。但实际上，这不容易做到。因此 DPCM 系统的设计只能采用准最佳设计。

（2）ADPCM

ADPCM 是自适应差分脉冲调制编码的英文缩写。要进一步改善量化性能或压缩数据率，可采用自适应量化或自适应预测方法，任何一种采用自适应的编码方法都称为 ADPCM。

在一定的量化级数下减少量化误差或在同样的误差条件下压缩数据率时，根据信号分布不均匀的特点，系统具有随输入信号的变化而改变量化区间大小，以保持输入给量化器的信号基本均匀的能力，这种能力称为自适应量化。对于能量分布较大的系数分配较多的比特数，采用较小的量化步长；反之分配较少的比特数，采用较大的量化步长，从而达到压缩的目的。

另外，预测参数的最佳化依赖于信源的统计特性，要得到最佳预测参数是一件烦琐的工作，而采用固定的预测参数往往又得不到较好的性能。为了既使性能较佳，又不至于有太大的计算工作量，通常将上述两种方法折中考虑，采用自适应预测。自适应预测时，为了减少计算工作量，仍采用固定的预测参数，但此时有多组预测参数可供选择，这些预测参数根据常见的信源特征求得。编码时具体采用哪组预测参数需根据信源的特征来自适应地确定。为了自适应地选择最佳参数，通常将信源数据分区间编码，自动地选择一组预测参数，使该区间实际值与预测值的均方误差最小。随着编码区间的不同，预测参数自适应地变化，以达到准最佳预测。

4.3.2.2 变换编码

变换编码也是一种有损压缩方法，其基本原理是，通过对时域信号进行某种正交变换，将其变换到频域上，然后在频域上对变换后的信号进行编码。这种方法的本质是降低原信号空间的强相关性。原始数据经过变换后集中到少数坐标轴上，因此可用较少的比特来表示原始数据，从而实现数据压缩。

在变换编码中，原始数据从初始空间或时间域进行数学变换，使得信号中最重要的部分（如包含最大能量的最重要的系数）在变换域中易于识别，并且集中出现，可以重点处理；而能量较少的部分较分散，可以进行粗处理。例如将时域信号变换到频域，因为声音和图像的大部分信息都是低频信号，在频域中比较集中，再进行采样编码可以压缩数据。该变换过程是逆过程，使用反变换可以恢复原始数据。

变换编码系统中压缩数据有三个步骤：变换、变换域采样和量化。变换是可逆的，本身并不进行数据压缩，它只把信号映射到另一个域，使信号在变换域里容易进行压缩，变换后的样值更独立和有序。在变换编码系统中，用于量化一组变换样值的比特总数是固定的，它总是小于对所有变换样值用固定长度均匀量化进行编码所需的总数，所以量化使数据得到压缩，是变换编码中不可缺少的一步。为了取得满意的结果，某些重要系数的编码位数比其他的要多，某些系数干脆就被忽略了。在对量化后的变换样值进行比特分配时，要考虑使整个量化失真最小。因此，该过程为有损压缩。

数据压缩主要是去除信源的相关性。若考虑到信号存在于无限区间上，而变换区域又是有限的，则表征相关性的统计特性就是协方差矩阵，协方差矩阵主对角线上的各元素就是变量的方差，其余元素就是变量的协方差，且为一对称矩阵。当协方差矩阵中除对角线上元素之外的各元素全部为零时，就等效于相关性为零。所以，为了有效地进行数据压缩，通常希望变换后的协方差矩阵为一对角矩阵，同时也希望主对角线上各元素随 i、j 的增加很快衰减。因此，变换编码的关键在于：在已知输入信号矩阵 $\mathbf{X}$ 的条件下，根据它的协方差矩阵去寻找一种正交变换，使变换后的协方差矩阵满足或接近为一对角矩阵。

当经过正交变换后的协方差矩阵为一对角矩阵，且具有最小均方误差时，该变换称为最佳变换，也称 Karhunen – Loeve（K – L）变换。可以证明，以矢量信号的协方差矩阵的归一化正交特征向量所构成的正交矩阵，对该矢量信号所做的正交变换能使变换后的协方差矩阵成为对角矩阵。K – L 变换虽然具有均方误差意义下的最佳性能，但需要预先知道原始数据的协方差矩阵，再求出其特征值。而求特征值与特征向量并非易事，在维数较高时甚至求不出来。即使能借助于计算机求解，也很难满足实时处理的要求，而且从编码应用看，还需要将这些信息传送给解码端。这是 K – L 变换不能在工程上广泛应用的原因。人们一方面继续寻求特征值与特征向量的快速算法，另一方面则寻找一些虽不是最佳，但也有较好相关性与能量集中性能，并且实现起来很容易的变换方法，而把 K – L 变换常常作为对其他变换性能的评价标准。

如果变换后的协方差矩阵接近对角矩阵，该类变换就称准最佳变换，它去除相关性不一定最佳，但可以用固定的正交变换矩阵来对不同的信源进行数据压缩。从实用角度讲，可达到简便、易于实现的目的。典型的准最佳变换有离散余弦变换（DCT）、离散傅里叶变换（DFT）、Walsh Hadama 变换（WHT）、Haar 变换（HrT）等。其中，最常用的变换是离散余弦变换（DCT）。它可对固定的某一像素块（例如 8 ×8 的块）进行变换。变换后的数据称为 DCT 系数，空间频率为零的系数称为直流分量系数，它是块中所有像素的平均值，其余 63 个系数称为交流分量系数，在多数情况下许多高频系数为零或接近于零，可被忽略。当图像数据满足一定分布时，DCT 的性能与 K－L 变换相近，而且 DCT 变换核固定，并已有快速算法，便于软件和硬件实现，因此在实际视频压缩算法中广泛使用。

4.3.3 视频压缩标准

视频压缩标准与两大国际标准化组织密切相关。一个是国际电信联盟电报电话通信部门 ITU－T，另一个是运动图像专家组 MPEG。这两大组织之间既有竞争，也有合作，先后制定了 H.26x 系列和 MPEG 系列视频压缩标准。其中，熟知的 H.262/MPEG－2 和 H.264/MPEG－4 就是两大标准化组织合作研究的成果。我国在视频压缩编码领域虽起步较晚，但发展迅速，研制了 AVS 视频压缩标准，为国际视频压缩领域的标准化做出了巨大贡献。视频压缩标准的进程如图 4－9 所示。

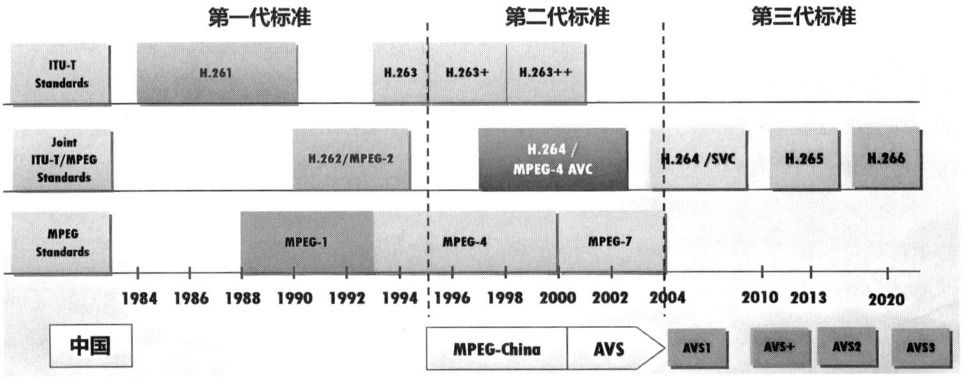

图 4－9 视频压缩标准的进程图

4.3.3.1 H.26x 系列视频压缩标准

（1）H.261 标准

P×64 kbit/s 视频编码标准是 CCITT 的 H.261 标准，这个标准支持实时动态图像的压缩编解码，应用目标是可视电话和电视会议，因此必须以最小的延迟来实现实时操作。标准中的 P 是一个可变参数，取值范围是 1～30，所以

H. 261 建议的最低传输速率是 64 kbit/s。

H. 261 的图像分为全屏格式 CIF（所需最低速率为 320 kbit/s）和 1/4 屏格式 QCIF（所需最低速率为 64 kbit/s）。其中 CIF 格式的色度信号分辨率为 180 × 144，亮度信号分辨率为 360 × 288；QCIF 格式的色度信号分辨率为 90 × 72，亮度信号分辨率为 180 × 144。所有的编码器都必须能实时处理 QCIF 格式，CIF 格式作为可选格式。最大图像速率均为 29. 97 fps。在视频编码算法中，CIF 格式和 QCIF 格式被划分成一个多层次的块结构，这个结构由图像、块组、宏块和块组成。每个宏块由 4 个 8 × 8 的亮度块和 2 个 8 × 8 的色度块组成；每个块组由 3 × 11 个宏块组成。每幅 QCIF 格式的图像有 3 个块组，而每幅 CIF 格式的图像的块组数是 QCIF 格式的 4 倍。

H. 261 视频压缩算法采用了帧内和帧间两种编码方式，它融合了基于 DCT 的变换编码和带有运动预测差分脉冲编码调制（DPCM）的预测编码方法。在帧内编码中，每一帧图像都被切分成 8 × 8 的块，每个 8 × 8 的块都经离散余弦变换得到 DCT 系数，做线性量化后送到视频多路编码器中。同时，每一帧图像经恢复（通过逆量化器和逆变换器）存放在图像存储区中，供帧间编码使用。

帧间编码方式采用 DPCM 预测编码方法。预测值是以运动估计为基础，通过把当前帧的每一个宏块（只考虑亮度）与前一帧对应宏块的邻域相比较可得到运动估计。如果当前宏块与预测宏块的差值小于某个确定的阈值，就无须对这个宏块进行数据变换。否则，就要对这个差值进行 DCT 变换和线性量化，然后和运动矢量信息一起送到视频多路编码器，通过循环滤波器滤去高频噪声，以改善图像质量。线性量化器的量化步长，可根据编码器传送缓冲区的充满程度来调节。当传送缓冲区的信息快要占满时，就要增加步长，以减少编码的信息，这将会导致图像质量降低。当传送缓冲区的信息不满时，就要减少步长，以改善图像的质量。

为了进一步压缩数据，在源编码器的视频多路编码器中使用熵编码。针对量化的 DCT 系数和各种辅助信息有 5 个变长码表。视频多路编码器的信息输送到传送缓冲器中，传送缓冲器通过控制线性量化器的步长来调节视频信息流，以达到一个恒定的位率。

视频编码标准最重要的方面之一，是要定义一个数据结构，以保证解码器收到的位流进行解码时没有二义性。图 4 – 10 所示为 H. 261 标准的视频多路编码器的分层数据结构，它由 4 个层次组成，即图像层、块组层（GOB）、宏块层（MB）和块层。图像层由图像头和 GOB 数据组成，块组层（GOB）

由一个 GOB 头和 MB 数据组成，宏块层（MB）由一个 MB 头和块数据组成。块层包括一个块的 DCT 系数，然后以一个固定长度码块结束，用以标明一个块的结束。DCT 系数用二维变长码进行编码。

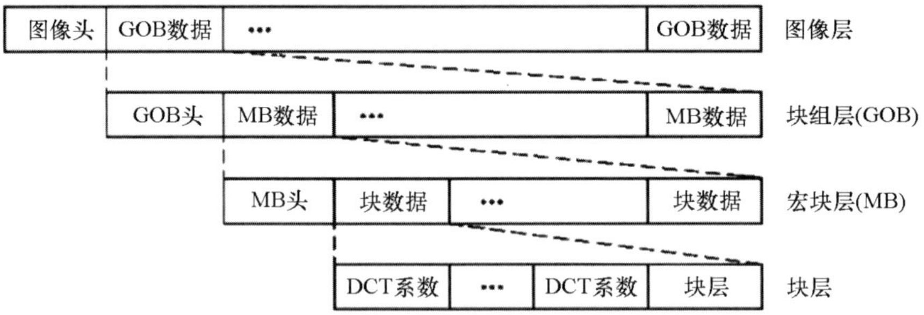

图 4－10　视频多路编码器的分层数据结构

（2）H. 263 标准

要在低于 64K 的传输通道中同时传输视频、音频和其他控制信号，就需要对源数据进行大量的压缩。H. 324 低比特率多媒体通信终端采用 H. 263 视频编码标准。H. 263 编码方法适用于在低比特率条件下进行音频－视频服务时对运动图像内容的压缩。这种视频源编码算法的基本结构与 H. 261 标准相同，它是帧间预测与变换编码的混合算法，可以充分减少时间和空间的冗余。源编码器可以对 5 种源视频格式（sub-QCIF、QCIF、CIF、4CIF 和 16CIF）进行操作，同时也可以支持广泛的用户自定义视频格式。解码器具有运动补偿能力，支持编码器采用此类技术。运动补偿采用半像素精度，这与 H. 261 参考标准提出的全像素精度和循环滤波器不同。变长编码技术被用于对将要传输的符号进行编码。

在基本的源视频编码算法的基础上，引进了 16 种可协商的编码选项，用于提高压缩性能和支持新增加的功能。在数据流中可以附加补充信息，以提高显示能力及支持外部的应用。16 种可选的编码选项可被独立地采用，比较重要的编码算法有以下几种。①自由运动向量模式：运动向量可以指向图像的外部。图像外部的像素用图像边界上的像素来预测。②基于语法的算术编码模式：使用算术编码替代变长编码，可以大量减少数据量。③先进预测模式：对图像的亮度信息采用重叠块运动补偿（OBMC）。④PB－模式：一个 PB 帧将两帧图像编码到一个单元中，可增加图像的帧率。⑤先进的帧内编码模式：采用帧内编码方式的块首先由以前的或邻近的采用帧内编码方式的块预测得到，可极大地增加按帧内方式编码的压缩性能。⑥去除块效应过滤器模式：对已解码的I帧和P帧的8×8的块的边界使用一个过滤器以减少块效应。⑦改进的PB－模式：每个B－块可以由一个独立的运动向量进行前向预测，或者由一个零向量进行后向预测，是对原先的PB 帧的改进。⑧时间、信噪比、空间可扩充模式：提供对时间、信噪比、空间的可扩充能力。要求数据流中有一个基本层和一个或多个相关的增强层。基本层是一个独立的可直接解码的数据流。增强层可以配合基本层进行解码，用来增强性能。⑨低解析度更新模式：使用低解析度对高解析度的参考图像进行更新，这种模式将应用于快速运动的场景图像编码中。

（3）H.264标准

H.264标准仍采用基于块的运动补偿预测编码、变换编码以及熵编码相结合的混合编码框架，并在帧内预测、1/8像素精度运动估值、块大小可变的运动补偿、4×4整数变换、基于上下文的自适应二进制算术编码等诸多环节中引入新技术，使其编码效率与以前标准相比有了很大提升。此外，它采用分层结构的设计思想将编码与传输特性进行分离，增强了码流对网络的适应性及抗误码能力。针对如何适应不同信道传输特性的问题，H.264标准从功能和算法上分为两层，即视频编码层和网络抽象层。视频编码层负责高效的视频编码压缩，采用基于块的运动补偿预测、变换编码以及熵编码的混合编码框架，增加差错恢复工具，采用大量先进视频编码技术来提高编码效率。网络抽象层将经过视频编码层的视频流进行进一步分割和打包封装，提供对不同网络性能相匹配的自适应处理能力，负责网络的适配，提供“网络友好性”。这种分层结构扩展了H.264的应用范围，几乎涵盖了目前大部分的视频业务，如数字电视、视频会议、视频电话、视频点播、流媒体业务等。

4.3.3.2 MPEG系列视频压缩标准

视频压缩的一个重要标准是MPEG（Motion Picture Experts Group），目前已推出了MPEG－1、MPEG－2、MPEG－4等系列压缩标准。新的MPEG标准MPEG－7、MPEG－21等主要不是针对视频压缩的，如MPEG－7是多媒体内容描述接口的编码方案，它为各种类型的多媒体信息规定一种标准化的描述。这种描述与多媒体信息的内容一起，支持用户对感兴趣的图形、图像、3D模型、视频、音频等信息以及它们的组合进行快速有效查询，从而满足实时、非实时以及推－拉应用的需求。MPEG－21是多媒体框架（Multimedia Framework），用于将标准集成起来支持和谐的技术以管理多媒体商务。

（1）MPEG－1压缩标准

MPEG－1标准（ISO/IEC11172－Ⅱ）的目标是以约1.5 Mbit/s的速率传输电视质量的视频信号，亮度信号的分辨率为360×240，色度信号的分辨率为180×120，每秒30帧。MPEG－1标准包括MPEG系统、MPEG视频、MPEG音频和测试验证4部分内容。所以MPEG涉及的问题是视频压缩、音频压缩及多种压缩数据流的复合和同步问题。

MPEG－1视频压缩技术是以两个基本技术为基础的。一是基于16×16子块的运动补偿，可以减少帧序列的时域冗余量。二是基于DCT的压缩技术，可以减少空域冗余量。在MPEG中，不仅在帧内使用DCT，而且对帧间预测误差也使用DCT，以进一步减少数据量。

1）时间冗余量的减少

为了减少时间冗余量，MPEG将1/30秒时间间隔的帧序列电视图像，以3种类型的图像格式表示：内码帧（I）、预测帧（P）和插补帧（B），如图4－11所示。另有第4种类型帧是D帧，它是一种专用的帧格式，仅仅用于实现快速查询中。

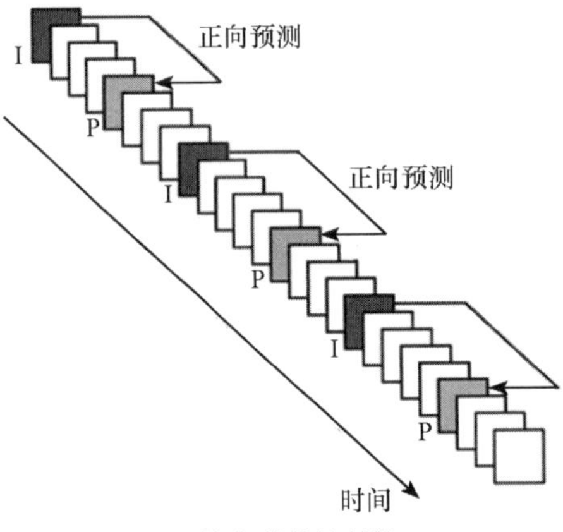

(a) P帧由I帧构造所得

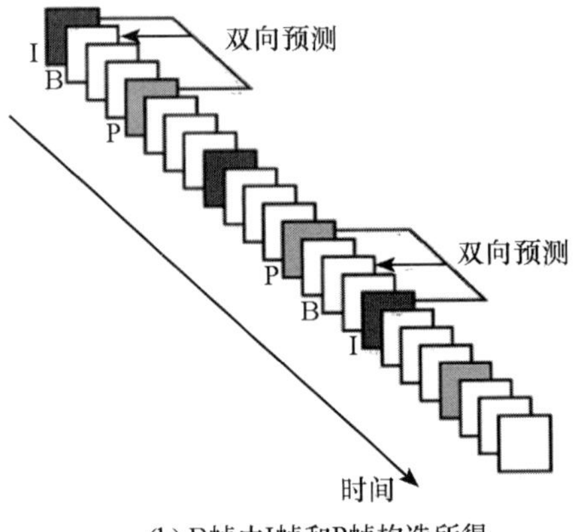

(b) B帧由I帧和P帧构造所得

图4－11　MPEG中的各类帧

I帧，又称内码帧或帧内帧，是完整的独立编码的图像，是不能由其他帧构造的帧，必须存储或传输。由于I帧与其他帧无关，因此它可以作为视频序列的起点和数据流中的随机访问点。P帧，也称为预测帧，通过对它之前的I帧进行预测，对预测误差进行有条件的存储和传输，如图4－11（a）所示。B帧，又称为双向帧或插补帧，是根据其前后的I帧或者P帧的信息进行插值编码而获得的。该过程有时也称为双向插值，如图 4－11（b）所示。帧间的信息用运动补偿的方法确定。各帧之间的关系是：P 帧仅由前帧构造得到，B 帧由前、后帧插值得到。典型的帧序列有：PAL 和 SECAM 电视制式的 IBBPBBPBBI 序列、NTSC 电视制式的 IBBPBBPBBPBBI 序列。

运动补偿有两种算法。① 运动补偿预测法。画面上的运动部分在帧与帧之间必然存在连续性，预测法根据这一特性，将当前的图像画面看作是前面某时刻图像的位移，位移的幅度和方向在图像画面的各处可有不同。因此，利用反映运动的位移信息和前面某时刻的图像，可以预测出当前的图像。② 运动补偿插补法。用插补的方法进行运动的补偿，可以大幅度地压缩运动图像的信息。在时域中插补运动补偿是一个多分辨率技术，可按 1/10 秒或 1/15 秒的时间间隔取出参考子图，然后对两个参考子图之间的图像，按照运动的规律得到 1/30 秒时间间隔的各个插补子图。只要对参考子图及反映运动规律的信息进行编码，就可以得到帧率为 30 fps 的全运动视频图像。运动补偿插补又称双向预测，它既可以利用前面帧的信息，又可利用后面帧的信息。由于视频信号时域（帧间）冗余度很高，需要传送的附加运动校正信息非常少，因此插补运动补偿可大幅度地压缩数据。当然，如果插补帧过多，尽管压缩比增加，但图像的质量还是会降低。对大多数图像而言，参考帧之间以大约 1/10 秒的时间间隔隔开还是合乎要求的。

2）空域冗余量的减少

MPEG 视频信息的帧内帧和预测帧都有很高的空域冗余度，用于减少这方面冗余的技术很多，但由于运动补偿处理主要基于块的特性，因此，基于块的技术用于此处更合适些。在基于块的空间冗余压缩技术中，变换编码技术和矢量量化技术是非常有用的。在正交变换中，DCT 具有许多明显的优点，且相对来说较易实现，所以帧内压缩也采用基于 DCT 的方法。这和静态图像的压缩标准 JPEG 相同，且实现的步骤也一样。只是在 JPEG 压缩算法中，针对静止图像，对 DCT 系数采用等宽量化。而在 MPEG 视频信号中包含静止画面（帧内帧）和运动信息（帧间预测帧）等不同的内容，量化器的设计需做特殊考虑。一方面量化器结合行程编码能使大部分数据得以压缩；另一方面要求量化器、编码器能输出一个与信道传输速率匹配的比特流。因此，如何设计一个能够满足上述要求，且有满意的视觉质量的量化器，在 MPEG 编码中显得尤为重要。

I 帧在 MPEG 中的作用很重要，它是一个同步点。在 MPEG 中，I 帧的编码方式类似于 JPEG。而 P 帧和 B 帧的编码过程如下：对每个宏块均在基准帧中查找最佳匹配宏块；计算实际宏块和最佳匹配宏块的差作为运动向量；对误差项进行 DCT 转换；进行量化和 Z 字排序的行程编码；最后进行霍夫曼平均信息量编码。

3）MPEG 的分层结构和位流

MPEG 视频数据流是一个分层结构，分层的目的是把位流中逻辑上独立的实体分开，防止语义模糊，并减轻解码过程的负担。对分层的要求是支持通用性、灵活性和有效性。通用性的含义是使 MPEG 标准的语法规定可满足不同的应用要求；灵活性可通过视频序列头上定义的许多参数来说明；有效性是指 MPEG 压缩算法需要对附加信息，如位移域、量化器步长、预测器或插值类型等，提供有效的管理。

MPEG 视频位流分层结构如图 4－12 所示，共包括 6 层。每一层支持一个确定的函数，或是一个信号处理函数（DCT，运动补偿），或是一个逻辑函数（同步，随机存取点）等。

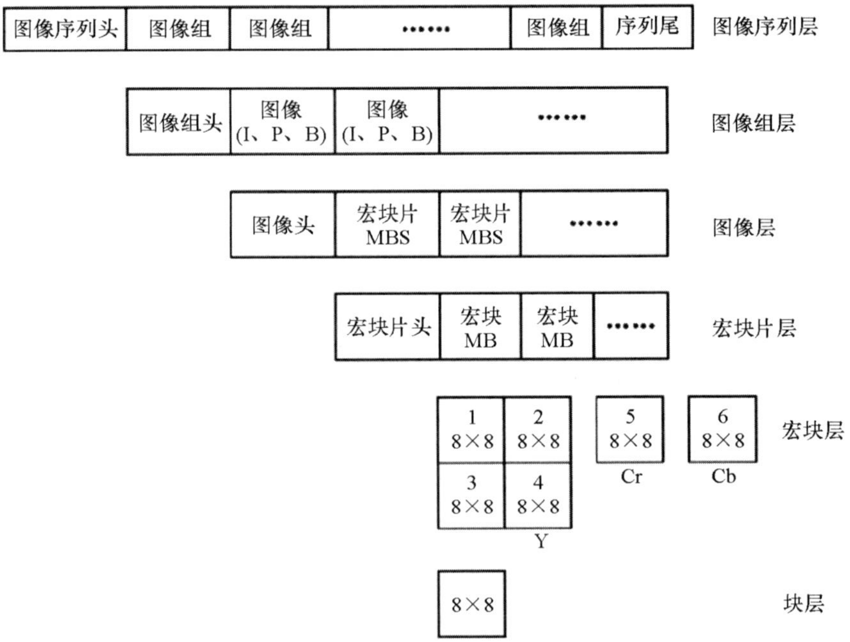

图 4－12　MPEG 视频位流分层结构

MPEG 标准定义了解码过程而不是解码器，解码器的实现有多种方法。MPEG 视频压缩算法能将视频信号压缩到 0.5 ~ 1 bpp，压缩数据位率为

1.2 Mbit/s，重建图像质量与 VHS 的质量相当。

（2） MPEG－2 压缩标准

MPEG－1 压缩标准于 1992 年通过，通常称为 MPEG 标准。此后，开发 MPEG 标准的 ISO 委员会制定了 MPEG 后继标准 MPEG－2。在 1993 年 11 月的汉城会议上，正式通过了 ISO/13813 号建议，定名为 MPEG－2 标准。MPEG－2 标准包括 MPEG 系统、MPEG 视频、MPEG 音频和一致性 4 部分内容，是运动图像及其伴音的通用编码国际标准。MPEG－2 标准解决了 MPEG－1 标准所不能满足的日益增长的多媒体技术、数字电视技术在分辨率和传输速率等方面的技术要求。

①MPEG－2 系统

MPEG－2 标准的系统功能是将一个或更多的音频、视频或其他的基本数据流合成单个或多个数据流，以适应于存储和传送。符合 MPEG－2 标准的编码数据流，可以在一个很宽的恢复和接收条件下进行同步解码。

MPEG－2 标准的压缩编码系统是将视频和音频编码算法结合起来而开发的。系统编码有两种方法，其编码输出包括传送流和程序流两种定义流。传送流和协议 ISO/IEC11172－1 系统定义的流相似。程序流是一种用来传送和保存一道程序的编码数据或其他数据的数据流。

②MPEG－2 视频

MPEG－2 视频体系的视频分量的位速率范围为 2～15 Mbit/s。MPEG－2 视频体系要求保证与 MPEG－1 视频体系向下兼容，同时应力求满足数字存储媒体、可视电话、数字电视、高清晰度电视（HDTV）、通信网络等领域的应用。分辨率有低（352×288）、中（720×480）、次高（1440×1080）、高（1920×1080）等不同档次，压缩编码方法也从简单到复杂有不同等级。

MPEG－2 标准详细叙述了数字存储媒体和数字视频通信中图像信息的编码描述和解码过程。它支持固定比特率传送、可变比特率传送、随机访问、信道跨越、分级解码、比特流编辑以及一些特殊功能，如快进播放、快退播放、慢动作、暂停和画面凝固等。MPEG－2 视频标准与 ISO/IEC11172－2 向前兼容，并与 EDTV、HDTV、SDTV 格式向上或向下兼容。

（3） MPEG－4 压缩标准

MPEG－1 和 MPEG－2 以其严谨的风格、完备的特性和强大的功能在多媒体数据压缩解码领域发挥了重要的作用。但是，网络和通信技术的迅猛发展、交互式计算机和交互性电视的逐步应用以及视音频数据综合服务的发展，对计算机多媒体数据压缩编码的要求越来越高。其中的很多要求 MPEG－1 和

MPEG－2 难以满足，因此就产生了 MPEG－4 标准。

MPEG－4 是多媒体信息描述的最新标准，它所涉及的应用范畴包括有线、无线、移动通信和 Internet 等领域。应该说，MPEG－4 是以内容为中心的描述方法，对信息元的描述更加符合人的心理，不仅可以获得比现有标准更为优越的性能，而且提供了各种新的功能。

在 MPEG－1 和 MPEG－2 中，采用的是矩形、方形的块处理图像的方法，也就是把整帧图像分割成固定的尺寸、固定的子块来进行处理。MPEG－4 则采用基于内容的压缩编码，将图像按内容分块，如画面上的场景、物体被分割成不同的子块，将感兴趣的物体从画面中截取出来，进行编码处理。

MPEG－4 具有高速压缩、基于内容交互和基于内容分级扩展等特点，并且具有基于内容方式表示的视频数据。MPEG－4 在信息描述中首次采用了对象（Object）的概念，例如视频对象 VO（Video Object）和音频对象 AO（Audio Object）。视频对象的构成依赖于具体的应用和系统环境。在低要求应用下，视频对象可以是矩形帧，从而与原来的标准兼容。在高要求应用下，视频对象可以是场景中的某一物体，也可以是二维、三维图像。当视频对象定义为场景中截取的不同物体时，它通过运动信息、形状信息和纹理信息来进行描述。MPEG－4 就是针对这 3 类信息进行编码的。

基于内容的视频编码过程可由 3 步完成。①VO 的形成：先从原始视频流中分割出 VO。②编码：对各 VO 分别独立编码，即对不同 VO 的运动、形状和纹理 3 类信息分别编码，分配不同的码字。③复合：将各个 VO 的码流复合成一个符合 MPEG－4 标准的位流。在编码和复合阶段可以加入用户的交互控制或由智能化算法进行控制。

视频压缩的另一个重要标准是 H 系列，包括 H.261、H.263、H.264 等标准，此外还有运动 JPEG 等压缩标准。

4.3.4 视频文件格式

视频文件的格式有很多种，大体可以分为两大类，即本地视频格式和流式视频格式。本地视频格式比较适合于本地存储与播放，有代表性的文件格式包括 AVI、MOV、MPG、DivX 等。目前，很多视频数据要求通过 Internet 来进行实时传输，视频文件的体积往往比较大，而现有的网络带宽却比较狭窄，客观因素限制了视频数据的实时传输和播放，于是一种新型的流式视频格式应运而生。这种流式视频采用一种“边传边播”的方法，即先从服务器上下载一部分视频文件，形成视频流缓冲区后实时播放，同时继续下载，为接下来的播放做好准备。这种“边传边播”的方法避免了用户必须等待整个文件从 Internet 上全部下载完毕才能观看的缺陷。流式视频格式有代表性的文件格式包括 RM、RMVB、ASF、WMV 等。下面对其分别进行介绍。

（1）AVI 文件

音频视频交错（Audio Video Interleaved，AVI）格式是 Microsoft 公司开发的一种符合资源交换文件格式（Resource Interchange File Format，RIFF）文件规范的数字音频与视频文件格式。该格式原先用于 Microsoft 推出的数字视频软件开发包（Video for Windows，VFW）环境，现在已被 Windows XP、Linux、OS/2 等多数操作系统所支持，是目前较为流行的视频文件格式之一。

该格式允许视频和音频信号混合交错使用，支持 256 色，采用了 Intel 公司的 Indeo 视频有损压缩技术，较好地解决了音频信息与视频信息同步的问题。但 AVI 文件并未限定压缩标准，因此该文件格式只是作为控制界面上的标准，不具有兼容性。用不同压缩算法生成的 AVI 文件，必须使用相应的解压缩算法才能播放出来。

AVI 文件主要应用于多媒体光盘上，用来保存电影、电视等各种信息，有时也出现在 Internet 上，供用户下载、欣赏影片的精彩片段。

（2）MOV 文件

MOV 文件是 Apple 公司开发的一种视频文件格式，相应的视频应用软件为Apple's QuickTime for Macintosh。随着大量原本运行在 Macintosh 上的多媒体软件向 PC/Windows 环境的移植，MOV 视频文件日益流行。同时，Apple 公司也推出了适用于 PC 的视频应用软件Apple's QuickTime for Windows，因此在 MPC 上也可以播放 MOV 格式的视频文件。

与 AVI 文件格式相同，MOV 文件格式也采用了 Intel 公司的 Indeo 视频有损压缩技术，以及视频信息与音频信息混排技术。它支持 RLE、JPEG 等集成压缩技术，提供 150 多种视频效果，并配有多种声音装置。新版的 QuickTime 扩充了原有功能，包含了关于 Internet 应用的关键特性，能够通过 Internet 提供实时的数字化信息流、工作流与文件回放功能。

此外，QuickTime 还采用了一种称为 QuickTime Virtual Reality（QTVR）的虚拟现实技术。用户通过对鼠标或键盘的交互式控制，可以观察某一地点周围 360 度的景象，或者从空中任何角度观察某一物体。

QuickTime 以其领先的多媒体技术和跨平台特性、较小的存储空间要求、技术细节的独立性以及系统的高度开放性，得到了业界的广泛认可，目前已经成为数字媒体软件技术领域事实上的工业标准。国际标准化组织选择QuickTime文件格式作为开发MPEG－4规范的统一数字媒体存储格式。

（3）MPG文件

MPG文件格式是运动图像压缩算法的国际标准，它采用有损压缩方法减少运动图像中的冗余信息，已被几乎所有的计算机平台共同支持。PC上的全屏幕活动视频的标准文件为MPG格式文件，它是使用MPEG方法进行压缩的全运动视频图像。在适当的条件下，可于1024×768像素的分辨率下以每秒24帧、25帧或30帧的速率播放有128 000种颜色的全运动视频图像和同步CD音质的伴音。DAT文件格式是VCD或卡拉OK数据文件的扩展名，也是基于MPEG－1压缩方法的一种文件格式。

（4）DivX格式

DivX是由MPEG－4衍生出的一种视频编码标准，也即常说的DVDrip格式，它由Microsoft公司的MPEG－4编解码器第3版修改而来。其核心技术分为两个部分：用MPEG－4来进行视频压缩，用MP3或AC－3等技术进行音频压缩，同时结合字幕播放软件来外挂字幕。其画质直逼DVD并且体积只有DVD的1/10左右。这种编码格式对机器的要求也不高，所以DivX视频编码技术可以说是对DVD威胁最大的一种视频压缩格式。

（5）RealVideo格式——RM/RMVB

RealVideo文件是Real Networks公司开发的一种流式视频文件格式，它包含在Real Networks公司所制定的音频视频压缩规范中，主要用来在低速率的广域网上实时传输活动视频影像，可根据网络数据传输速率的不同而采用不同的压缩比，从而实现影像数据的实时传送和实时播放。它使用的播放器是Real Player。RealVideo除了可以播放普通的视频文件，还可与Real Server服务器相配合，在数据传输过程中边下载边播放视频影像。目前，Internet上已有不少网站利用RealVideo技术进行重大事件的实况转播。

RMVB影片格式里的VB是可变比特率（Variable Bit Rate，VBR）的缩写。它在保证平均采样率的基础上，设定了为平均采样率两倍的最大采样率值，在处理较复杂的动态影像时也能得到比较良好的效果。它在处理一般静止画面时则灵活地转换至较低的采样频率，从而有效地缩减了文件的大小。

（6）Microsoft流媒体格式——ASF/WMV

高级流格式（Advanced Streaming Format，ASF）是Microsoft公司推出的在Internet上实时传播多媒体的技术标准。它是Microsoft公司为了和QuickTime、Real Networks技术相竞争而推出的一种视频格式。其使用MPEG－4压缩算法，压缩率和图像的质量都不错。因为 ASF 以流媒体格式存在，所以它的图像质量比 VCD 差，但比同是视频流媒体格式的 RM 格式要好。这种流媒体格式的使用是与 Windows 操作系统分不开的，使用的播放器是 Microsoft Media Player。

WMV（Windows Media Video）也是 Microsoft 公司推出的一种采用独立编码方式并可直接在网上实时观看的文件压缩格式，是 ASF 格式的升级和延伸。在同等视频质量下，WMV 格式的体积非常小，因此很适合在网上播放和传输。WMV 的主要优点包括：本地或网络回放、可扩充的媒体类型、部件下载、可伸缩的媒体类型、流的优先级化、多语言支持、环境独立性、丰富的流间关系及扩展性等。

（7）FLV 格式

FLV 格式是随着 Flash MX 推出发展而来的一种视频格式，采用 H. 263 标准，具有体积小、加载速度快的特点，优酷等视频网站均采用此视频格式。

（8）MP4 格式

MP4 是一种常见的多媒体容器格式，遵循 H. 264 或 MPEG－4 标准，其文件扩展名包括：. mp4，. m4v，. 3gp，. f4v 等。其中，. f4v 是 Adobe 公司推出的支持 H. 264 标准的流媒体格式，其码率最高可达 50 Mbit/s，清晰度较高。

（9）MOV 格式

MOV 格式是由 Apple 公司开发的一种音视频文件格式，用于保存音视频信息，具有先进的音视频功能，被包括 Apple Mac OS、Microsoft Windows 在内的所有主流电脑平台支持。支持 25 位彩色，支持 RLE、JPEG 等领先的集成压缩技术，提供 150 多种视频效果，并配有提供了 200 多种 MIDI 兼容音响和设备的声音装置。其文件扩展名为 . mov。

4.4 视频处理技术

4.4.1 视频处理技术概述

随着信息和网络技术的快速发展，视频已逐渐成为网络上增长速度最快的一类数据。人们每天都习惯了通过各种社交平台发布各种视频信息。然而，目前对视频的应用还停留在浏览层次，缺乏有效的技术手段来支撑视频的快速分析、检索、分类与识别等工作，有些工作的智能化水平还较低，距离实用化仍有不小的差距。

视频媒体具有非结构化、信息量丰富、数据量大等特点。相比图像，它拥有字幕、音频、时序等更多的信息，因此对其进行分析处理也更为复杂。

视频处理涉及的关键技术非常多，包括视频结构化分析、内容分析、视频摘要、视频分类与标注以及视频检索等，如图 4－13 所示。其中，视频结构化分析主要完成视频镜头探测、场景探测、故事探测等基本逻辑结构单元的分割工作。视频内容分析主要完成视频的运动特征、对象特征以及关键帧提取等工作。视频摘要则完成对视频内容进行浓缩的任务。下面重点围绕视频结构化分析、视频内容分析、视频摘要三方面进行介绍。

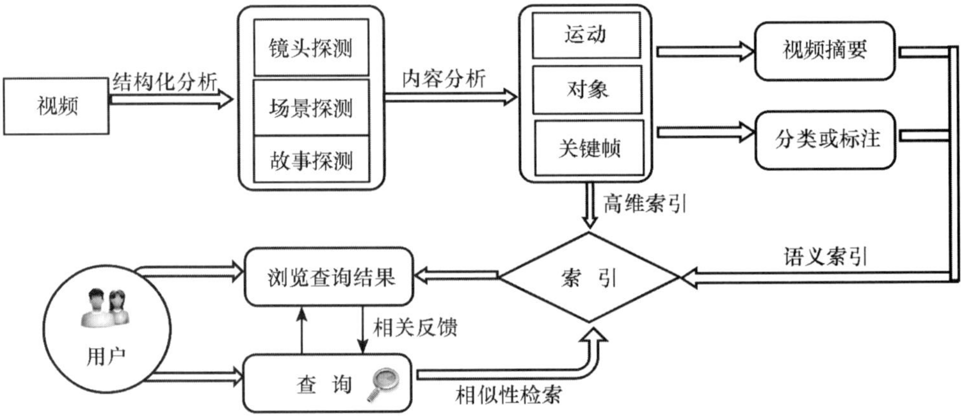

图 4－13　视频处理技术框图

4.4.2　视频结构化分析

视频原本是非结构化的数据，但视频内部具有隐含的层次结构。视频流由上到下可以细分为视频、故事、场景、镜头、帧等层次结构。其中，视频帧是最底层的结构单元，连续的视频帧组成了镜头。镜头是最基本的语义结构单元，它是摄像机从打开到关闭所拍摄的一段视频，视觉上相近的若干镜头组成场景。语义相近的若干场景组成故事，若干故事最终组成视频。视频结构化分析的任务就是将视频内容中隐含的层次结构探测出来。通过这些结构可对视频流建立索引，从而帮助用户更好地了解视频内容。

4.4.2.1 视频的结构特点

视频数据从表面上看是非结构化的数据流，其最高层是整个视频流，最低层是一帧帧的图像，这种非结构化的特点阻碍了视频数据的有效管理与使用。而从它的拍摄和情节的组织上来讲，视频是有结构的，一般的视频节目都具有如图 4－14 所示的“视频流—故事—场景—镜头—视频帧”这样的分层结构。

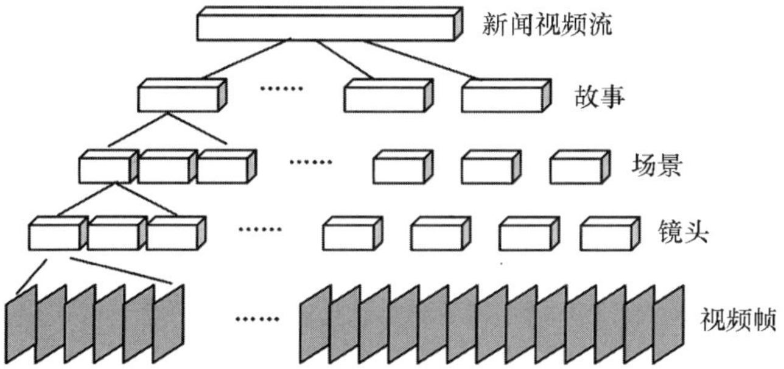

图 4－14 新闻视频的分层结构

视频分层结构挖掘就是利用视频内容分析技术以及数据挖掘的方法获取隐含在视频流中的结构模式和知识，构造出视频的分层结构。在这方面需要做的工作包括镜头探测以及故事单元的探测等。镜头探测是挖掘新闻视频分层结构的基础，而故事单元的探测对于视频语义内容的理解以及高层的挖掘具有重要意义。

4.4.2.2 镜头探测

根据视频编辑手段的不同，镜头探测方法的设计主要从镜头突变和渐变两个角度来进行。有关镜头突变的探测已经有了许多成熟的方法，而有关镜头渐变的探测依然是该领域的一个研究难点。此外，针对不同的视频类型，镜头探测方法的通用性及其评价模型仍是值得研究的问题。

有关镜头探测方面的研究基本上分为两种类型。一种是解压域中的镜头探测。这类方法通过对视频流数据进行解压，得到一系列的视频图像帧，再在图像帧的基础上，比较帧与帧之间的差异，进而探测到镜头边界。这类方法的主要差别在于帧与帧之间的比较方法不同，有代表性的方法包括像素匹配法、颜色与灰度直方图的比较法、边缘变化率法以及上述方法的结合。另一种是压缩域中的镜头探测。该方法一方面可以节省大量的解压时间，另一方面也充分考虑了压缩数据之间的相关信息。这类方法包括 DC 图方法、基于运动矢量的方法、基于宏块的方法以及上述方法的结合。

视频分割从理论上说主要有两种方法：数据驱动方法和模型驱动方法。

（1）数据驱动方法

镜头在发生切换时其视频数据将反映出一系列变化。由于一个镜头内的相邻两帧间的变化不会很大，它们间的差值总会限定在某一阈值以内，如当前后两帧间的色彩直方图的差值超过某一阈值，则说明前后两帧不为一个镜头，这是一个镜头突变点，如图 4－15 前半部分的脉冲所示。

但对于渐变切换，直方图差值虽然存在，却不很明显。因为镜头是渐变的，所以相邻的两帧直方图也是逐渐改变的。这种变化在采用摇镜头、推拉镜头时都会有十分相似的结果。如果仍采用单一阈值比较，就识别不出镜头的切换点，或者使识别出的切换点有误。W. Smoliar 和 H. J. Zhang 针对这种情况提出了双重比较法（Twin Comparison）。

所谓双重比较法，是指采用两个阈值，先用一个较低的阈值来确定渐变切换序列的潜在的起始帧。一旦确定了这个帧，就用它与后续的帧进行比较，用积累的差值来取代帧间的差值。这个积累差值必须是单调的，应该不断加大，直至这个单调过程中止。这时，将积累差值与第二个较大的阈值进行比较，如果超过了这个阈值，就可以认为这个积累差值单调递增的序列对应的就是一个渐变切换序列，如图 4－15 所示。这种方法由于在累积过程中并不一定能找到递增序列的终止点，因此即使切换过程已经结束，积累差值可能还会增大，只是增大的幅度有所减少，这有可能错过实际的渐变切换。

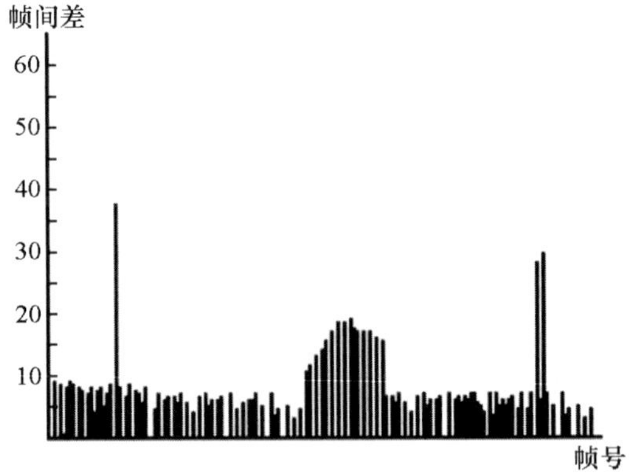

图 4－15　镜头帧间直方图差值

（2）模型驱动方法

数据驱动方法虽然简单，但在很大程度上忽略了存在于视频中的相关结构的变化。如果阈值定得不准，就会错过诸如淡入、淡出、渐隐等切换过程。模型驱动方法则在很大程度上弥补了数据驱动方法的不足。

模型驱动方法根据视频编辑特点来建立视频切换模型，检测时依据视频切换模型进行。如一个渐隐过程，其变化过程中，每幅图像上所有的像素都是按照某个线性函数变化。在此过程中，相邻两帧间的对应像素差表现为某种恒定特点，依据这种特点建立一个检测模型。检测时将视频段与给定的模型比较，一旦检测到相同的恒定特点，即能找到镜头的切换过程。当然，这种方法需对每种切换类型建立模型。建模过程比较复杂，但只要模型建立准确，就能解决数据驱动方法不能解决的问题，而且能确定切换的类型。

常用的镜头探测方法包括像素匹配法、直方图比较法以及边缘变化率法等。像素匹配法通过计算前后两帧像素点发生变化的数目是否超过某个阈值来确定是否出现镜头边界。这种方法很容易受到噪声的干扰，探测结果往往不够准确。直方图比较法通过判断前后两帧直方图特征的变化来确定是否出现镜头边界。这种方法带有一定的统计特性，相对于像素匹配法，其探测准确率较高。边缘变化率法无需颜色信息，通过判断前后两帧边缘出现情况来确定是否出现镜头边界。这种方法建立在边缘检测的基础上，对于渐隐、扫换、溶解等渐变检测具有较好的效果。但使用这种方法通常较为耗时，并且需要设置大量参数，因此不适合对探测速度有较高要求的场合。

镜头探测不仅可以在解压域进行，也可以直接在压缩域下进行。以MPEG视频流为例，视频中的I帧蕴含的信息非常丰富。因此，可以基于I帧的DCT系数来进行镜头探测。DCT系数是图像帧中各像素的YUV值经过DCT变换得到的系数，它反映了视频中像素的变化情况。每个块的DCT系数与空间区域以及图像内容有关，因此可以用它来进行镜头边界的探测。DCT系数经过逆变换，便可得到视频帧的YUV值，YUV值很好地反映了视频帧的颜色情况。当两个视频帧具有较大差别时，其亮度值在特征上就可以表现出来。因此，可以直接采用Y值的亮度直方图进行检测。此外，在MPEG流中，运动矢量在一个镜头内的帧间显示了一定的连续性，而在两个镜头间的切换处表现出不连续性。当有镜头切换时，对应帧中的宏块将没有运动矢量，利用这一点可以进行镜头检测。

目前的镜头探测方法存在以下问题。一是阈值的设定问题。阈值对镜头探测结果有较大的影响，它的选取通常比较困难，其取值一般是经过反复测试得到的统计值，或者经验值。对于不同的视频而言，参数的选取也不同。二是算法的准确率问题。采用直方图和边缘变化率的探测方法，对突变镜头的误判率在20%左右，对渐变镜头的误判率则更高。三是算法的复杂度问题。现有的镜头探测方法复杂度大多为 $m(O)$，其中 m 为帧内的像素数。对于大多数视频而言，这些方法无疑相当费时。四是算法的适用性问题。目前对镜头探测的研究主要集中于具体算法的实现上，例如，如何探测突变镜头，如何区分渐变中的划入/划出、渐隐/渐出、淡入/淡出等视频编辑类型，如何探测大运动等，而很少从整体或者系统的角度去归纳分析这些不同的方法。其结果就是设计出来的镜头探测算法只能对某类视频有效，而对其他类视频的效果就大打折扣。人们更希望有这样一种工具，能够根据视频的格式或者内容自适应地选择相应的镜头探测方法，而尽量减少人的参与。

4.4.2.3　场景探测

(1) 场景探测概述

场景是由同一环境下的不同镜头组成的，它们的镜头之间具有相似性，为将镜头组成场景，需将内容相似但由于编辑效果而分割开的镜头组合到一起，这就是场景合成。将相同场景的镜头组合到一起，这是视频内容更高层次上的聚类。一般情况下，场景的生成是通过将时间上具有一定顺序关系的相似镜头合成到一起完成的，这种方法是先分割镜头，再进行镜头的相似性比较。镜头相似性比较可用视觉特征来处理，如视频序列图像帧的颜色、空间关系和形状等，将这些特征相似的镜头合成到一起便构成场景。这里直接用基于视频源数据的亮度 - 块数直方图比较法进行场景检测。一个场景，如在室内的场景，虽然镜头可以从一个位置变换到另一个位置，所指的具体对象可以不断变换，但其基本特点不会变化，其中最明显的是光线的亮度和背景所处的环境在一个场景内不会有太大变化，所以场景检测时取亮度值作为基本的比较特征。将视频图像帧分成若干块（这里取 4×4），计算每一块的亮度平均值，统计在每个亮度等级上的块数，构成亮度 - 块数直方图，如图4 - 16 所示。

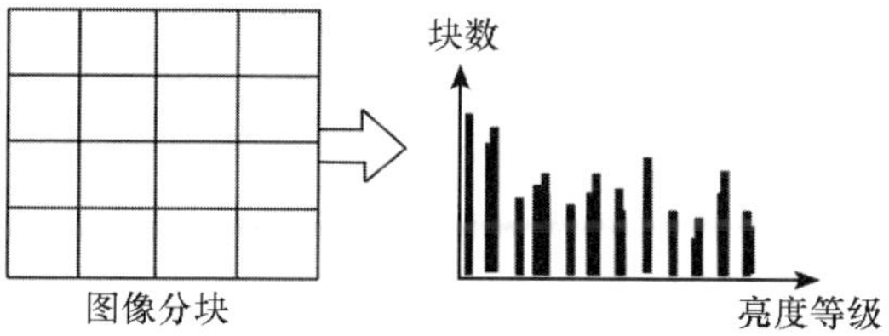

图 4－16 亮度－块数直方图

将该直方图作为场景切换检测的基础，利用相似性公式计算距离值，当距离大于某个阈值时，则该两帧为场景变化处。

（2）基于聚类的场景探测方法

由于视频中同一场景的镜头在时间上不一定连续，可能分布在视频的多个位置，因此，经常采用对视频镜头进行聚类的方法来分割场景。下面介绍一种自动校正的聚类算法。

整个聚类算法从一个初始分割开始，经多次聚类分裂与合并的迭代，能自适应地达到“最好的”聚类效果。初始迭代的结果聚类集是后续聚类迭代的基础。初始迭代结束后，算法按照合并与分裂的准则对初始聚类集进行交替迭代的合并、分裂处理，修正初始迭代聚类结果的误差，直到合并和分裂迭代都不能再进行为止，图 4－17 是该算法的整体流程。算法的基本思想是通过迭代达到试探算法所达不到的精度，通过合并判断和分裂判断规则的设定，动态地从每次迭代后新产生的聚类集的统计特征中提取控制迭代收敛的阈值、参数，从而避开经验参数或阈值的预先设定。

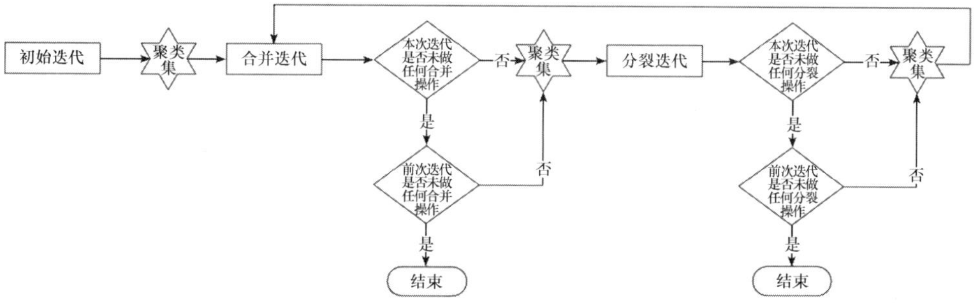

图 4－17 镜头聚类算法的整体流程

4.4.2.4　故事探测

本小节以新闻视频为例，提取新闻视频中的每个新闻故事对于理解新闻视频的语义非常重要。新闻视频中蕴含着丰富的结构信息，如镜头、故事单元等。镜头往往表达新闻事件的局部信息；与之相比，故事单元是新闻事件的完整报道，能够提供特定时间内某个新闻事件的各种语义信息，更方便人们的理解，更符合常规的思维模式，是进行新闻视频分析的最佳层次。新闻故事作为一个隐含语义内容的结构单元，对后续的新闻视频摘要等处理起着关键性的作用。

对于故事单元的分割，常用的方法是镜头聚类，即通过对镜头底层物理特征的相似性分析，来建立镜头之间内容的关联，从而达到故事分割的目的。从对各类视频分割的总体效果上看，这无疑是一种较好的解决办法，尤其对电影、专题片等同一场景内不同镜头之间相似性较强的视频类型有着很好的效果。但是，这种方法在处理同一场景内镜头之间变化较大的视频类型时效果不够理想。由于新闻视频中还存在许多特殊的情况，使得新闻故事的安排并不完全按照“播音员镜头－新闻故事详情”的方式来组织。为了使算法鲁棒性更好，需要根据多种特征进行综合的处理，才能获得更为理想的故事单元探测结果。例如，首先对视频流进行镜头探测、播音员镜头探测和标题字幕探测，同时对音频流进行音频特征的提取，并进行静音探测，最终通过对各个边界的综合分析，得出准确的故事边界。该方法的使用过程如图 4－18 所示。

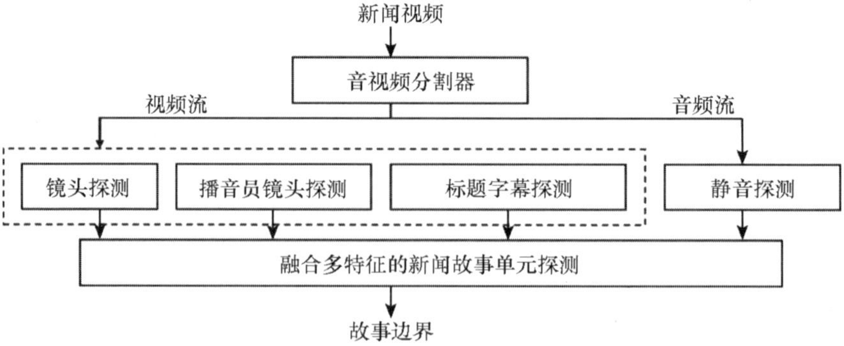

图 4－18　融合多特征的新闻故事探测过程

4.4.2.5 代表帧的提取

为了便于视频的检索和浏览，经常用一幅图像来表示一段镜头或视频的内容，代表帧是用于描述一段视频的关键图像，它反映视频的主要内容。在基于内容的视频检索中，代表帧可以作为静态图像处理，也可以用于视频浏览，以决定用户要查找的基本内容。由于一般情况下一个镜头的持续时间较短，而且镜头内的视觉特征基本保持不变，因此用代表帧图像来表示一个镜头更有意义。

代表帧的抽取必须在场景变换中不错过镜头，同时也不错过场景变换，并且能够提供给用户一个镜头内的场景运动。随着视频内容的增多，代表帧也将随之增加，使得用户查找和导航很困难。在视频检索中，用户可能选择一幅代表帧而要求系统返回所有相似的代表帧，这种能够进行相似性比较的关键取决于代表帧的表示。形状和颜色等特征均可作为代表帧的表示。颜色是代表帧抽取中的一个重要特性，因为代表帧往往与整个镜头具有相似的肉眼感知特性，代表帧的颜色特征能够反映整个镜头的色彩概况。但仅用 RGB 颜色空间的直方图来检测代表帧是不够的，为了获得更为精确的检测结果，往往会用 HSV 颜色空间的色度和饱和度值来计算直方图。但仅用颜色直方图来检测代表帧的不同是不够的，用 HSV 颜色空间的色彩和饱和度计算颜色直方图来表示代表帧的方法更为精确。同时，代表帧中目标的形状也是代表帧抽取中的主要特征，形状的瞬时变化也是视频浏览中理想的表示机制，可用矢量形式描述每个代表帧的形状变化，通过计算矢量间的欧拉距离测量形状相似性。另外，还可用一些特征混合方法来表示代表帧。

代表帧的选取方法很多，可用一组镜头代表帧表示，也可将视频中所有镜头代表帧的统计直方图取平均，选择与该平均直方图最接近的镜头代表帧作为视频代表帧。一般情况下可以选取镜头的第一帧、最后一帧或中间一帧作为代表帧，但对于运动变化比较复杂的镜头，取代表帧时不仅要注意反映镜头内容，而且要考虑计算的复杂性。通常从计算的简单性出发，采用帧平均值和直方图平均值方法来选取代表帧，该方法计算简单，且对整个镜头具有平均代表意义。帧平均值法即取一个镜头中所有帧的某个位置上的像素平均值，将镜头中该点位置的像素值等于平均值的帧作为代表帧；直方图平均法即将镜头中所有帧的统计直方图取平均，选择与该平均直方图最接近的帧作为代表帧。在实际处理中可取与该直方图最接近的帧作为代表帧。如果原始视频中找不到合适的代表帧，也可考虑通过拼接图或者全景图等方式来生成代表帧，以更全面地表示视频片段的内容。在拼接图生成的过程中，要注意主要背景的运动转换，以及运动变化的无缝拼接，以完整描述视频片段的运动情况。

4.4.3 视频内容分析

4.4.3.1 视频中的运动分析

出于内容表现的需要，在拍摄镜头时经常采用不同的拍摄方式来表现内容，例如采用摇、推、拉、升、降等摄影手法。视频中一些比较剧烈的运动场面，往往与激烈的故事情节相关，如追逐、打斗等。同时，运动特征也往往是视频检索时用户所能给出的主要内容，如“查找所有摇动的镜头”或“查找有人奔跑的内容”等。视频的动态特征包括镜头的运动变化、运动目标的大小变化、视频目标的运动轨迹等。

（1）镜头运动分析

直接从一幅图像中识别出镜头的运动显然是不可能的，必须加入相应的时间信息，对于摄像机运动的镜头，其所有像素有一些共同特点。对整个镜头的视频序列进行分析，可以得到这些镜头的运动特点。例如，一个拉近的镜头，具有所有像素向中心辐射的特点；相反，一个推远的镜头则具有所有像素向外辐射的特点。在研究镜头的运动情况时，一种称为“视频 X 光”的图像分析方法可以用来检测这些运动。

所谓“视频 X 光”图像，就是把一个镜头的视频序列看成一个整体，对这个序列沿时间轴进行切片所得到的图像。如图 4－19 所示，沿时间轴、固定某个 X 值，得到 Y 的时间变化切片称为 $y-t$ 切片图像；沿时间轴、固定某个 Y 值，得到 X 的时间变化切片，称为 $x-t$ 切片图像。从这些图像中可以发现镜头的运动轨迹，也就为识别这些运动提供了条件。同样，这些切片图像对分析视频中的某一对象的运动也是很有好处的。

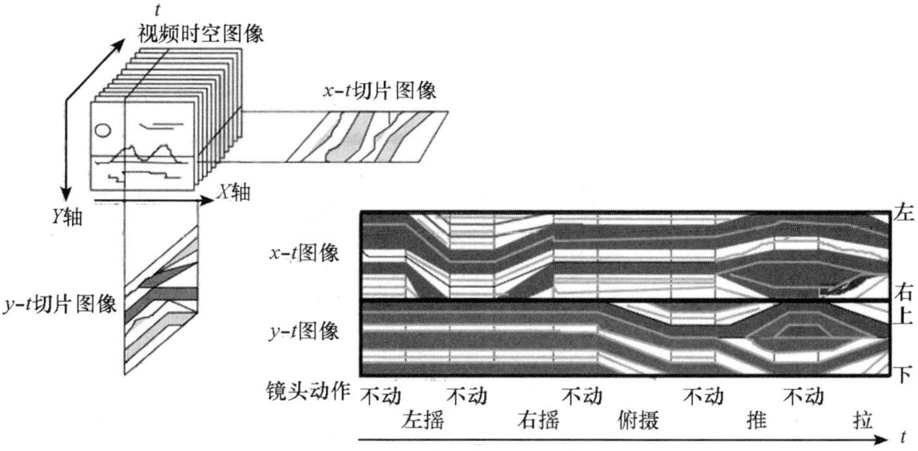

图 4－19　视频序列的"X"光切片

（2）镜头中目标的运动分析

在摄像机不动的情况下，一个镜头也可以反映很多动态情况，如目标的进入或消失、目标的运动模式以及相对位置等。运动特征主要包括：目标的运动方向、目标的运动轨迹以及多个运动目标间的相对位置。这些特征的自动提取比较困难，而手工提取却费时费力且不现实。从理论上可以初步探讨运动特征的提取方法。通过对视频的研究发现，当目标运动时，其背景相对目标来说是缓慢的变化，而目标不论在平面方向还是在深度方向的运动都要比背景的变化快得多，所以可以首先不考虑背景的变化来讨论目标的运动情况。运动目标的大小变化反映了视频镜头中目标的运动方向（走近或走远），也反映了摄像机的运动过程（如拉近或推远），运动目标大小的不断变化在图像帧中表现为像素色彩的扩张或收缩；位置变化在图像帧中表现为某一色彩像素的不断移动。因此也可采用视频切片技术，通过追踪某一位置线上图像目标的色彩变化来得到运动目标的大小变化。

运动目标的轨迹描述了目标的运动过程。由于人类和计算机视觉具有抽取独立于识别目标的运动信息的能力，因此，可以在不识别目标的情况下，从视频序列中抽取运动信息及其轨迹来分类视频。例如要检索所有具有行人往左走而汽车往右开的视频序列，为便于分析处理，检索时可以不考虑人和汽车，而只追踪运动对象的特定位置和轨迹。Nevenka Dimitrova 和 Forouzan Golshani 对运动目标提出了三级分析方法：低级运动分析、中级运动分析和高级运动分析。在 MPEG 视频编码中，大量的信息可从运动矢量中抽取出来。

而部分低级运动分析已在视频编码中做到，可以得到运动矢量的区域，直接通过对运动矢量检测即可得到运动信息；中级运动分析通过运动追踪抽取组成运动矢量的运动轨迹，每个轨迹可看作一个 n 元的运动矢量；在高级运动分析中用区域知识规则将活动与目标轨迹联系起来。这样，通过三级运动目标分析，可以得到检索需要的视频运动特征。

4.4.3.2 特定内容分析

除了运动分析，视频内容分析技术还包括对视频中紧张激烈、感人内容、暴力事件等特定内容的分析。视频特定内容的分析往往需要综合视觉特征和音频特征来共同进行分析。例如，视频中紧张激烈的内容，通常在视觉上具有镜头持续时间短、包含运动多等特点，同时在音频特征方面，往往伴随有爆炸声、尖叫声等特殊的声音。对于视频中暴力事件的探测，视觉上往往具有快速运动、开枪/爆炸的火焰、流血等特征，声音方面通常会伴有特殊声响等。通过综合多种特征线索，可以实现对特定视频内容的分析。表 4－5 给出了特定内容分析的部分示例。

表 4－5 视频特定内容分析部分示例

特定内容	视觉特征	音频特征
紧张激烈内容检测	镜头持续时间短、包含运动多	非语音的特殊声音（如：爆炸声、尖叫声、枪声、玻璃的破碎声等）和特殊的背景音乐
感人内容探测	画面内静止的成分较多，没有过多的运动，长镜头多	节奏舒缓、音量较低
暴力事件探测	快速运动、开枪/爆炸、流血	特殊声响（根据能量熵判断，声音能量变化越大，能量熵越小）

4.4.3.3 视频语义标注

视频内容分析的另一个关键技术就是视频语义标注。视频中的人脸、字幕，具体的对象等对于视频内容的理解具有非常重要的意义。因此，视频语义标注的任务就是自动完成对视频中重要语义信息的标注功能。

视频中的人脸信息往往对人理解视频内容起到重要作用。视频中某个较大的人脸特写可能意味着一段新闻的开始或一个故事单元里的某个重要场景。

要确定哪些镜头是重要的，必须对视频里的人脸特写的出现、持续时间及人脸的多少进行分析。这就要求建立合适的评价模型，较好地反映人对视频内容的理解。

视频流中的文字，无论是在后期制作中加入的，还是在拍摄场景中出现的，往往都包含了一些重要的信息。例如新闻中的标题、电影中的字幕、体育节目中的比分以及球员身上的号码等，它们都为基于内容的视频索引的建立提供了丰富的信息。因此，研究如何从视频流中自动提取文字成为一个十分有意义的问题。

以新闻视频为例，从新闻视频流中提取出文字，需要经过字幕事件探测、字幕区域探测、字幕区域后处理以及 OCR 识别等过程。其中，字幕区域的探测又可细分为灰度变换、边缘检测、字幕区域定位、字幕区域合并与过滤，以及二值化等具体步骤，如图 4－20 所示。新闻视频的字幕探测为理解新闻故事的内容提供了重要信息线索，也为后续视频的语义检索奠定了基础。

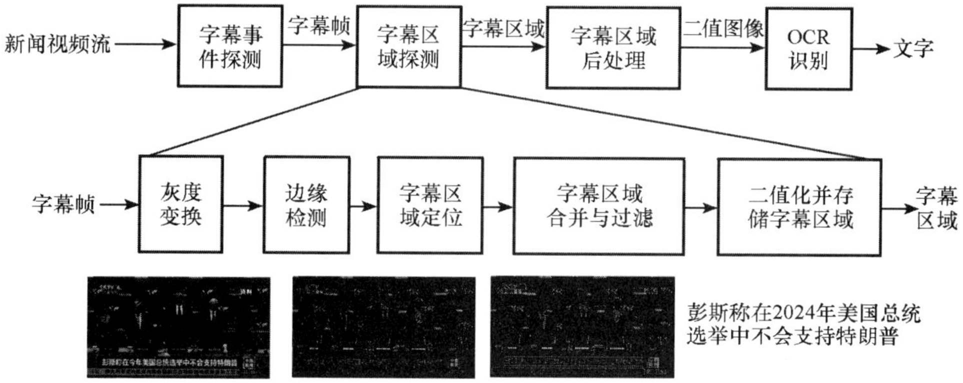

图 4－20　新闻视频中的字幕提取

4.4.4　视频摘要

在对视频的查询与浏览过程中，面临的一个主要问题是如何对视频信息加以表现。特别是在网络带宽有限的条件下，用较少的数据量来代表视频流，使用户快速了解视频的内容就显得尤为重要。所谓视频摘要，就是以自动或半自动的方式，通过对视频的结构和内容进行分析，从原视频中提取出有意义的部分，并将它们以某种方式合并而成紧凑的、能充分表现视频语义内容的视频概要。其目标就是把原始视频流的内容用一句简单的“话”表达出来。

对于一篇文章来说，摘要就是对文章的一个简单概述，它可以使人们快速了解文章的主要内容。文本摘要已经被广泛地应用于对文献的检索中，一般情况下，用户完全可以只通过阅读文章的摘要，就能判断出该篇文章是否是自己感兴趣的。将这一思想应用于对视频的浏览和检索当中，就产生了视频摘要技术。

4.4.4.1　视频摘要的生成步骤

视频摘要技术，大都遵循着这样一种思路，即首先切分视频，通过模式识别或者结构分析的方法来理解视频，获取视频的“语义”；然后在先验知识的支持下建立一套规则，根据规则来判断重要的视频部分并以此生成摘要。

虽然视频摘要的形式多种多样，摘要算法也层出不穷。但一般而言，视频摘要的生成过程基本都包含以下几个步骤。①视频分割。任何视频摘要算法都遵循“先分后合”的原则，要进行视频内容理解和分析，必须首先将视频切分成合理的基本单位。这些基本单位包括场景、镜头、帧等。②视频内容提取。采用模式识别或视频结构探测的方法，获取能够被计算机直接处理，或能够被人的感官直接感觉到的信息。③重要度评判。以自动或人工提取的视频内容为基础，运用一定的重要度评判准则或模型，将视频片段的重要程度分级。④合成摘要。把判定为重要的视频片段组合在一起，并考虑适合人类感官和便于浏览的原则，形成某种形式的摘要。⑤摘要表现。以某种可视化的形式将摘要展现出来。

4.4.4.2　视频摘要的表现形式

视频摘要有多种表现形式，它可以是一段文字、一幅图像或多幅图像的组合，也可以是一段视频或者由多种媒体组合而成的多媒体文档。目前比较流行的视频摘要主要有以下 5 种形式：

（1）标题（Titles）

标题是对视频内容的一段简短的文字描述，这种方式是最紧凑的视频摘要形式，但很难由计算机自动生成能准确概括视频内容的文字描述，一般采用人工输入的方式，也可通过识别视频标题或视频中的其他注释文字获得。

（2）海报（Poster Frames）

海报又称为视频代表帧，是从视频片段中抽取出的一幅图像。它可以提供直观的可视信息，但无法表现视频的时间和动态特征，一般用于代表数据库中的某段视频。这种形式简单明了，但难以描述视频的情节。

（3）故事板（Storyboards/Filmstrips）

故事板是由一组从视频片段中抽取的图像按照时间顺序组合而成的摘要形式，如图 4－21 所示。它可以向用户给出视频的总体描述，在浏览过程中也可以方便地定位到视频中感兴趣的部分。有些摘要用不同图像的大小来表示视频中相应内容的重要程度。它依据视频片段的重要程度选择代表帧，并确定它们的尺寸。最终，将这些不同尺寸的代表帧合成在一起，形成“漫画书”形式的视频摘要。故事板有一个很明显的缺点，就是损失了视频中十分重要的动态和声音信息。

图 4－21　故事板形式的摘要

（4）缩略视频（Skims）

缩略视频由视频中的一些片段拼凑而成，或者是由视频中的图像序列和声音片段合成得到，它本身也是一段视频。用户可以通过播放这些相对短小的视频片段了解整个视频的内容。缩略视频保留了原视频的基本风格，但浏览时间比前面几种形式要长。缩略视频生成需要考虑以下几个方面。

①缩略视频的持续时间

缩略视频是把原视频精简后保留的部分，精简到什么程度，保留多少，是首先要考虑的问题。现有算法中，如果由系统直接定制缩略比例的，一般都定在原视频长度的 20% ~25%，也有要求用户来提供缩略比例的，用户可以根据自己的偏好任意调整。

②缩略视频片段粒度的选取

即使是很重要的镜头，也没有必要把它完全包含到缩略视频当中。因为同一镜头内的视觉特征一般不会发生太大变化，将一个长时间不变的镜头全部放到缩略视频中显然是一种冗余。而太短的镜头又难以表达原始的语义。因为观众理解镜头需要一段时间，一闪而过的镜头可能会让观众摸不着头脑，而过于频繁的镜头切换则会让观众觉得眼花缭乱，不知所云。所以，选择合适的粒度对于增加缩略视频的可理解性十分重要。

③缩略视频的伴音问题

缩略视频的伴音是缩略视频生成中的一个难题。以前的许多缩略视频算法都没有考虑伴音问题，然而没有伴音的缩略视频其效果将大打折扣。有些算法采用较为简单的处理办法，例如提高音频播放的速率。这种方法对低压缩率的情况还可以接受，但如果提高压缩率，例如将一段音频的播放时间压缩为原来的20%，即以5倍的速度播放，那么它将变得让人无法理解。另一种方法是直接选取与视频段对应的音频段作为摘要。但是镜头的边界与语句的边界往往不同步，按镜头边界进行伴音切分常常会将一个完整的句子分开。也就是说纯粹基于视觉的算法可能会形成大量支离破碎的语句，不仅难以理解，而且可能引起观众反感，产生负面作用。

（5）多媒体视频摘要（Summarization）

多媒体视频摘要是由多种媒体形式组成的视频内容表现方式。它用可视化的方法将文字、图像、声音、视频等媒体综合集成在一起来表现视频的主要内容。例如，在一个页面中，可以包含文字形式的视频名称、简介；图像形式的演员照片、场景图；声音形式的精彩对白；视频形式的精彩片段等。多媒体视频摘要的生成可以基于其他形式的摘要生成技术，给用户以更加完整而丰富的视频内容表现，同时为用户提供多种浏览和检索视频的方式。

4.4.4.3　视频摘要的生成方法

视频摘要技术大都遵循着这样一种思路，即首先切分视频，通过模式识别或者结构分析的方法来理解视频，获取视频的“语义”；然后在先验知识的支持下建立一套规则，根据规则来判断重要的视频部分并以此生成摘要。

（1）简单的生成方法

基于时间对视频进行采样，即每隔一段时间抽取一个关键帧或者一个片段。这种生成方法容易实现，但完全没有基于视频的内容，效果很不可靠。

（2）基于视觉信息的生成方法

根据视频中颜色、纹理、形状、运动方向和强度等视觉信息，应用各种视频和图像处理技术，进行镜头探测、关键帧提取、场景聚类、运动特征提取等一系列操作，最终生成具有代表性的关键帧序列或缩略视频。这种算法完全基于视觉特征，而忽略了音频、字幕等信息对表现视频的作用。

美国 Palo Alto 实验室生成的故事板（或称为漫画书）是其中的典型代表。这种方法受漫画书的启发，从人的感知角度出发，认为图像的大小会影响人对内容的理解，越大的图像往往说明它所隐含的内容越重要。其方法是对所有的视频 I 帧进行聚类，根据聚类结果计算各镜头的重要值，持续时间长且所属聚类稀有的镜头具有较高的重要值，选择重要值大于阈值的视频段。构造故事板时，根据视频段重要值的不同采用不同的尺寸显示它的关键帧，重要值高的视频段的关键帧用较大的尺寸显示。将这些关键帧按照时间顺序紧凑地排列在一起生成一幅视频的摘要图。为了增强摘要的可理解性，还将关键帧中的文字通过 OCR 技术识别出来，显示在故事板的相应位置。

（3）融合多特征的生成方法

该方法在基于视觉方法的基础上融入其他媒体提供的信息，来更准确地判断视频片段的重要程度。例如，采用人脸识别技术来探测新闻中重要人物的出现，采用音频处理技术来探测体育视频中的精彩片段等。当前大多数视频摘要方法都基于这种思想，即利用多种视音频特征对视频中的重要内容进行判断，如是否有文字、人脸等重要对象的出现；是否有摄像机的运动；伴音中是否出现关键词等。通过建立重要度评判模型将这些因素综合起来，把视频摘要的生成问题抽象成一个最优求解问题，并在此基础上抽取一些重要的视频和音频片段来生成摘要。

（4）基于视频句法语义的生成方法

该方法不追求用模式识别技术获取视频中的数据语义，而是从视频的句法结构分析入手，探寻镜头与镜头之间、场景与场景之间的结构规则，从中分析出编导人员想要表现的情感和氛围，并以此为基础，将视频的句法语义尽可能完整地保存到摘要中。

（5）多视频摘要

多视频摘要是指将新闻视频库中多个内容相似的新闻组合在一起，依据它们之间的时间或空间关系，以可视化的形式表现出来，这种摘要形式主要由时间线和地图两种方式组成，分别从时间和空间维度上来表现新闻故事之间的关联。该方法使得视频摘要的任务从原先的缩减单个视频文件的数据量转变为综合分析相关数据，使信息进一步浓缩，更加具有概括性和代表性。

4.5 案例学习：声像资料整编

本节视频处理案例学习部分围绕“声像资料整编”这一任务展开。声像资料是随着声像媒体的出现而产生的，内容包括政治、军事、经济、科技及天文、地理等方面的情况，具有直观性、广泛性、准确性和时效性等特点。声像资料整编则是借助一定的整编工具来对若干数量的声像资料进行编辑、整理，以更好地呈现某个相关主题的内容，是视频编辑的基础功能。能够实现声像资料整编的工具有很多，本节借助 Adobe Premiere 软件来完成。

4.5.1 视频编辑基础

4.5.1.1 Premiere 简介

Premiere 是 Adobe 公司推出的一款专业的非线性视频编辑软件，它能够自由设置视频片段的位置，并且能够对视频片段的内容进行各种过渡和特效的处理，也就是不依赖于视频拍摄时候的原始顺序来进行编辑。它具有对视频、音频等素材进行编辑加工，最终形成需要的影视文件的功能。

4.5.1.2 Premiere 主要功能

Premiere 能够编辑和组接各种视频片段，同时，也可以在这些视频片段之间增加各种过渡效果，以及对这些视频片段添加特效处理；除此之外，Premiere 还可以在视频片段上叠加字幕和音频等。总体来说，Premiere 是一款功能非常强大的非线性编辑工具，非常适合用来进行声像资料的整编。

4.5.1.3 Premiere 的界面

Premiere 每年都会有更新版本，虽然在功能实现和界面上有稍许差别，但是视频编辑的基础相同，本书使用的是 Premiere Pro 2020 版本。下面来认识一下 Premiere 的布局，如图 4－22 所示，里面标注了 Premiere 中的常用面板。

图 4－22 Premiere 的默认布局

①“项目”面板：主要处理对原始素材的导入与管理，如导入视频、音频、图像、字幕等。

②“时间线”面板：主要完成对素材的编辑，注意原始素材只有被拖到“时间线”面板中才能进行编辑。

③“监视器”面板：也叫“节目”面板，主要完成对编辑素材的预演，实时查看当前视频编辑的效果。

可以将整个项目想象为一个商店，其中的“项目”面板是商店的仓库，里面的素材是堆积在仓库里面的商品；“时间线”面板则是商店的货架，只有将仓库的商品摆放在货架上面，顾客才能看见；而顾客最终选择的商品则在“监视器”面板中显示。当然，也可以对商品进行包装，这时便需要使用右侧的“效果”面板和左侧的“效果控件”面板。

④“效果”面板：主要完成对素材特效的添加，包括添加各种视频效果和视频过渡等。

⑤“效果控件”面板：主要完成对各种视频效果的参数控制，这里的参数既包括添加效果的参数，也包含了素材本身属性的参数。

⑥“工具”面板：主要完成对时间线上各种素材的选取和编辑等，包含了 Premiere 中一些常用的工具，例如选择素材时经常用到的选取工具、进行视频剪辑时常用的剃刀工具等。

上述面板为 Premiere 中使用频率较高的面板，除此之外，Premiere 还有很多其他面板，例如“信息”面板可以显示当前素材的一些基本信息，“历史记录”面板用于显示之前操作的一些步骤等，在此不再一一赘述。完成一个视频的编辑，一般会需要多个面板的配合使用，需要掌握这些面板的基本操作。

4.5.1.4 Premiere 的视频制作流程

基于 Premiere 的视频制作流程大体可分为七个阶段，如图 4－23 所示。

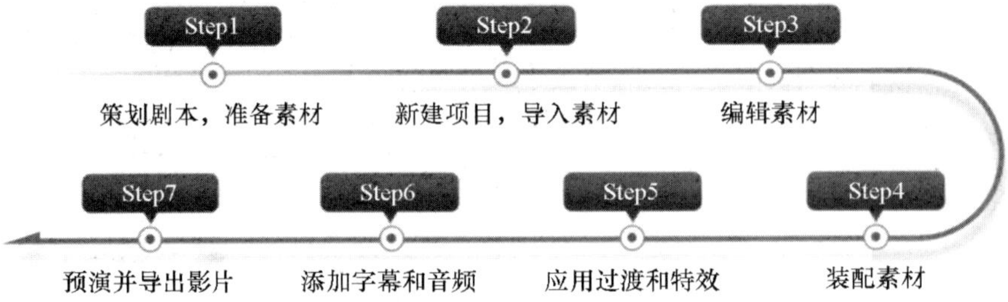

图 4－23 基于 Premiere 的视频制作流程

①策划剧本，准备素材：想要制作视频作品，首先要想清楚其要表达什么样的主题，并围绕该视频主题进行策划。例如，确定主题为“2023 年国际军事热点事件”，围绕这一主题，要写一个比较详细的剧本，下一步才能围绕这个剧本，去准备各方面的素材。

②新建项目，导入素材：确定好主题和剧本并且准备好素材之后，接下来要做的实际上就是一些具体实施的工作了。在这个过程当中，首先需要做的就是新建一个项目，并且把制作这个视频作品所需要的素材导入项目中来。

③编辑素材：上述步骤导入的是一些原始素材，需要制作的视频可能只需要对素材当中的某个片段进行选取，没必要把所有的素材都用到。在这种情况下，有可能需要对素材进行一些剪切，以及拼接等简单的编辑操作。

④装配素材：基于已有的图像、视频、音频等素材，在 Premiere 时间线上面进行合理的装配。按照时间的顺序，什么时候该出图像，什么时候该放视频，什么时候要出字幕，实际上就是装配素材的工作。

⑤应用过渡和特效：在装配好素材的前后关系、时间顺序之后，对视频片段之间以及视频片段本身，进一步运用一些视频过渡或视频效果。比如一个视频片段怎么过渡到另一个视频片段？针对当前视频，有没有一些特殊效果制作？

⑥添加字幕和音频：对视频作品添加一些字幕和音频，从而更好地呈现

视频的内容，提升视频感染力。

⑦预演并导出影片：把上述工作完成之后，可以预演整个视频的效果。经过多次的调整，反复编辑和处理之后，如果觉得效果符合基本需求，就可以导出影片，变成一个能够播放的视频文件格式，或者变成一个多媒体的光盘，这样就完成了视频的制作过程。

本节的视频制作虽然是基于 Premiere 来完成的，但是使用其他软件进行视频制作时也采取相似的流程。

4.5.2　视频剪辑

在进行视频编辑的过程中，经常需要从已经拍摄好的视频当中将某个片段剪辑出来，以便后续编辑使用，这个工作就是常说的视频剪辑。视频剪辑是 Premiere 最基础、也是最常用的功能。在 Premiere 中，可以通过“监视器”面板和“时间线”面板两种方式来进行视频剪辑，下面分别对这两种方式进行介绍。

4.5.2.1　利用“监视器”面板进行视频剪辑

双击需要剪辑的视频素材，这时视频素材将显示在“源监视器”面板中，如图 4 – 24 所示。

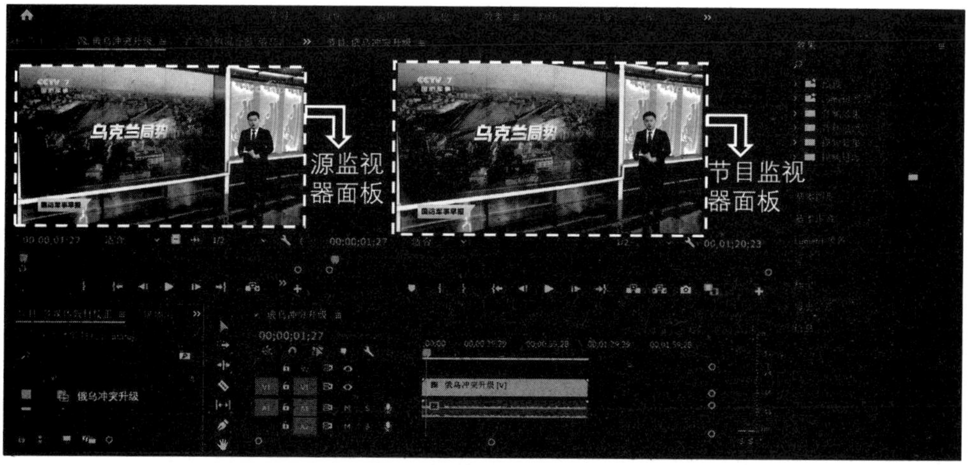

图 4 – 24　“源监视器”面板显示选定素材

“源监视器”面板是预览原始素材并对其进行初步剪辑的主要区域。单击“源监视器”面板中的“播放”按钮，即可对原始的视频素材进行预览。在播放的过程中，会看到一个游标在时间轴上匀速向右移动，可以拖拽该蓝色游标来快速定位视频的某个具体位置。

在大致了解整段视频的内容之后，假如想从中提取出一段视频，可以通过设置入点和出点的办法来进行。入点是指剪辑视频的初始位置；出点是指剪辑视频的结束位置。比如将游标拖拽到视频的某一位置，单击“标记入点”按钮，再拖动到另一位置，单击“标记出点”按钮，这时，可以看到入点和出点之间的时间轴区域变成了灰色，这段灰色区域就表示即将剪辑出来的视频片段。在设置入点和出点的过程中，可以通过单击“前进一帧”按钮和“后退一帧”按钮进行精细调整。

如果对剪辑的视频片段比较满意，就可以通过单击“插入”按钮把它加载到“时间线”上。可以看到，在“时间线”面板上出现了新插入的视频素材。由于这段视频素材伴有声音，因此在音轨上也出现了伴随的音频素材。但有时候，我们并不需要这些伴音，这时可以通过解除视音频链接来解决这个问题：右键单击需要编辑的视频片段，在弹出的快捷菜单中，选择“取消链接”。这时，视频和音频就不再会被捆绑到一起，而是可以分开单独进行处理。单击选中音频片段，按“Delete”键即可删除视频的伴音。

4.5.2.2 利用“时间线”面板进行视频剪辑

除了利用“监视器”面板来进行视频剪辑，也可以使用“时间线”面板来进行视频素材的剪辑。

(1) 时间线的基本概念

视频和音频的内容都是随时间动态变化的，因此，对视频进行编辑与时间因素密切相关。利用时间线，可以很清晰地看到并调整视频、音频、图像、字幕等各类素材之间的叠加关系、前后顺序关系，以及它们之间的切换效果。

在时间线轨道前方，可以看到一个像眼睛一样的图标，这是轨道输出开关。单击这个图标，可以对当前轨道的输出状态进行关闭或开启。在视频编辑的过程中，有时可能不希望输出某个轨道的视频，这时就可以通过单击眼睛图标将轨道关闭。例如，点击该视频片段所在轨道前面的眼睛图标时，可以发现在“节目监视器”面板中已经看不见该视频的相应画面了，如图 4-25 所示。

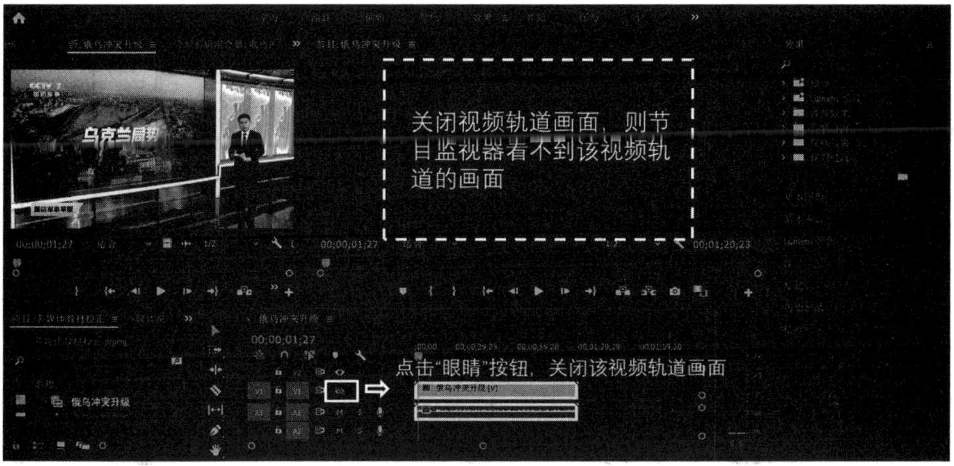

图 4－25　关闭视频轨道 1 后的效果

一般时间线上有多条视频轨道和音频轨道，放置在不同轨道的素材允许一定程度的重叠，但是在重叠部分，位于上方视频轨道的画面会覆盖下方视频轨道的画面。例如，拖拽一段视频到第二个视频轨道上，通过拖拽编辑线在“节目监视器”面板对视频效果进行快速预览，可以看到，位于上方的视频轨道画面确实会覆盖下方视频轨道的画面，如图 4－26 所示。为了方便后续讲解，仍然将该素材拖拽到视频 1 轨道，并删除相应的配音。

（2）利用“时间线”面板进行视频素材剪辑

在了解了时间线的基本性质之后，下面来介绍如何使用“时间线”面板剪辑视频素材。

对视频进行剪辑，最重要的一步就是找到剪辑视频片段的入点和出点。假如想把新加入的视频素材中的“火箭弹发射”部分视频片段提取出来，首先应该将编辑线移至素材起始位置，在“节目监视器”面板中按下“播放”按钮▶，即可从编辑线所在的位置开始进行视频的预览播放，在播放过程中通过单击“标记”按钮来标记“火箭弹发射”画面所在大概位置。然后在时间线上，用鼠标拖动编辑线找到标记的视频入点，可通过单击“节目监视器”面板中的“后退一帧”按钮和“前进一帧”按钮，精细定位到更精细的入点位置。之后将鼠标移到素材的起始边界处，此时光标会变成另外一种形状。按下鼠标，拖拽这个起始边界到编辑线所指示的入点位置。

用类似的方法，也可以找到出点位置。将鼠标移到视频素材的右边界，

图 4－26　位于上方视频轨道的画面会覆盖下方视频轨道的画面

待光标变成另外一种形状时，单击鼠标拖动视频片段的右边界到编辑线所指的出点位置。这时，就完成了从原始视频素材中提取部分片段的目标。

除此之外，还可以使用“工具”面板上的“剃刀工具”来实现视频片段的剪切：单击“工具”面板上的“剃刀工具”，光标会变成一个剃刀的形状。将光标移到视频片段要切分的“入点”和“出点”位置处进行点击，即可将这段视频素材切分为三个视频片段，选择前后两段视频并按“Delete”键进行删除，即可得到自己所需要的视频片段。

可以通过单击“节目监视器”面板中的“播放”按钮对剪辑得到的视频片段进行预览。

（3）利用“时间线”面板进行图像素材剪辑

利用时间线，也可以完成对图像素材的剪辑。当把某幅图像素材拖拽到视频轨道时，会看到在时间线上多了一个视频片段。将鼠标移到时间线上的素材处，会出现关于该素材的一些基本信息，例如它的开始时间、结束时间和持续时间等，如图 4－27 所示。从这里可以看出，虽然使用的原始素材是静止的图像，但是，当它被加载到时间线上之后，就形成了一段持续时间为 5 秒的视频，只不过在这段时间内画面保持不变而已。

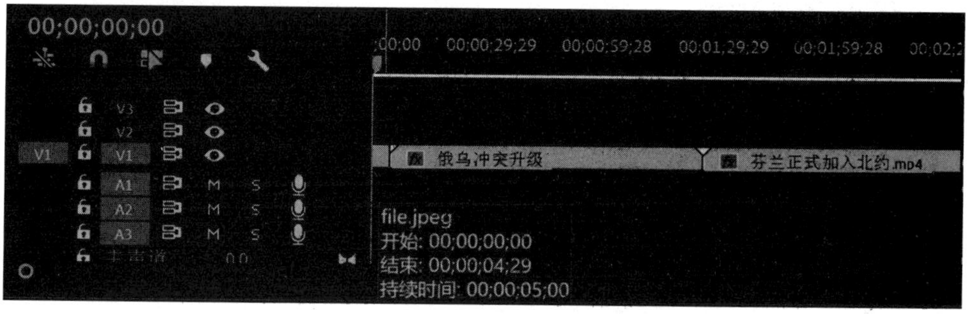

图 4－27　图像素材的基本信息

如果想对视频片段的长度进行调整，可以选中需要编辑的视频片段，在视频片段的边界处稍做停顿，待光标改变形状时按下鼠标左键，对其进行拖拽，调整视频片段的长度。例如，将第一个视频片段的长度缩短一点，这时可以看到在视频 1 轨道上第一个视频片段和第二个视频片段之间出现了一段空白区域，拖动编辑线，会发现这段空白区域的视频就是一段持续的黑帧效果，如图 4－28 所示。

但我们并不希望是这样的效果（按“Ctrl + Z”取消刚才操作），真正希望的效果是当缩短了某个视频片段的长度后，其相邻的视频片段能够连接到一起，而不是出现这样的空白区域。此时，可以通过鼠标右键单击时间线上的空白区域，选择“波纹删除”来删除该空白区域，如图 4－29 所示。

（4）利用“工具”面板进行图像素材剪辑

上述视频片段长度的调整也可以通过“工具”面板上的“波纹编辑工具”来解决：左键长按工具面板的第三个按钮，在弹出的对话框内选择“波纹编辑工具” ，如图 4－30 所示，这时光标会改变形状。

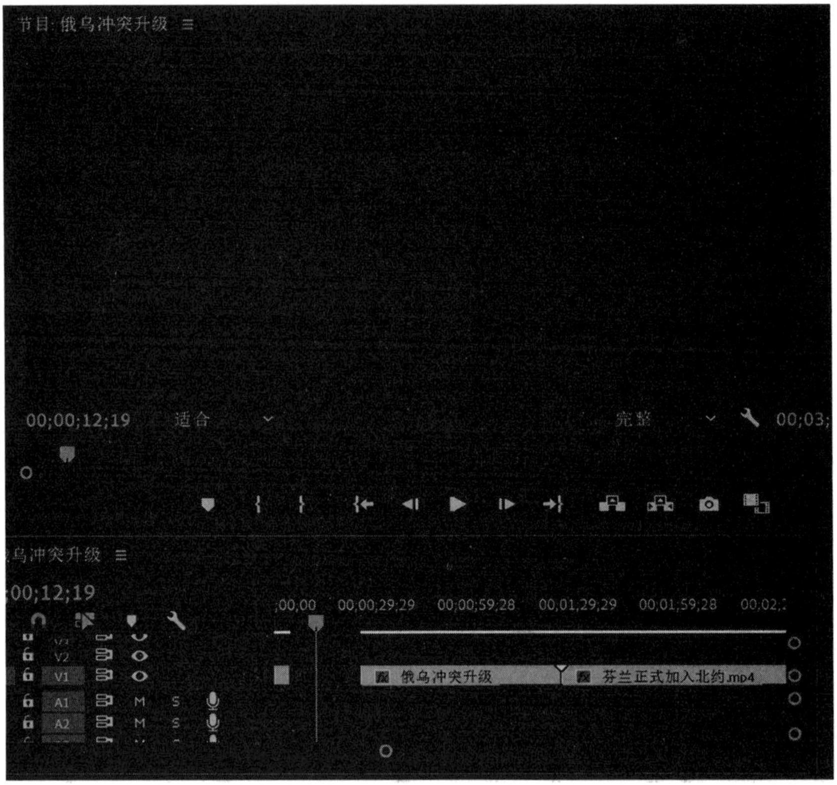

图 4 – 28　将第一个视频片段缩短后的效果

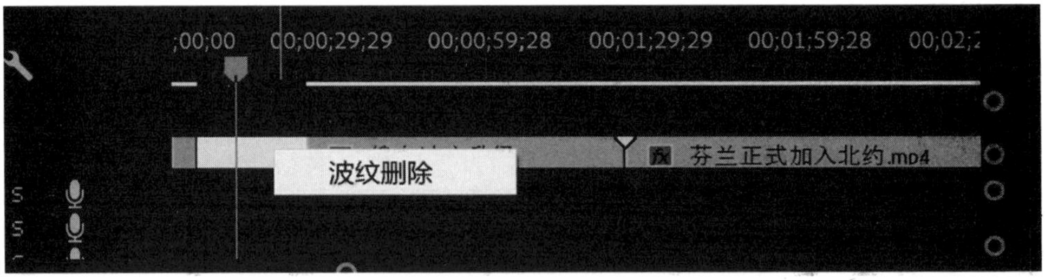

图 4 – 29　利用波纹删除来删除空白区域

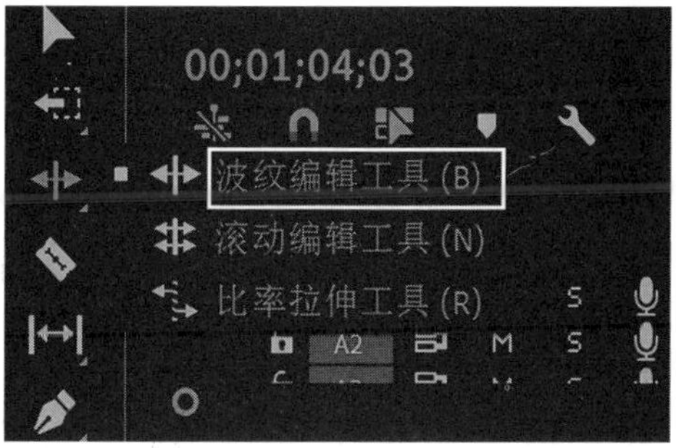

图 4－30　波纹编辑工具的选择

将光标移至第一个视频片段的结束边界，向左拖动，则第一个视频片段的长度会变短，同时原来和它相邻的视频片段也会自动吸附到第一段视频的结束边界处，如图 4－31 所示。

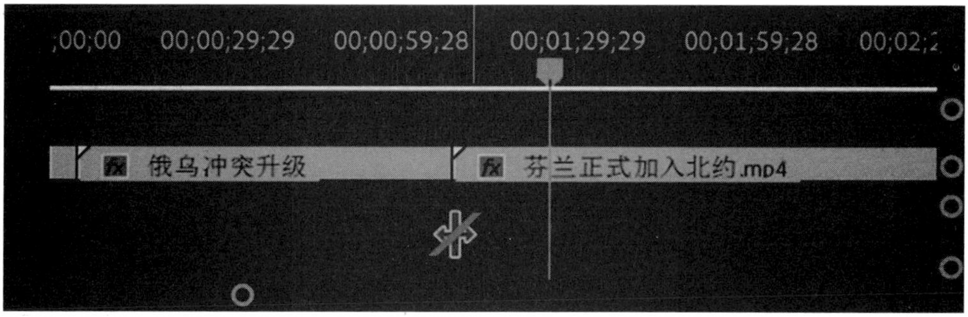

图 4－31　采用“波纹编辑工具”将第一个视频片段缩短后的效果

在进行视频编辑的时候，经常会碰到需要对相邻两个视频片段的长度进行内部调整，但又要保证调整后这两个视频片段的长度加起来不发生变化的情况，这时就需要用到“滚动编辑工具”。

同样，左键长击工具面板的第三个按钮，在弹出的对话框内选择“滚动编辑工具”按钮，光标将会发生改变。将光标移到前两段视频的交界处，待光标发生改变时按下鼠标左键，向左或向右拖拽鼠标，即可对边界处相邻两个视频片段的长度同时进行调整。可以看到，如果其中一段视频的长度变小，另一段视频的长度就会变大，但这两段相邻视频的时间长度之和却不会发生变化。

“工具”面板中除了介绍过的“选择工具”、“剃刀工具”、“波纹编辑工具”以及“滚动编辑工具”，还包括“比例拉伸工具”、“滑动工具”等，大家可以自行去探索这些工具使用后的效果。

4.5.3　视频过渡

视频过渡也称为视频转场，或视频切换。它是由一个视频素材逐渐替换为另一个视频素材的过程，主要用于视频作品制作过程中素材场景之间的变换，在视频作品中经常使用。

4.5.3.1　视频过渡效果的添加

下面将以较为常见的“黑场过渡”效果为例，介绍如何在视频片段之间添加视频过渡效果。

加载了素材之后，通过拖拽编辑线，可以看到，当视频画面之间没有添加过渡效果时，两个视频画面之间的变换非常突然和生硬，为了能让这两个视频片段之间的变换相对自然，需要在它们之间添加过渡效果。

在右上角的“效果”面板中，可以看到有一个“视频过渡”的文件夹。单击其前方的小三角按钮，可以将文件夹展开。图 4 – 32 按类型列出了 Premiere 提供的各种视频过渡效果以供选择。

选择“溶解”中的“黑场过渡”效果，该效果在影视作品中经常出现，它往往用于表示一个新的故事情节的开始。单击“黑场过渡”，按住鼠标左键不放，将其拖拽到两个视频片段之间。这时，在两个视频画面之间就增加了一个过渡效果。通过拖拽编辑线，可以对“黑场过渡”的效果进行快速预览。通过预览，可以看到“黑场过渡”的效果是前一幅画面逐渐变暗消失，后一幅画面逐渐变亮出现，如图 4 – 33 所示。这样，就在两个视频画面之间完成了“黑场过渡”效果的添加。

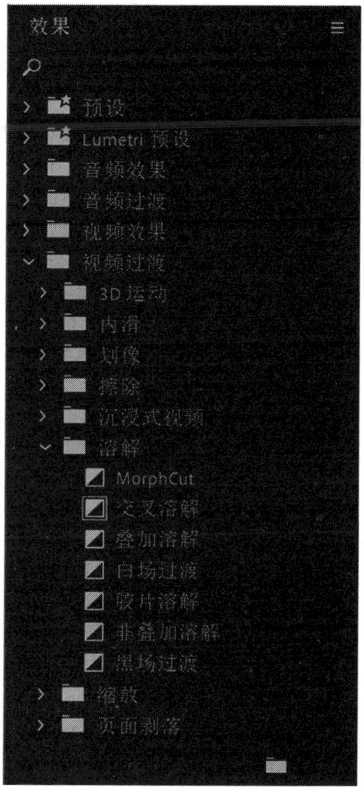

图 4－32 “效果”面板中的视频过渡效果

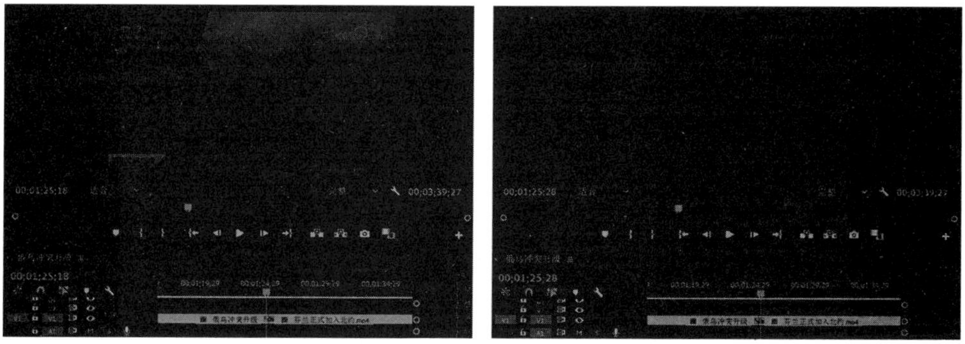

图 4－33 “黑场过渡”效果图

当然，也可以选择其他的视频过渡效果，通过预览，可以了解它们大概的视觉效果。例如，选择“划像”中的“圆划像”效果，将其拖拽到两段视频之间。拖拽编辑线，进行快速预览。可以看到，“圆划像”过渡实现的效果是后一幅画面以圆形的方式从屏幕中央慢慢由小到大出现，同时前一幅画面慢慢消失，如图 4 – 34 所示。

图 4 – 34　“圆划像”效果图

初学者可将这些视频过渡效果都逐个预览一下，增加对视频过渡效果的感性认识。不同的过渡效果，带来的视觉感受也是不太一样的。

4.5.3.2　视频过渡效果的修改

视频过渡效果的修改可以通过“效果控件”面板来实现。在时间线上选中添加好的过渡效果，单击“效果控件”面板，这时可以看到关于过渡效果的一些详细信息。例如，过渡的持续时间，开始画面和结束画面，以及视频过渡部分在时间线上的放大效果等，如图 4 – 35 所示。

假如希望过渡的过程变快一些，就需要减少持续时间。将鼠标移到“持续时间”栏的时间显示区域，这时光标会变成手指加箭头的形状，将鼠标向左移动，可以减少持续时间，向右移动，可以增加持续时间。也可以直接单击时间显示栏 持续时间 00:00:01:00，在其中手工输入希望过渡持续的时间。这里需要强调的是，时间是以“小时：分钟：秒：帧”的顺序显示的。在手工输入持续时间时，要注意最后一位是帧，因此它的数值不能超过帧率。当设置为 PAL 制每秒 25 帧的标准时，如果最后一位填 25，系统会自动变成1 秒。这里，由于我们想加快过渡速度，因此将持续时间由默认的 1 秒修改为 15 帧。可以看到，时间线上的过渡效果区域明显缩短了，这也意味着过渡速度加快

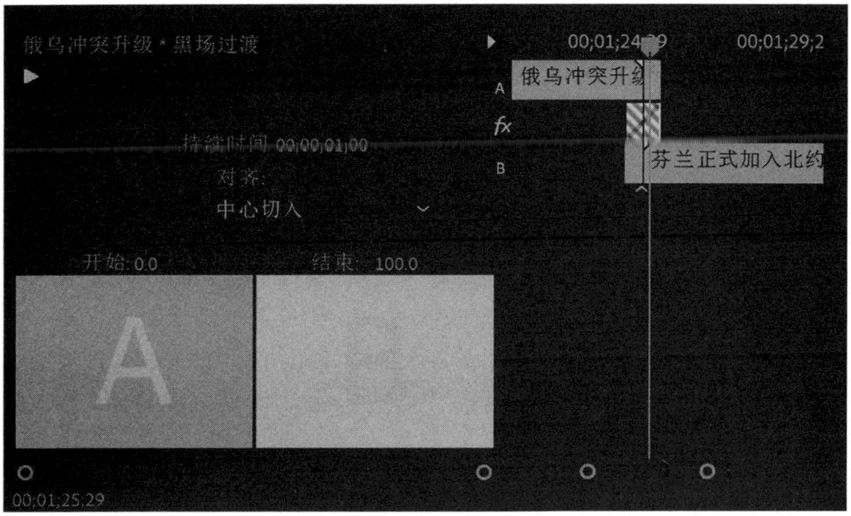

图 4－35 “效果控件”面板

了。通过在“节目监视器”面板中“播放”，预览一下效果，可以感觉到过渡速度确实加快了。

除了修改过渡时间，还可以调整过渡在两个视频片段之间的对齐位置。单击“对齐”下方的下拉列表，在这里有几个选项，比如“中心切入”“起点切入”“终点切入”等。如果选择“中心切入”，过渡位置则位于前后两个视频片段的中间。

再往下看，可以看到 A、B 两个画面框，其中 A 表示前一段视频的画面，B 表示后一段视频的画面。过渡完成的效果就是从 A 画面过渡到 B 画面。A、B 两个画框下各有一个滑块，用于调整过渡开始和结束时 A、B 画面的比例大小。

拖动滑块，即可对过渡开始和结束时的画面大小进行调整。默认情况下，过渡开始时 B 画面所占比例为 0%，过渡结束时 B 画面所占比例为 100%。也就是说，B 画面是从完全没有的状态逐渐过渡到全部出现的。假如希望在过渡开始的时候，B 画面在整幅画面中占据约一半的比例，可以通过在 A 画面下拖动滑块到中间位置来完成。类似地，也可采用同样的方法设置过渡结束时 B 画面所占比例的大小。

如果想看到过渡所在的实际画面，可以勾选“显示实际源”选项，来更加直观地了解过渡的实际变化情况。

选择不同的过渡效果，在“效果控件”面板中的设置选项也不尽相同，但它们的作用都是实现对视频过渡效果的设置与修改，上述过渡效果的设置如图 4－36 所示。

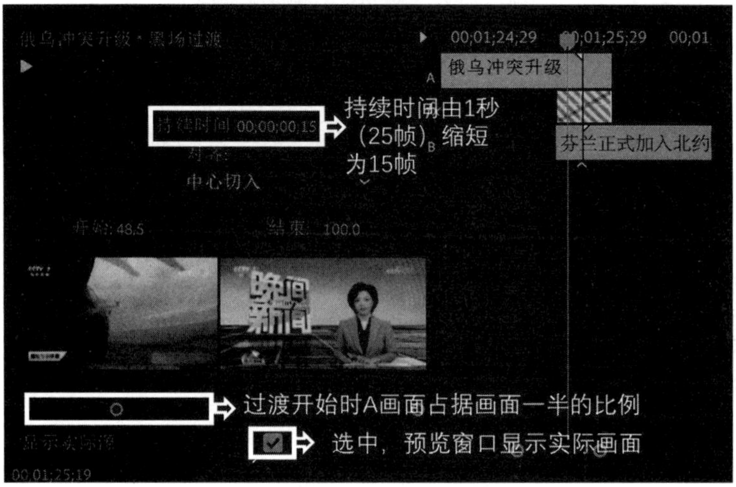

图 4－36　视频过渡效果的设置

4.5.4　视频效果

视频效果是指对视频画面所施加的某种特殊的效果。Premiere 提供了 100 余种视频效果，比如旋转扭曲、浮雕、马赛克等。本节将以马赛克视频效果和运动效果为例，介绍视频效果的添加方法。

4.5.4.1　马赛克视频效果的添加

下面介绍如何添加马赛克视频效果。

在“效果”面板中，可以看到有一个“视频效果”的文件夹。单击其前方的小三角按钮，可以将文件夹展开，这里按类型列出了 Premiere 提供的各种视频效果，如图 4－37 所示。

选择“风格化”效果中的“马赛克”效果，将其拖拽到想施加效果的视频片段上。这时，在“节目监视器”面板的窗口，可以看到整幅画面变成了马赛克的样子。由于马赛克的方块比较大，基本看不出原始的画面了，如图 4－38所示。

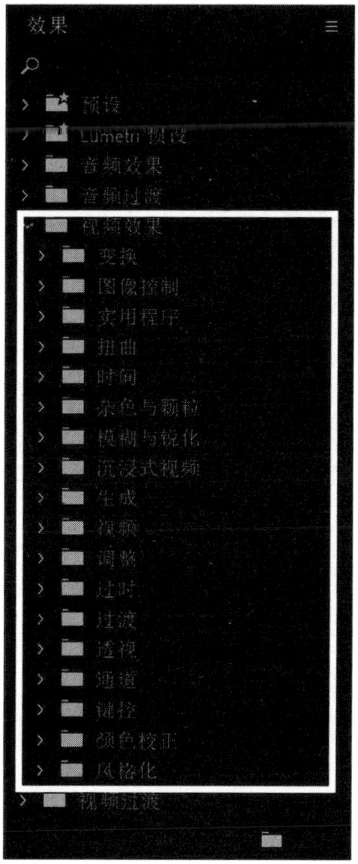

图 4－37　“效果”面板中的视频效果

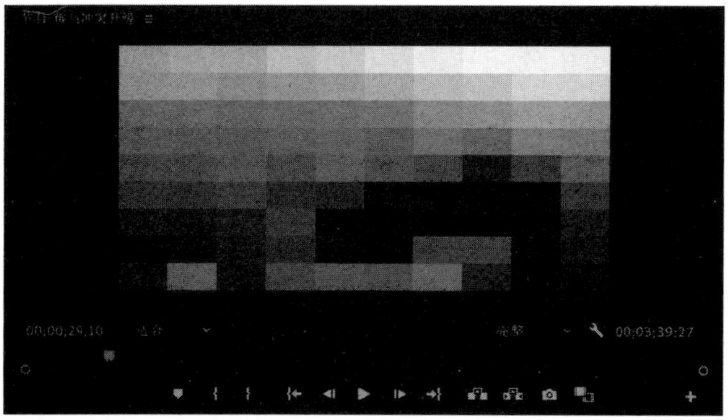

图 4－38　直接添加“马赛克”之后的效果

假如想修改这个马赛克效果，可以通过“效果控件”面板来实现。单击“效果控件”面板，可以看到在“视频”栏中，除了系统定义的“运动”“不透明度”“时间重映射”等通用的效果，在下方又新增了一个“马赛克”效果，如图 4－39 所示。单击“马赛克”前方的小三角，将这个效果展开，可对其进行更为详细的设置。“效果控件”面板的右侧是放大的时间线窗口，便于对施加效果的视频片段进行更为仔细的观察。

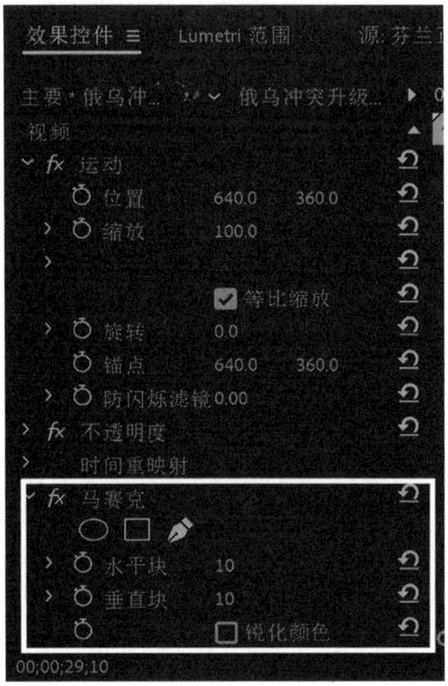

图 4－39 “效果控件”面板中的“马赛克”效果设置

假如现在想要实现这样一个特殊的视频效果，即在这个视频片段开始的位置，画面很清晰，而在视频片段结束的位置，画面变模糊，并且这个变化是一个连贯的过程。为了实现这个效果，需要在时间线上添加一些关键帧，对这些关键帧的状态分别进行编辑。

首先在开始位置添加关键帧。将编辑线拖到开始的位置，选中“水平块”，这时在编辑线的位置会出现一个菱形标志，它表示关键帧。将鼠标移到“水平块”旁边的数字处，光标会变成手指加箭头的形状，向右或向左拖动鼠标，可对水平块的大小进行调整。向右拖动，会加大水平块数，水平方向上画面会变得清晰一些。向左拖动，会减小水平块数，水平方向上画面会变得模糊一些。当然，也可以直接在数字栏上点击，手工输入参数，例如将水平块数设置为 500。

同样的方法，也可以对垂直块进行设置。选中“垂直块”，在时间线所在的位置新建一个关键帧，将“垂直块”旁边的参数设置为 500。

这时，相当于将开始画面分为 500 × 500 的若干小方块，由于马赛克的方块很小，几乎看不出马赛克的效果，感觉到这幅画面还比较清晰，如图 4 – 40 所示。

接下来继续添加中间关键帧。将编辑线拖到视频片段中间的位置，分别单击“水平块”和“垂直块”这一行对应的菱形图标，并将水平块和垂直块的参数分别设置为 50。在右侧的“节目监视器”面板，可以看到当前这一帧画面的效果，是将整幅画面分为 50 × 50 的若干小方块。这时，已经可以感觉到画面变模糊了许多，如图 4 – 41 所示。

图 4 – 40 开始关键帧的设置

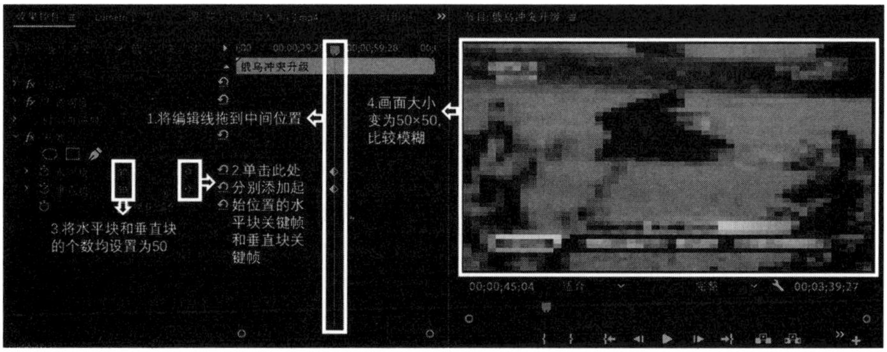

图 4 – 41 中间关键帧的设置

最后添加结束关键帧。将编辑线拖到视频片段结尾的位置，分别单击“水平块”和“垂直块”这一行对应的菱形图标，并将水平块和垂直块的参数分别设置为10。在右侧的“节目监视器”面板，可以感觉到画面完全模糊了，如图4－42所示。

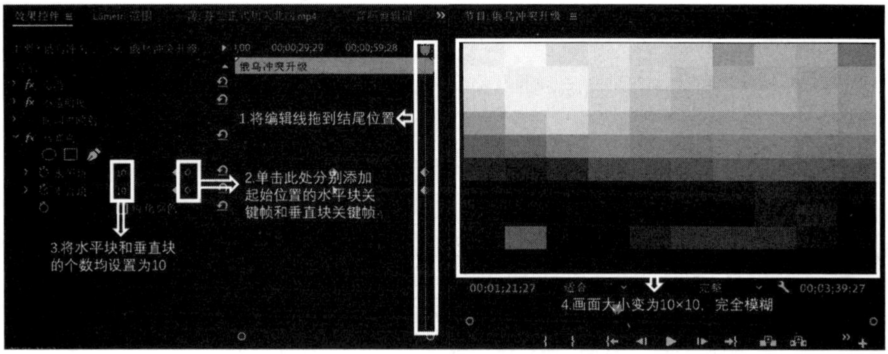

图4－42　结束关键帧的设置

这样，就基本完成了马赛克效果的编辑。将编辑线拖到视频片段的开始处，单击播放键预览一下效果。可以看到，这个效果确实就是视频画面由清晰逐渐变模糊的马赛克效果。

4.5.4.2　运动效果的添加

在视频编辑过程中，经常需要用到运动效果。例如，一幅画面从远处飞进来，或者对画面进行旋转等，这些都可以通过“效果控件”面板中的“运动”效果来实现。下面介绍如何使用Premiere实现运动效果的添加。假设希望实现这样的运动效果：后面的视频画面从右上角的位置由小到大翻转进入前面的视频画面。那么究竟应该如何实现这种运动效果呢？

首先加载一幅图像，在时间线上选中需要添加效果的图像视频，单击“效果控件”面板，单击“运动”效果前方的小三角按钮，将运动效果展开，会出现“位置”“缩放”“旋转”等选项，如图4－43所示。

接下来，依然可以通过在时间线的不同位置设置关键帧的方式来实现运动效果的添加。

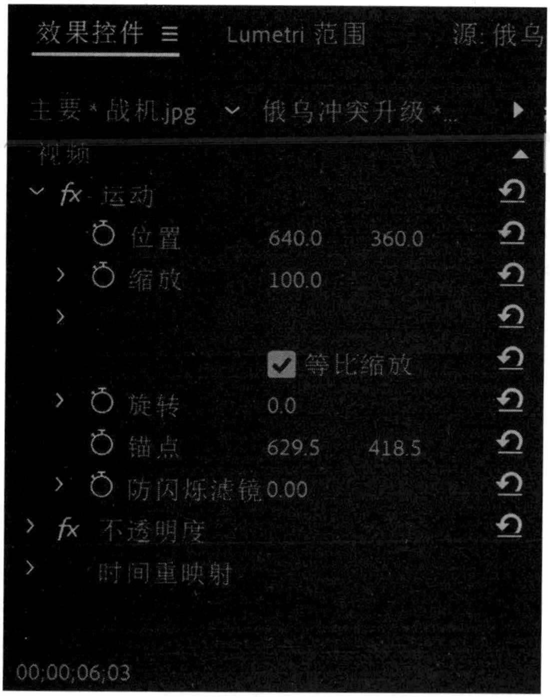

图 4 – 43 展开“效果控件”面板中的“运动”效果

（1）添加起始关键帧并设置参数

将编辑线拖拽到视频片段的开始位置，选中“位置”“缩放”和“旋转”，分别为其添加关键帧，接下来为这些关键帧设置参数，如图 4 – 44 所示。

首先设置位置参数。位置参数表示当前关键帧的中心在整个画面中的位置。前面的数字表示关键帧中心在水平方向上的位置，数字越小，帧的位置越靠近屏幕的左方。后面的数字表示关键帧中心在垂直方向上的位置，数字越小，帧的位置越靠近屏幕的上方。这个数字很难手工准确输入，因此建议双击“节目监视器”面板中的画面，对其进行设置。双击画面之后，画面周围会出现控制框，画面中心有个圆圈。这里由于希望画面从右上角的位置进来，因此可以拖动画面，使其中心位于监视窗口的右上角位置。

接下来设置比例参数，我们希望一开始的时候，画面很小。因此，这里将比例参数设为 10。在“节目监视器”窗口中，可以看到画面变小了，而且位于监视窗口的右上角。

旋转参数保持不变，设为0。这样就完成了对起始关键帧的参数设置。

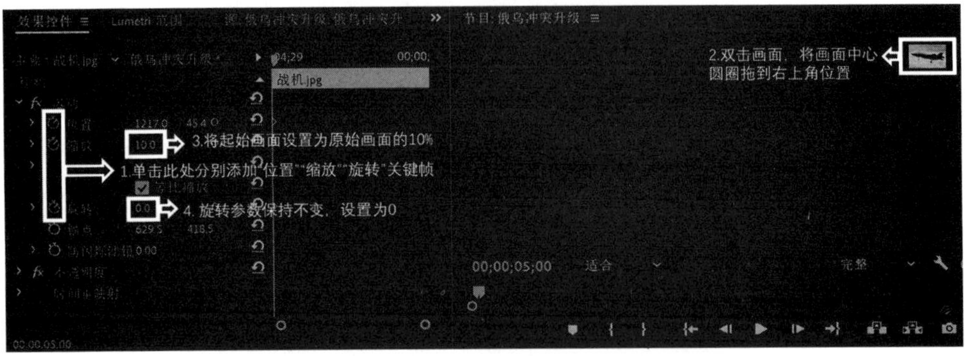

图4－44　“运动”效果起始关键帧设置

（2）添加中间关键帧并设置参数

接下来继续添加新的关键帧。将编辑线移到视频片段的中间位置，分别添加“位置”“缩放”和“旋转”关键帧，并对其参数进行设置，如图4－45所示。

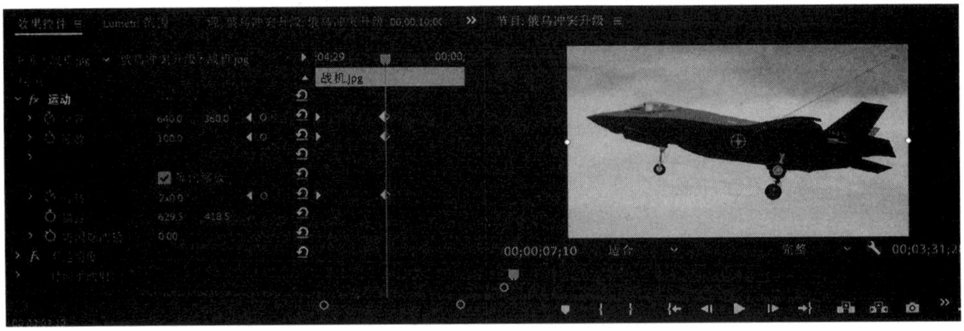

图4－45　“运动”效果起始关键帧设置

首先设置位置参数。我们希望此时的画面能够位于屏幕中央，因此在监视器窗口将画面拖拽到窗口中央的位置。这时，会看到监视器窗口出现一个从右上角到窗口中央的一条直线，它表示画面的运动路径是从屏幕的右上角进入到屏幕中央。

在当前帧位置，我们希望画面能变成原始画面的大小，因此这里将比例设为100%。这时在监视窗口可以看到，画面变成了原始画面的大小。可以拖动画面对其位置进行更为细致的调整。

由于希望实现的效果是画面翻转进来，因此这里还需要对旋转参数进行设置，这里将其设置为 720，也就是让画面翻转 2 圈进入。

这样，我们就完成了关键帧的设置。系统会自动在这两个关键帧之间添加插补帧，以保证画面由前一个关键帧自然过渡到后一个关键帧。

预览一下效果。可以看到，画面确实是从右上角由小到大翻转 2 圈进入的。

这里注意到画面在翻转过程中，底图是黑帧，如图 4－46 所示，这并不是我们想要的效果，我们想要的效果是底图是前一段视频画面。这是因为这两个视频片段在时间线上是顺序排列的。如果希望后一幅画面在翻转过程中，前一段视频画面的底图依然存在，可以通过调整后一幅画面所在的视频轨道来实现。

图 4－46 “运动”效果示意图

将已经添加了运动效果的视频片段移到视频 2 轨道上，使之与前一个视频段的位置有所重叠。再来预览一下效果，如图 4－47 所示。这时，可以看到这个效果就是预想中的效果了。

图 4-47　在时间线面板上的视频素材重叠后的效果

4.5.5　音频和字幕

视频通常都会伴随与画面同步的声音，以及与内容表达相关的字幕，下面将为大家介绍如何在 Premiere 当中添加音频与字幕。

4.5.5.1　音频的添加

在“项目”面板中，将一段音频素材拖拽到音频轨道上，如图 4-48 所示，可以看出，该音频长度已经远远超出了整个视频的长度，因此，可以使

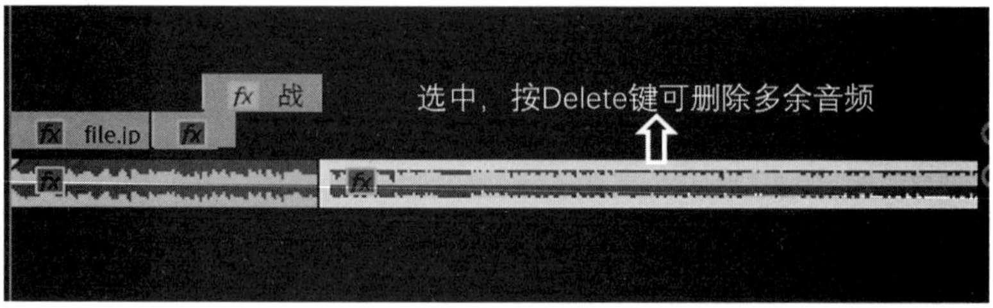

图 4-48　音频素材的切分与删除

用“剃刀工具”来对其切分，并删除多余的音频片段。

利用“效果控件”面板，可以对这段音频进行编辑。例如，设置音频的淡入效果，即在开始部分，让音乐慢慢出现。

在“效果控件”面板中，有一个“音量”特效，选择其中的“级别”进行展开。展开后会出现一个滑动条，用它可以进行“音量大小”的调整。与视频效果的添加相似，也可以通过添加音频关键帧的方式来设置淡入效果：将编辑线移至音频片段开始处，单击“级别”前方的小按钮，添加音频关键帧，它表示淡入效果的开始帧。这时，在右侧时间线的开始位置，会出现一个新的关键帧。同时，在时间线上出现了两条直线，上面的直线表示音量，下面的直线表示速度。

我们希望音频淡入的时间大概是 5 秒，因此将编辑线移到音频片段开始后大概 5 秒的位置，再添加一个音频关键帧，它表示淡入效果的结束帧。

接下来对两个关键帧的参数分别进行设置。由于这里希望设置的是声音的淡入效果，因此，需要将前一个关键帧的音量值设低，后一个关键帧的音量值保持不变，参数设置如图 4－49 所示。

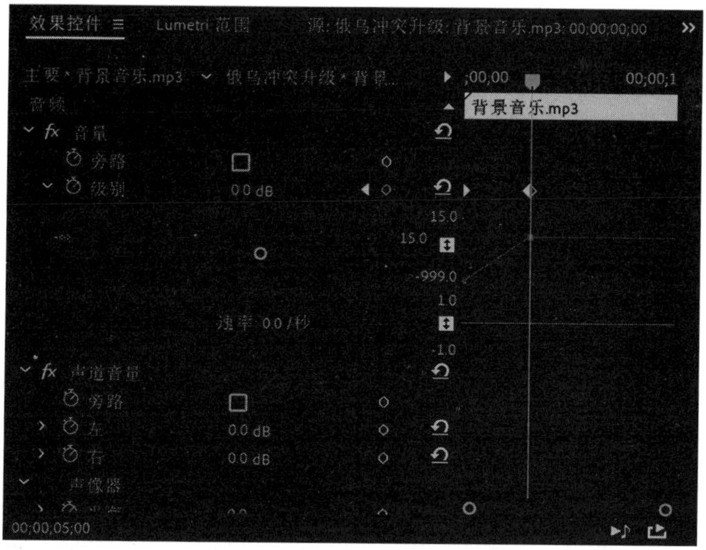

图 4－49 音频淡入效果的关键帧设置

具体操作如下：将编辑线移至第一个关键帧的位置，向左拖动滑动条，降低音量值，与此相对应，右侧表示音量的直线上第一个关键帧的编辑点下移了许多，从而形成了一个向上的坡度线，表示音量在开始部分出现缓慢升高的效果。

第二个关键帧的参数保持不变。将编辑线移至开始位置，按下“播放”键试听一下效果，这时可以明显感觉到，声音的音量慢慢变大，呈现出渐渐出来的效果。

利用“插入关键帧”的方式，也可以为音频设置淡出的效果。除此之外，Premiere 还预设了不同的音频过渡和音频效果，其操作方式与之前介绍的视频过渡和视频效果类似，这里就不再展开介绍了。

4.5.5.2 字幕的叠加

大多数视频作品，在制作过程中都少不了叠加字幕这项工作。例如，视频开始时的标题，视频结束时的演员列表，视频播放过程中的配音字幕等。Premiere 提供了专门的字幕编辑工具，可以帮助完成字幕的叠加工作。

假如想要在视频开始的画面上叠加一个标题字幕，可以通过以下两种方法来实现。

(1) 通过添加“字幕”文件来实现字幕叠加

在“文件”菜单栏，选择“新建字幕”，在弹出窗口中，“标准”选择“开放式字幕”，单击“确定”。此时便在“项目”面板中增加了一个“开放式字幕”文件。双击该“开放式字幕”文件，在弹出的窗口中，可以对字幕的内容（例如“俄乌冲突”）、字体（例如“Arial”）、大小（例如“60”）、边缘（例如“2”）、位置（例如“20%，20%”）、入点（例如“0”）和出点时间（例如“500”）以及背景透明度（例如“0”）等字幕呈现效果进行设置，如图 4－50 所示，同时还可以增加或减少字幕的数量。

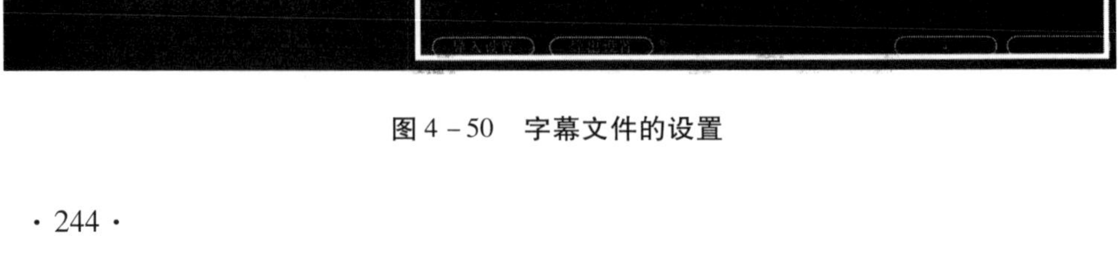

图 4－50 字幕文件的设置

设置好“字幕”文件之后，点击“关闭”，并将该“字幕”文件拖拽到画面上方视频轨道的起始位置，调整其长度与画面长度一致，便完成了“标题字幕”文件的添加，如图 4－51 所示。

图 4－51　标题字幕的添加

（2）通过“工具”面板中的“文字工具”来实现标题字幕叠加

单击“文字工具”，在画面中选择合适的位置，单击左键，此时将出现一个文字编辑框，等待输入文字。对于输入的文字，还可以通过“效果控件”面板中的“文本”选项来调整其字体、大小、位置等。

对于字幕，也可以通过添加关键帧的方式来为其增加特效，操作方式与之前介绍过的视频和音频特效添加方式类似，在这里给大家简要说明一下。

假设想让字幕实现的运动效果是：字幕由小到大，在屏幕中央慢慢显现。

要实现这个效果，需要通过添加关键帧对字幕的缩放大小以及不透明度分别进行设置，如图 4－52 所示。

首先在时间线上选中字幕素材，单击“效果控件”面板，展开“运动”和“不透明度”选项。将编辑线拖到字幕起始位置，分别在“缩放”和“不透明度”选项栏添加关键帧，将两个比例值均设为 0，表示字幕刚开始在屏幕上是小到没有的状态，而且是完全透明的。

将编辑线拖到接近中间的位置，分别在“缩放”栏和“不透明度”栏添加关键帧。将比例值均设为 100，表示字幕在这个时间点变成最大值，而且是完全显现。

设置好这两个关键帧之后，系统会自动在这两个关键帧之间添加插补帧，以保证画面由前一个关键帧自然过渡到后一个关键帧。

将编辑线拖到整个字幕片段的起始位置，按“播放”键预览一下效果。这时可以感觉到，字幕是在画面中央由小到大，慢慢淡入出的。

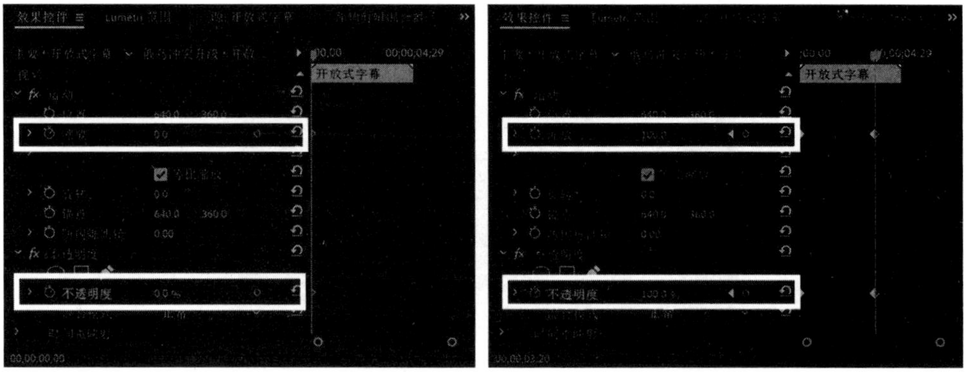

图 4－52　字幕起始关键帧（左）和中间关键帧（右）的参数设置

4.5.6　声像资料整编综合案例

经过前一阶段的介绍，我们已经了解了视频编辑的基本方法，包括如何剪辑素材，如何添加视频过渡、视频效果、音频、字幕等。下面我们将以“声像资料整编”为例，介绍一个完整视频的制作过程。声像资料整编的目的是更好地呈现某个主题的内容，在开始动手实践之前，首先要明确整编视频的主题是什么？整编视频的受众是谁？该如何编排视频内容，以达到最优的展现效果？之后，就可以按照之前介绍的视频创作的主要流程来进行整编了。

（1）策划剧本，准备素材

本案例设置整编主题为“2023 年国际军事热点事件”，围绕该主题，首先制作了一个简单的剧本。剧本内容主要是介绍 2023 年发生的 5 个最有代表性的军事热点事件，并按照事件发生的时间顺序进行了素材的编排。构思好剧本之后，接下来的工作就是围绕剧本进行素材的精心选取，在本案例中，我们选取的绝大多数素材都来源于央视视频。除此之外，我们还想添加背景音乐和配音，配音的内容就是已经写好的剧本，这个工作可以个人朗诵，也可以利用“讯飞配音”等工具软件来进行语音合成。

2023 年国际军事热点事件

1. 美英澳核潜艇合作引发国际社会担忧

3 月 13 日，美国、英国和澳大利亚三国宣布，建立所谓三边安全伙伴关系，美英两个拥有核武器的国家将帮助澳大利亚海军建立核潜艇部队，这一合作计划不仅可能破坏地区的战略平衡，还可能加剧核扩散风险，对国际核不扩散体系构成威胁。合作内容包括美国和英国将协助澳大利亚建造至少 8 艘核潜艇等。国际社会对此表示关切，认为这一合作可能开创危险的先例，严重威胁地区和平稳定。

2. 芬兰正式加入北约

4 月 4 日，芬兰正式加入北约，成为其第 31 个成员国，这是自 2020 年北马其顿加入北约以来，北约的再次扩容。对此俄方表示，北约的扩张是对俄罗斯安全和利益的破坏，俄方将采取反制措施在战术和战略上确保自身安全。

3. 中国海军圆满完成撤离中国在苏丹人员任务

5 月 2 日，撤离中国在苏丹人员任务的中国海军导弹驱逐舰南宁舰、综合补给舰微山湖舰已经驶离红海，将继续执行亚丁湾护航任务。6 天时间里，微山湖舰的航程超过了 1 140 海里，共完成两批次 1 171 人的紧急撤离苏丹任务，累计转运中国公民 940 人，外籍人员 231 人。

4. 巴以爆发新一轮大规模冲突

10 月 7 日，哈马斯从加沙地带向以色列发动突袭，以色列总理内塔尼亚胡宣布该国进入“战争状态”，标志着新一轮巴以冲突的爆发。从此冲突迅速升级，造成了严重的人员伤亡和财产损失。国际社会对此表示严重关切，并呼吁双方立即停火，通过对话和谈判解决争端。

5. 俄乌冲突升级

11 月 15 日，乌克兰总统泽连斯基在 20 国集团领导人峰会上发表视频演讲，说希望这场战争在落实联合国宪章和国际法的基础上公正地结束，并提出结束战事的 10 项举措。俄罗斯总统新闻秘书佩斯科夫当天表示，泽连斯基的说法表明，乌方没有与俄方开展谈判的意愿。

（2）新建项目，导入素材

在做好前期准备工作之后，可以新建项目，并将视频、图像、音频等不同类型的素材进行导入，同时新建一个序列，用于后续视频的编辑。

（3）编辑素材与装配素材

以“俄乌冲突”事件为例，首先加载对应的视频素材，取消视频画面与音频之间的链接，并删除对应的音频，然后将视频画面“缩放为帧大小”。之后加载剧本的配音，为了能够将视频画面与剧本相对应，需要使用前面介绍的“视频剪辑”的方法来选取视频中与剧本相对应的片段，而且为了能够让配音与画面内容尽可能保持同步，可能需要进行反复调试这个过程。

（4）应用切换和特效

为了更加凸显视频的展现效果，可以使用前面介绍的“视频过渡”和“视频效果”部分的内容，为素材添加一些切换和效果。例如，可以选择影视作品中经常使用的“溶解”过渡。

为了能够让展现效果更加震撼，可以借用 AE 软件来辅助完成一些特效的制作，也可以借用网上的模板来进行二次创作（当然，此时一定要注意版权问题）。

例如，在网上下载一个模板，双击该模板序列，即可看见整个模板的创作文件，如图 4－53 所示。

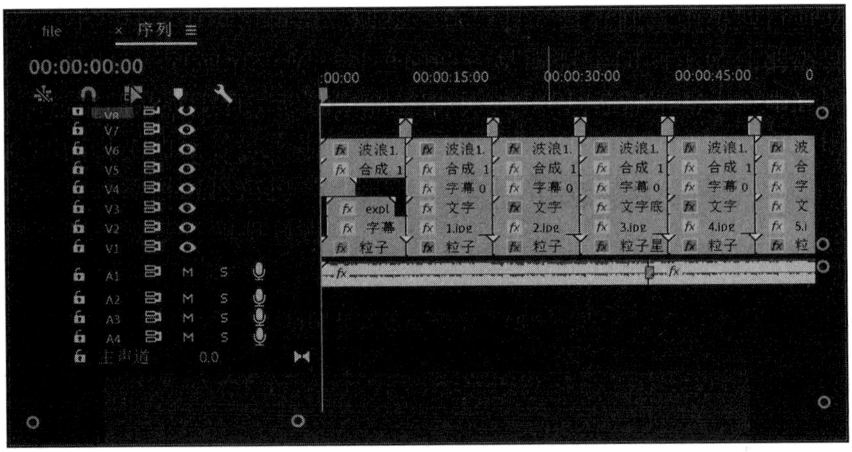

图 4－53　网上模板序列示意图

通过点击时间线轨道前方的眼睛按钮，可以观察该时间线上文件的内容，选择想要的素材，将其复制到自己的时间线，进行二次开发。例如，可以选择轨道 1 到轨道 5 的起始素材，将其复制到所建项目的轨道序列，并“缩放为帧大小”，改变其字幕文字为“2023 年国际军事热点事件”，如图 4－54 所示，此时便借助网络模板完成了片头的制作，按住 Ctrl 键将其拖拽到起始位置。

利用相同的方式，还可以为每个事件标题选定模板，在这里不再具体介

图 4－54　模板字幕文件的修改

绍，直接对最终结果进行拷贝。

对于声像资料整编来说，不同的事件单元最好能够具有统一的风格，例如事件的标题，当做好第一个事件标题的时候，可以对该标题进行复制，如果利用 Ctrl＋C 和 Ctrl＋V 的方式进行复制，两个字幕会对应于相同的字幕文件，当其中一个发生改变时，另一个也会随之改变。这不是我们想要的效果，我们希望能够为不同的事件配置不同的字幕。为了达成这一目的，一方面，可以在项目面板中复制字幕文件，另一方面，也可以选中所选素材，然后按住 Alt 键拖动，此时会发现在项目面板上新生成了一个字幕文件，这表明该字幕与之前的字幕不再共享相同的字幕文件，可以单独进行编辑。

同时，对于不同素材的"效果"，也可以进行复制，选定相应的素材，点击右键，选择"复制"，然后再选定另一素材，选择"粘贴属性"，这样也可以保持整编素材效果的一致性。

（5）添加字幕和音频

在装配好各个素材之后，可以为整个视频素材添加字幕。很多视频素材本身在画面上就存在字幕，而这些字幕不是我们想要的，此时可以选择使用颜色遮罩来对其进行遮挡。点击"文件"→"新建"→"颜色遮罩"，点击"确定"，会生成一个颜色遮罩的文件，将该颜色遮罩拖到视频画面上方轨道，可以看到整个画面都被遮挡住了，此时可以通过"效果控件"面板来对其位置、大小进行调整，同时拖拽其长度使其覆盖整个事件画面，如图 4－55 所示。

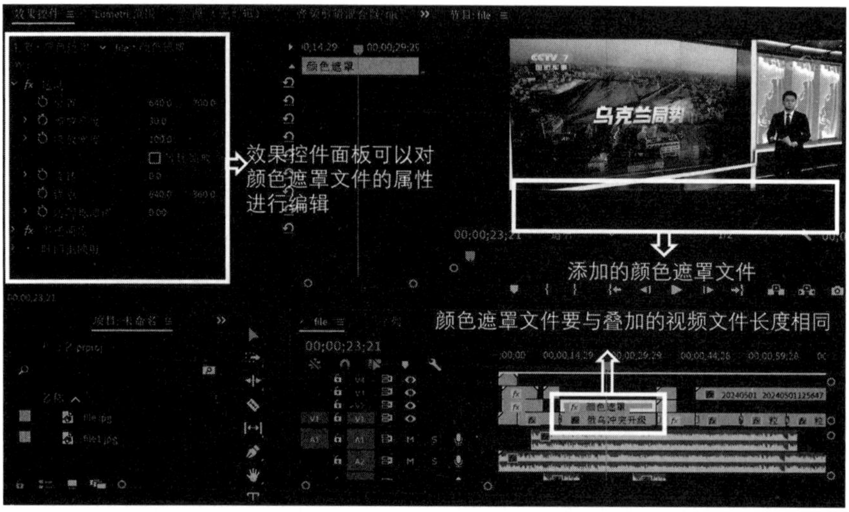

图 4－55　颜色遮罩文件的添加

之后，可以使用前面介绍的“字幕”部分内容进行字幕的添加，这里字幕的出点与入点时间，仍然需要与配音进行精细的对应与调整，如图 4－56 所示。

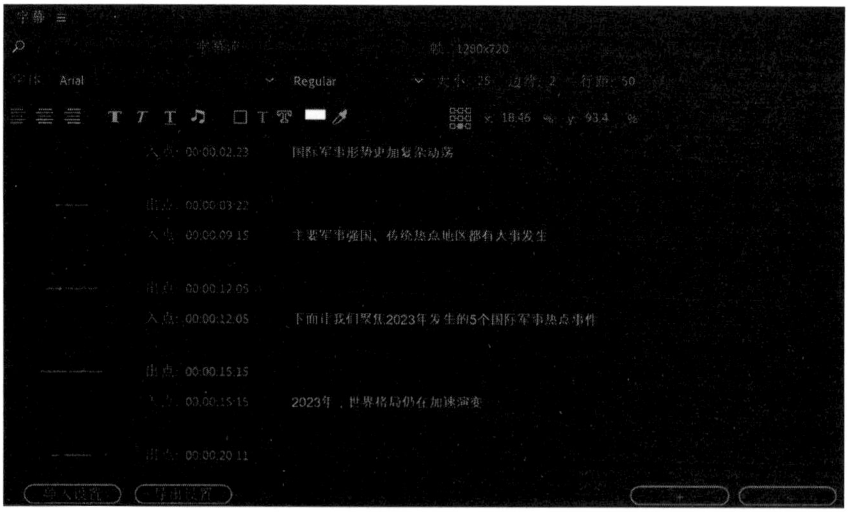

图 4－56　字幕文件的设置示例

除此之外，还可以在片尾处设置滚动字幕，点击“文件”→“新建”→

"旧版标题"，在里面书写需要的字幕，点击左上角按钮，选择"滚动，开始于屏幕外，结束于屏幕外"，如图 4－57 所示。预览效果，看到确实能够完成字幕的滚动播放。

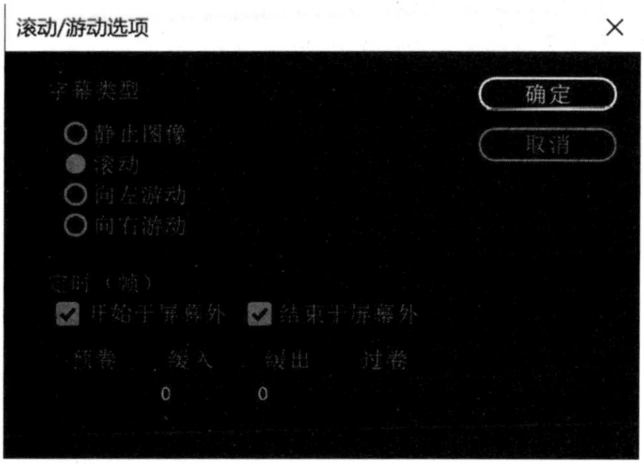

图 4－57 滚动字幕的设置

（6）预演并导出影片

最终的教学案例在事件转场时还添加了转场音以吸引观众注意，为滚动字幕添加了背景，在结尾处增加了结束画面等，这些都是为了进一步提升表现效果。此外，也可以再个性化地增加别的效果来提升视频的感染力。

经过反复的调试和编辑后，如果对最终的效果比较满意，就可以进行视频的导出了。视频的导出是视频制作过程中最后一个关键性步骤。单击"文件"→"导出"，选择"媒体"，会弹出一个"导出设置"的对话框，如图 4－58 所示。在其中可以对导出影片进行详细设置，在此选择"H. 264"格式，其他使用默认选项，点击导出。导出结束后，新导出的视频就保存在本地硬盘上，可以找到该文件进行播放。

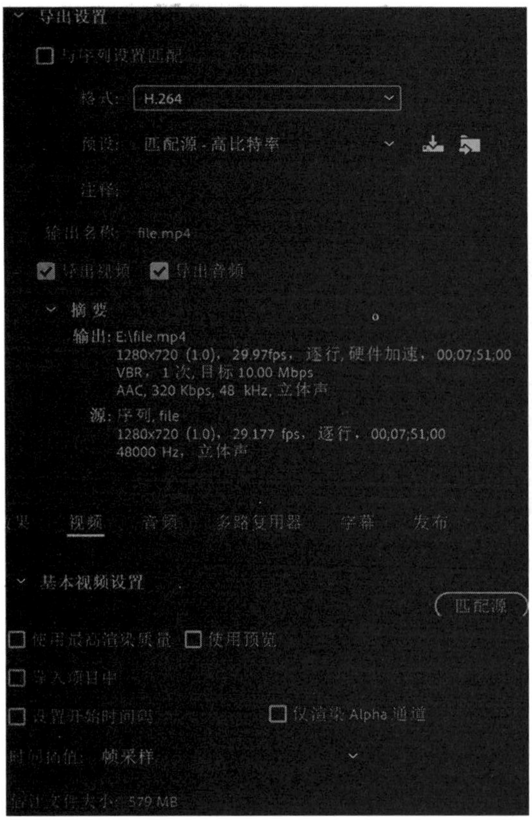

图 4－58　影片导出设置

4.6　习题

1. 判断题

（1）逐行扫描或隔行扫描频率会影响屏幕的闪烁程度。　（　　）

（2）模型驱动方法根据镜头在发生切换时其视频数据所反映出的变化进行探测。　（　　）

（3）缩略视频是一种静态的视频摘要形式，其目的是将原视频浓缩为一段简短的视频。　（　　）

（4）项目中的原始素材只有被拖拽到时间线面板中才能进行编辑。（　　）

（5）效果控件面板只能设置添加效果的属性，不能修改素材本身的属性。（　　）

（6）放置在不同时间线轨道上的素材允许有一定程度的重叠。（　　）

（7）对于不同视频轨道的素材重叠部分，位于下方视频轨道的画面会覆盖上方视频轨道的画面。（　　）

（8）视频过渡主要用于视频作品制作过程中素材场景之间的变换。（　　）

（9）对于视频过渡，A 表示前一段视频的画面，B 表示后一段视频的画面，B 画面需要从完全没有的状态逐渐过渡到全部出现。（　　）

（10）可以通过在设置关键帧的方式为素材的不同时刻设置不同的效果。（　　）

（11）可以通过插入关键帧的方式来为音频设置淡入淡出效果。（　　）

（12）对于为视频添加字幕并显示，需要将字幕文件拖拽到画面下方视频轨道上。（　　）

（13）设置好关键帧之后，系统会自动在这两个关键帧之间添加插补帧，以保证画面由前一个关键帧自然过渡到后一个关键帧。（　　）

（14）为了遮挡原始视频素材本身画面上的字幕，可以使用颜色遮罩，并将其拖拽到视频画面上方的轨道。（　　）

2. 单选题

（1）以下视频编码方式中，带宽和质量最好的是（　　）

A. RGB 视频　B. YUV 视频　C. S 视频　D. 复合视频

（2）MPEG－1 压缩标准中，双向预测帧是（　　）

A. I 帧　B. B 帧　C. P 帧　D. 帧内帧

（3）若 $x-t$ 切片图像像素由中间向左右两边扩散，同时 $y-t$ 切片图像像素由中间向上下方向扩散，则当前摄像机的运动状态可能是（　　）

A. 不动　B. 左摇　C. 右摇　D. 推

（4）视频中修改素材属性主要用到的面板是（　　）

A. 工具面板　B. 时间线面板

C. 效果控件面板　D. 效果面板

（5）想要对相邻的两段视频素材进行内部调整，不改变两段视频的总长

度，可采用的工具为 (　　)

A. 波纹编辑工具　　B. 滚动编辑工具

C. 剃刀工具　　D. 比例拉伸工具

(6) 视频过渡效果的修改主要通过哪种面板来实现？ (　　)

A. 效果控件面板　　B. 效果面板

C. 工具面板　　D. 时间线面板

(7) 我们想要完成一幅画面翻转进入的效果，主要通过下列哪项来实现？ (　　)

A. 运动效果　　B. 不透明度效果

C. 时间重映射效果　　D. 变换效果

(8) 音频音量大小的调整主要通过下列哪项来实现？ (　　)

A. 平衡　　B. 旁路　　C. 声像器　　D. 级别

(9) 在拖动字幕文件时按住（　　）键，可以在项目面板上新生成一个字幕文件。

A. Ctrl　　B. Shift　　C. Alt　　D. Tab

3. **多选题**

(1) 数字视频具有哪些优点？ (　　)

A. 易于计算机编辑　　B. 图像质量更好

C. 可无限次拷贝　　D. 带宽高

(2) 模拟信号彩色电视制式包括以下哪几种？ (　　)

A. PAL 制式　　B. NTSC 制式

C. SECAM 制式　　D. 数字电视制式

(3) 以下哪些分辨率采用的是逐行扫描的方式？ (　　)

A. 1280×720p　　B. 1920×1080i

C. 720×480p　　D. 720×480i

(4) 视频数据量的大小和以下哪些指标有关？ (　　)

A. 图像分辨率　　B. 图像位深度

C. 帧率　　D. 时间

(5) 视频数据中存在以下哪些类型的冗余？ (　　)

A. 时间冗余　　B. 空间冗余　　C. 知识冗余　　D. 感知冗余

(6) 以下哪些文件格式采用了流媒体技术？ (　　)

A. rm　　B. asf　　C. wmv　　D. flv

(7) 视频包括哪些基本的结构单元? ( )

A. 镜头 B. 场景 C. 故事 D. 帧

(8) 代表帧的选取可采用以下哪些方法? ( )

A. 帧平均值 B. 直方图平均值

C. 字幕帧 D. 拼接图

(9) 视频的动态特征包括 ( )

A. 镜头的运动变化 B. 镜头目标的大小变化

C. 目标的运动轨迹 D. 背景画面

(10) 探测视频中紧张激烈的内容,需要从以下哪些角度进行分析?

( )

A. 镜头持续时间短 B. 包含运动多

C. 伴随有爆炸声 D. 伴随尖叫声等特殊声音

(11) 以下哪些属于静态的视频摘要形式? ( )

A. 标题 B. 海报 C. 故事板 D. 缩略视频

(12) 视频摘要需要解决的核心问题是 ( )

A. 视频片段的重要度评价 B. 视频片段的合成策略

C. 视频摘要的表现形式 D. 视频分割策略

(13) 声像资料的特点包括 ( )

A. 广泛性 B. 直观性 C. 准确性 D. 时效性

(14) 视频剪辑的常用方式包括 ( )

A. 监视器面板剪辑 B. 时间线面板剪辑

C. 效果面板剪辑 D. 效果控件面板剪辑

第 5 章 计算机动画技术

无论是实现好莱坞大片中的电影特效，还是创造电视广告中的夸张效果，动画技术都给人们带来前所未有的视觉冲击。计算机动画是计算机图形学与艺术结合的产物，是伴随着计算机硬件和图形算法高速发展而兴起的一门高新技术，它综合利用计算机科学、艺术、数学、物理学和其他相关学科的知识，用计算机生成绚丽多彩的连续的虚拟真实画面，给人们提供了一个充分展示个人想象力和艺术才能的新天地。相对于数字图像、音视频等表示媒体，计算机动画最大的魅力在于，它能够帮助人们生成原本并不存在的画面，目前计算机动画技术已从早期的二维动画发展到三维动画，从计算机辅助制作动画，发展到了计算机自动生成动画。

本章围绕动画技术的发展历史，介绍计算机动画的特点、原理，以及三维、过程、变形和关节等动画技术的最新发展与应用。

5.1 计算机动画基础知识

5.1.1 什么是动画

动画是动态生成一系列相关画面的一种方法，任何随时间发生的视觉变化都可以归属为动画。使用动画可以清楚地呈现一个事件的发展过程，或展现一个活灵活现的有变化的画面。和视频相比，同样是动态变化的画面，动画技术强调的是生成这些画面的过程，而不是像数字视频那样，通过采集设备对已有动态过程进行采样、量化、编码而得到。通俗地说，动画是“做”出来的，视频是“拍”出来的。而这个“做”，可以是动画师借助工具软件手工绘制制作，也可以由计算机自动生成。一般在完成动画的制作后，往往会把它们保存成视频文件格式，以便于观看和传播，这就是通常所说的动画片，或者动画视频。因此，动画和视频，最终的表现形式类似，但是生成过程不同，涉及的技术原理也不同。

动画的类型非常多，从二维卡通动画到三维角色动画，从模拟天宫一号发射过程的仿真动画到影视作品、广告宣传、游戏场景中广为使用的特效动画、变形动画等，它们的表现形式、内容风格都有很大的差异，也就意味着使用了不同的动画技术，这也是本章的主要学习内容。

从本质上来说，所有动画的基本原理都是基于人眼的视觉暂留现象，即反射到人眼的光影要在视觉中保留一段短暂的时间（1/16 秒）才会消失。因此，如果连续快速地播放一系列基于时间顺序的静止画面（图5－1），就会在视觉上造成连续变化的假象，即生成动画。

图5－1　基于时序的静止画面

因此，制作和生成动画的关键就在于以下两点：第一，如何获得这些基于时序的画面；第二，如何实现连续快速播放。这也是动画技术的核心。

要获得基于时序的画面，最原始的解决方案就是动画师手工绘制，目前大多数情况是计算机提供绘图工具辅助动画师绘制。除此之外，还可以利用计算机图形技术，自动生成每一帧画面，或者根据动画师绘制的部分画面，自动生成中间的过程画面。要实现连续快速播放，必然需要借助其他技术或手段的辅助。下面从动画的起源与发展，来更好地理解动画技术的演化历程，以及计算机在动画发展中的作用。

5.1.2　动画的起源与发展

动画的历史非常久远，其原始意图来自人们希望通过绘画来记录和表现运动，从古埃及壁画和古希腊陶碗上，经常可以发现这种连续动作的分解图（图5－2），在一张图上把不同时间发生的动作画在一起，这种“同时进行”性的创作形式间接显示了人类寻求画面运动的欲望。

(a) 古埃及壁画

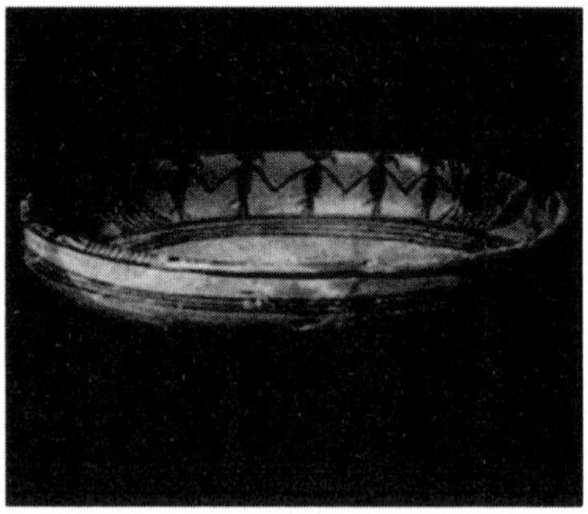

(b) 古希腊陶碗

图 5-2 连续动作的分解图

这种分解图基本上可以描述一个过程，但是它仅仅是对一个过程片面的静态记录。动画的活动雏形源自人们希望让静止的画面动起来，例如，如果在陶罐上绘制有这种连续动作的分解图［如 5-3（a)］，而当陶罐快速转动时，能感觉到画面好像动起来了。中国古代的走马灯［图 5-3（b)］，也是用类似的方法产生动画的感觉。世界著名动画大师 John Halas 说过：“动画的本质在于运动。”动画技术发展的历史，也可以看作是这种“连续快速播放”技术发展的历史。

(a) 陶罐

(b) 走马灯

图 5-3 动画的活动雏形

1826 年出现留影盘技术，一张圆盘的两面分别画上小鸟和笼子的图案（图 5-4)，在两头分别拴上一根棉线，反方向搓线，然后分开一拉，圆盘就会高速翻转，产生小鸟出笼的动画效果。

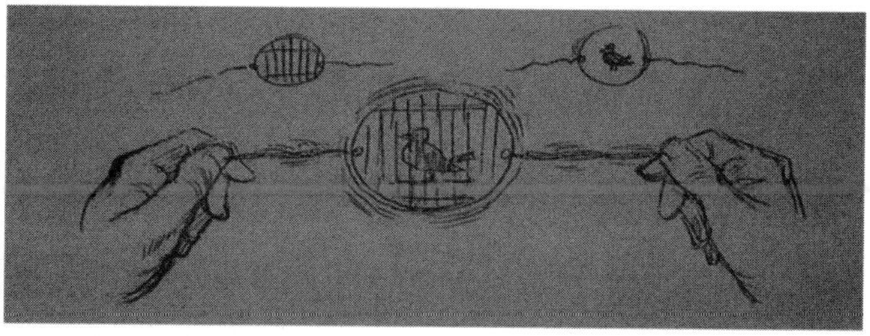

图5-4 留影盘技术

1831年出现活动转盘影像镜（图5-5），圆盘周边绘制有连续动作的分解图，当通过一个手摇手柄转动一组同心圆盘时，就会产生动画的效果。

图5-5 活动转盘影像镜

1868年出现手翻书（图5-6），在每一张书页上都画有连续动作的一张分解图，通过连续快速的翻页动作，可以达到娱乐上赏心悦目的戏剧效果。通过控制翻书动作的快慢，可以产生不同的动画效果。

图5-6 手翻书

以上所有这些，都是用手工的机械方式来控制实现“连续快速的播放”。直到1895年，卢米埃尔兄弟发明的“电影机”，使得一群人能在同一时间看到一组事先拍好的影像。“电影机”可以看作是一种机器化的手翻书，使得对连续快速播放的控制从手工机械时代发展到机器时代。

电影技术的运用，带来了卡通动画片的黄金时代。从第一部彩色动画片《花与树》，到第一部动画电影《白雪公主》，再到家喻户晓的电视卡通片《猫和老鼠》等，卡通动画技术几乎陪伴着每个人的成长。我国也制作出了一批优秀的卡通动画作品，像《大闹天宫》《哪吒闹海》等，纯手工绘制的细腻画面，具有很高的艺术性。

20世纪70年代以来，计算机动画技术飞速发展。1973年电影《西部世界》中，第一次使用了计算机生成的动画特效。1991年，迪士尼电影《美女与野兽》，是第一部计算机制作的动画片，证明计算机图形技术在传统动画的有效应用。1995年迪士尼电影《玩具总动员》，是第一部完全由计算机技术生成的三维动画片，也宣告了计算机动画时代的到来。

5.1.3 计算机在动画中的作用

制作和生成动画的关键就在于获得基于时序的画面并且实现连续快速播放。下面首先了解一下传统二维卡通动画制作的主要流程。

第一步，故事板及美术设计。先要将文学剧本设计成分镜头剧本，生成故事板。故事板就是对每个镜头的图文描述，每个图画代表一个镜头，文字主要用来说明每个镜头的长度、本镜头内角色的台词以及动作等。故事板是后面进行动画创作的蓝本。美术设计包括整体风格设计（概念设计）、造型设计、场景设计、道具、服饰设计等。

第二步，根据故事板来具体创作和设计动画，包括原画设计和中间画制作两部分。原画，又称为关键帧，一般表达某动作的极限位置、一个角色的特征或其他的重要内容，即构成动画的图像帧中最重要、最关键的帧。例如，在一个小球弹跳的动画中，最重要的几个位置分别是起点、落地点和弹跳的最高点，小球在这几个位置的图像称为关键帧，有了关键帧，就可以很容易地估算画出其他帧，即中间帧的样子（图5－7）。原画画好后，由动画师（又称为原画助手）根据摄影表完成中间画，在动画制作过程中，动画师的工作量非常大。

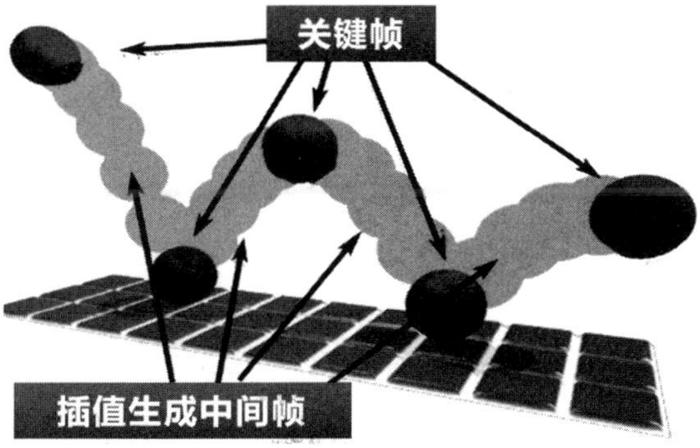

图5-7 关键帧与中间帧

在传统动画制作中，原画师和动画师绘制的都是铅笔稿图。在完成所有的创作和绘制后，再将铅笔稿图轮廓描在透明胶片上，并描上墨、涂上颜料。将校对好的成品按照摄影表的各种指示安放在摄影台上逐格拍摄，记录到电影胶片上，有时要做摄影机的上下移动工作，有时要做台面移动，有时还要做透光。最后通过编辑、剪接、配音、字幕等，制作出动画片。

很显然，传统动画制作的每一步骤都凝聚着大量的手工劳动，从而使得制作成本高昂。十分钟的电影动画片，大约需要一万张图画，而大部分图画都集中在助理动画师对中间画的制作上，制作过程中存在着大量的不可避免的枯燥重复劳动，而且效率低下，不便于编辑修改。因而一个自然的想法就是借助计算机来减轻助理动画师的工作，甚至自动生成动画，从而提高动画的制作效率。

二维计算机动画沿用传统的手绘动画片的制作原理，计算机的作用主要体现在对画面生成的辅助作用上。

首先，关键帧的画面可以通过数位板等交互设备以数字化方式输入，通过软件交互编辑，便于后期修改和重复利用，甚至可以通过编程自动生成部分画面。例如，Adobe Illustrator、SAI、Corel Painter 等绘图软件，提供了丰富的笔刷工具，配合绘图板等硬件设备，可以设置线型、下笔力度、笔画粗细、透明度等参数，实现各种勾线、铺色、晕染、模糊效果，熟练使用后，能够达到和纸笔绘图几乎一样的艺术效果，而且提供旋转、缩放等编辑和修改功能，使得动画师能够更方便快捷地完成草稿创作。图5-8是绘图软件 SAI 的操作界面。

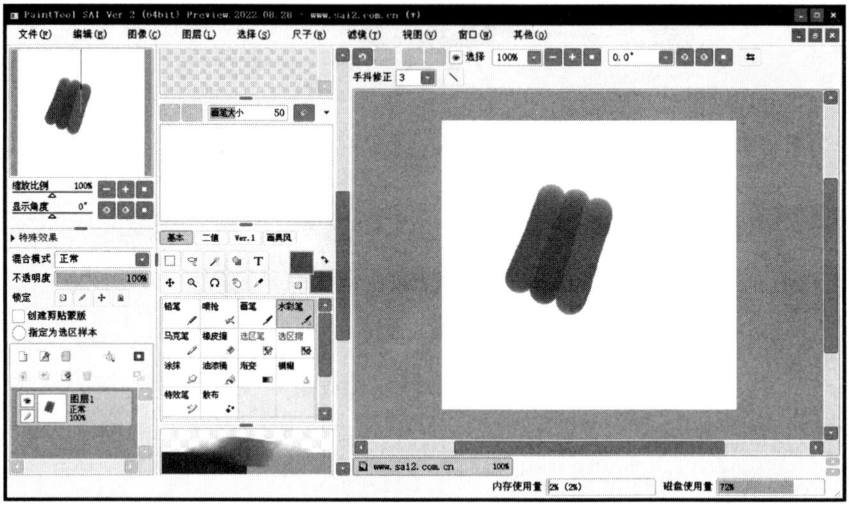

图 5 - 8　绘图软件 SAI 的操作界面

部分画面还可通过程序自动生成，例如在动画片《花木兰》中，有一段包含上千个匈奴士兵的场景，在传统动画制作中，上千个表情各异的人物形象的绘制工作量是十分巨大的。而通过计算机动画，只用了 5 张手绘士兵的图像，计算机就自动变化出三四千个不同表情士兵作战的模样，极大地提高了工作效率。

近年来，得益于计算机硬件性能的提高和人工智能技术，特别是深度学习技术的飞速发展，出现了支持从文本描述自动生成图片（Text - to - Image）的 AI 绘画，并且迅速蓬勃发展，以 Stable Diffusion、DALL - E2 为代表的 AI 创作工具使得用户可以使用文本的方式生产高质量的图片，在很大程度上降低了艺术创作的门槛（图 5 - 9）。

其次，是计算机辅助运动生成，给定关键帧后，可以利用位置、形状插值和区域自动填色来完成中间帧的制作，甚至可以直接由计算机控制生成特定的运动和特效，其生成轨迹如图 5 - 10 所示。

此外，在着色方面，通过交互式计算机系统由用户选择颜色，指定填充区域和填充模式，并由计算机完成着色工作；在特效处理方面，计算机的图形和图像处理能力可以自动生成和重用各种效果；在拍摄方面，可用计算机控制摄像机的运动，也可用编程的方法形成虚拟摄像机模拟摄像机的运动；在后期制作阶段，可用计算机完成编辑和声音合成。

(a) Stable Diffusion：由文本“a beautiful painting of a building in a serene landscape”创作的画面

(b) DALL-E2：将Johannes Vermeer的名画“戴珍珠耳环的女孩”转换生成不同的面孔

图 5－9　AI 绘图

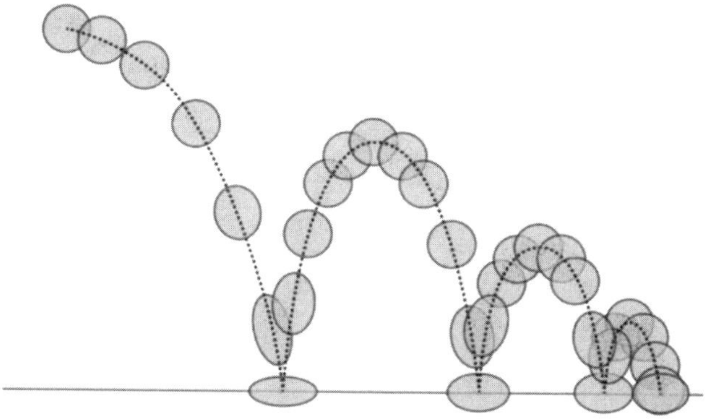

图 5－10　计算机生成运动轨迹

由此可见，计算机的作用充斥在二维动画制作的每一阶段，但是需要注意的是，计算机的作用主要体现在辅助动画生成上。这是因为目前计算机还无法取代人的创作工作，在形象设计、动画设计等方向，计算机生成的中间帧难以达到二维卡通动画中艺术性的要求。另一方面，以计算机图形学为基础的一系列计算机生成动画技术，例如三维动画、变形动画、过程动画、关节动画等，也带来了传统二维动画无法达到的视觉效果，不仅用于影视创作和游戏娱乐，而且更广泛地应用于仿真训练、军事演练、教育教学、工业过程模拟等各行各业。当然，让计算机生成这样的动画，不仅需要用到 Maya 、3DMax 等对专业性和艺术素养要求比较高的工具软件，而且需要先进的计算机图形软硬件技术的综合运用。

5.2　三维动画技术

三维动画和二维动画是不同类型的动画技术，并不存在孰优孰劣的问题。

二维动画沿用传统手绘动画片的制作原理，它是一帧帧画出来的，更能体现设计者的艺术风格。当然，计算机可以辅助完成一些中间帧的插值工作，但从本质上仍是逐帧动画，制作过程中手工绘制的工作量大，而且修改比较困难。比如一个跑步的动画，绘制的是侧面，要想换成正面，就只能重新绘制。

三维计算机动画与二维卡通动画有着本质区别，是最能体现计算机动画价值和魅力的技术。它类似于传统的木偶动画，制作木偶和场景的过程就是几何建模的过程。一旦有了角色与场景三维模型，就可以方便自由地控制模型产生各种运动，也可以自由控制虚拟摄像机的视角，生成任意视角的画面，因此三维动画更能发挥计算机的优势，场景和动画的生成更加灵活。

三维动画的一般流程包括三步。首先是造型表达，用于真实反映场景和角色的外观。造型表达以真实感为目标，包括三维几何建模技术和真实感绘制技术。几何建模类似于制作木偶毛坯，真实感绘制类似于给木偶上油彩。其次是运动表达，用于控制角色的运动以生成动画，包括运动控制和摄像机控制。最后是动画合成，主要完成场景与角色的合成以及特效的叠加。其中最为重要的是造型表达和运动表达。

5.2.1　造型表达

造型表达的核心是如何在计算机中描述并真实表达一个三维物体，需要用到几何建模技术和真实感绘制技术。

（1）三维几何建模

所谓几何建模，就是研究如何在计算机中描述物体的形状和外观。几何建模的方法很多。

规则的物体表面可以用数学公式精确表达。例如，通过下面的球面方程可以计算得到球面上每一点的坐标值，从而获得对整个球面的描述。

$$\begin{cases} x = r\sin\varphi\cos\theta & 0\leqslant\varphi\leqslant\pi \\ y = r\sin\varphi\sin\theta & 0\leqslant\theta\leqslant 2\pi \\ z = r\cos\varphi \end{cases} \tag{5-1}$$

复杂一些的规则物体可以像搭积木一样，先定义一些形状简单、规则的物体，如以长方体、圆柱体、球、圆锥等作为构形的基本单元，形状复杂的物体可通过对所选取的基本单元实施一系列几何操作（如并、交、差、补等布尔运算和几何变换）得到。这种方法称为结构实体几何表示，称为构造实体几何表示（Constructive Solid Geometry，CSG）（图 5－11）。

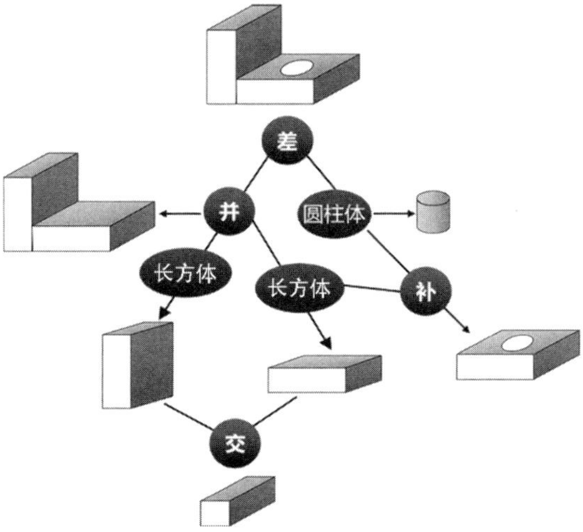

图 5－11　CSG 表示：基本几何单元＋几何操作

而对于更多的不规则物体来说，可以通过拆分或者拼构表面的方法来表示。

空间划分法是将物体空间细分成一组较小的、规则的体素，如小立方体，然后标记属于物体的体素（图 5－12），这种方式既可以表达物体的表面，也可以表达物体的内部。例如游戏“我的世界”，就是采用这种体素表达的方式。用体素表达三维物体，类似于用像素表示图像，体素越小，表达越精细，但数据量会比较大，通常会采用八叉树等方式来描述。

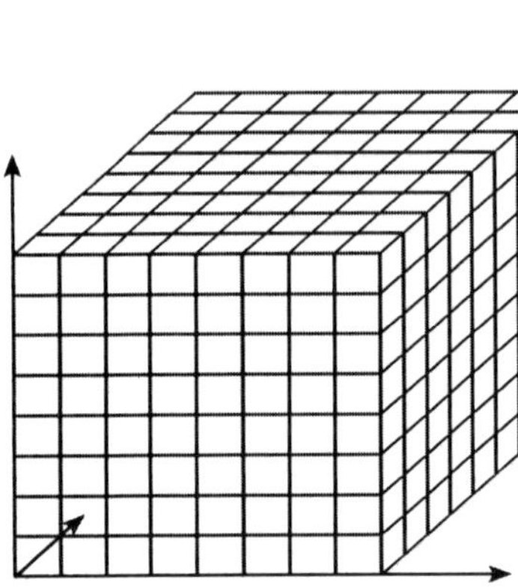

(a) 体素

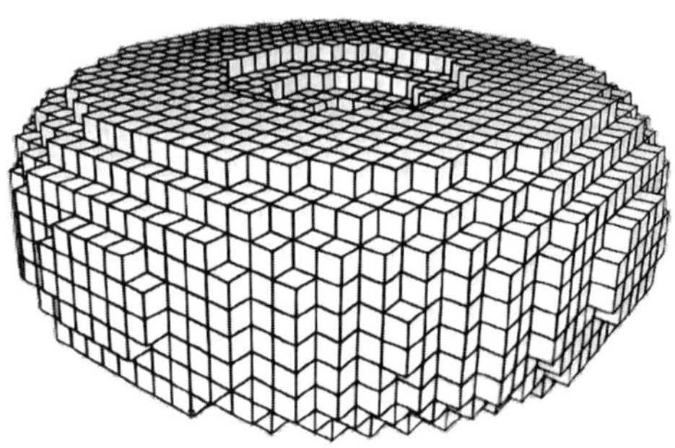

(b) 用体素表示的圆柱体

图 5－12　空间划分法

最常用的几何建模方法是多边形网格模型，即用多边形去描述物体的表面。当曲面无限小时就趋近于平面，即使物体的表面是曲面，也可以通过细分的方法用多边形面片近似描述，因此用多边形网格模型可以描述任意形状的物体（图 5－13）。多边形通常选用最简单的三角形，由此得到的模型又叫

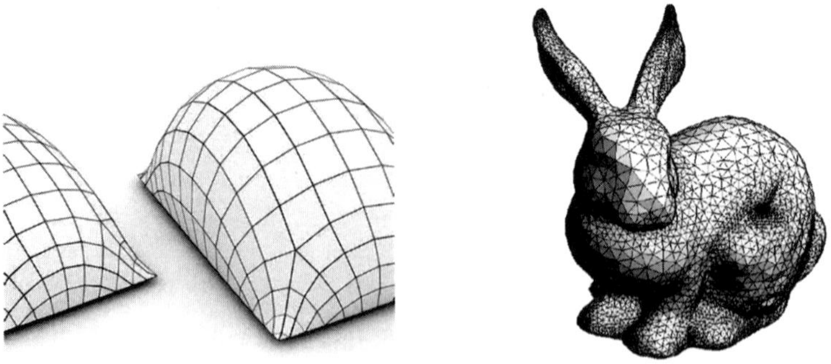

图 5－13　多边形网格模型

作三角网格模型。由于多边形表示简单且易于存储，多面体造型又被称为“标准图形物体”，几乎所有的三维造型软件（如常用的 3DS MAX、MAYA、Softimage 等）均提供多面体造型功能。

尽管三角网格模型具备描述任何形状物体表面的能力，但对一些具有复杂表面的物体，由于有大量的曲面存在，使用的三角形面片的数目非常多（图 5 - 14）。很显然，这里存在着一个不可调和的矛盾，一方面为了精细描述表面细节需要增加三角形面片的数目，另一方面，模型复杂度过高必然影响到绘制的效率，从而影响生成动画的连续性。

(a) 低精度的模型　(b) 中等精度的模型　(c) 较高精度的模型　(d) 高精度模型

图 5 - 14　模型的精度与三角形面片数目的关系

但是，逼真地描述物体是否一定需要这么多的面片呢？如图 5 - 15 所示，五只怪物模型的三角形数目各不相同，最多的有 7 809 个三角形，最少的只有 488 个三角形，但是在视觉效果上，它们的精细程度并没有明显的差异。这是因为三维图形显示中遵循人眼观察远小近大的透视投影原则，当物体远离观

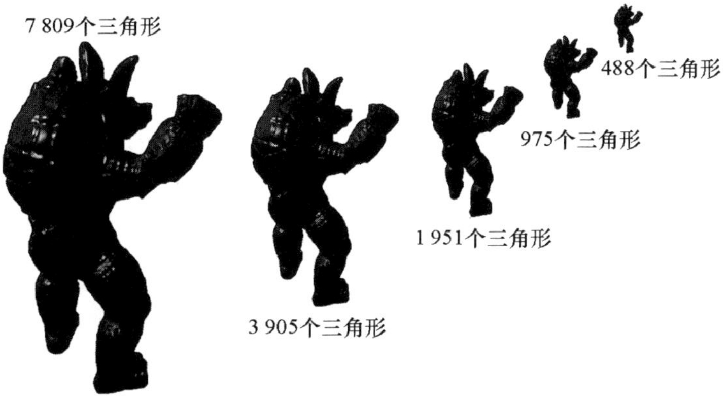

图 5 - 15　模型的精度与三角形面片数目的关系

察者，或观察者远离物体时，能够观察到的细节会减少。因此如果对近处的对象用精细的模型，对远处的对象用粗略的模型，就可以在不降低视觉效果的情况下，减少模型绘制和渲染的复杂度。这项技术就叫作细节等级技术，简称 LOD（Level of Detail）技术。大多数的三维造型和动画工具软件，都支持 LOD 技术。

一般来说，三维几何建模，是通过 3DS MAX、MAYA 这样的三维建模软件手工制作的，增加了三维动画的成本。近年来，随着摄影测量技术的发展，三维扫描技术日益成熟。它使用数字照相激光装置，通过三角测量计算出到对象的距离。三维扫描仪测量得到的是物体表面稠密的三维点信息，称为三维点云。通过软件处理，建立几何拓扑并完成模型简化，可自动生成实物的多边形网格模型（图 5－16）。

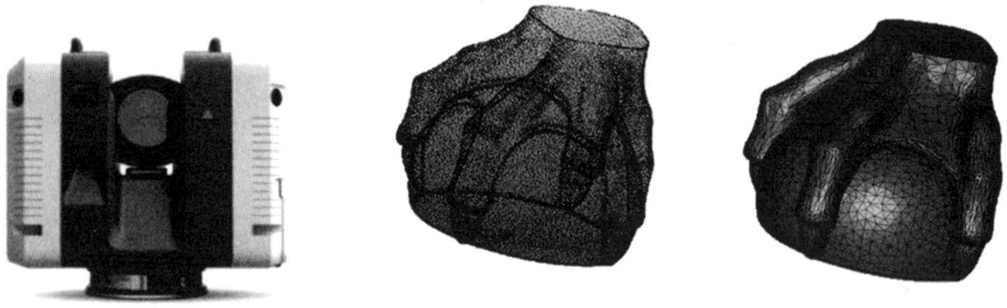

(a) 三维扫描仪　(b) 扫描实物得到的三维点云　(c) 多边形网格模型

图 5－16　通过三维扫描获取实物的三角形网格模型

（2）真实感绘制

影响对象视觉外观的主要因素是光照和纹理，光照决定了物体表面的明暗程度，纹理决定了物体表面的细节。足够丰富细致的光照效果和表面纹理形成真实感绘制。

真实感，是造型表达追求的永恒目标。通过几何建模，只得到了三维物体的几何结构在计算机中的数字表示，通俗地说，就是只描述了物体的形状，显示出来充其量只能达到"形似"[图 5－17（a)]，缺少了表面细节和颜色，距离真实感还相差很远。

如果只是简单地填充颜色，就会感觉会非常假，和真实世界中的物体相比，缺少了明暗变化，从而丧失了立体感[图 5－17（b)]。因此，真实感绘制的核心就是模拟现实世界中，光照到物体表面后呈现出来的明暗效果，这就需要根据光源的位置、强度以及物体表面每一点的法线方向建模计算，称为光照模型。图 5－17（c）就是增加了漫反射和镜面反射光照模型计算后的绘制结果，物体表面有了明暗变化、阴影和高光，表现出不同的材质效果；图 5－17（d）是进一步增加纹理映射表达物体表面的图案、花纹和细小的凹凸效果，增加对多个光源的相互作用以及阴影倒影的计算，才基本达到了真实感的效果。

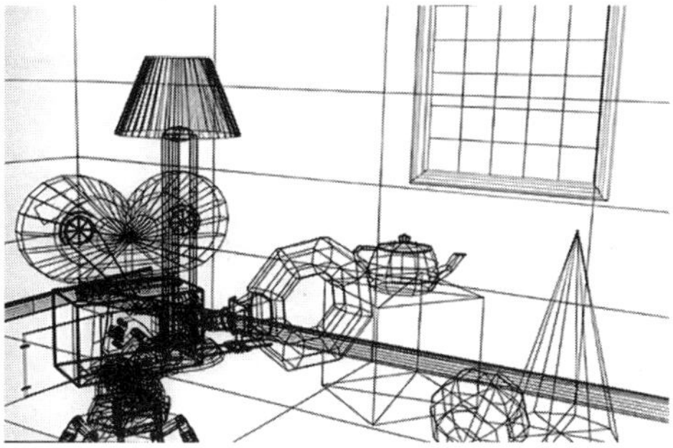

(a) 几何模型

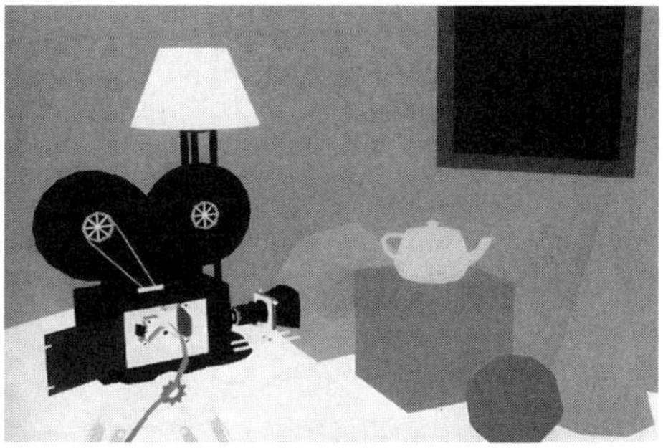

(b) 填充颜色

(c) 简单光照模型（漫反射+镜面反射）

(d) 多光源+纹理映射（图像纹理+凹凸映射+反射纹理）

图 5－17　几何模型的真实感绘制（见书后彩图）

由此也可以看出，要想达到真实的效果，需要准确地模拟整个环境中光在物体之间的反射、透射的过程，比较典型的有光线跟踪算法、辐射度算法等，但计算量相对较大，对计算机软硬件性能的要求也比较高。

5.2.2　运动表达

通常运动控制方法分为两大类：高层运动控制和低层运动控制。高层运动控制通过给定规则或约束来定义运动，也就是说物体的运动通过模型或算法来控制。低层运动控制，就是精确地定义运动，直接指定各个运动参数的值，而不考虑运动参数之间的关系。因此需要人的参与，当运动较复杂时，动画师的工作量非常大。高层运动控制通常涉及复杂的计算和软硬件设备，具体内容参见后续的过程动画技术和虚拟现实技术。本节主要介绍低层运动控制技术。

关键帧插值是最早的一种运动控制方法，通过给定的关键帧，由计算机插值生成中间帧。最简单的是线性插值，在直线轨迹上等间距地生成中间帧（图 5－18），其优点是简单快速，但生成的运动显得不够真实。

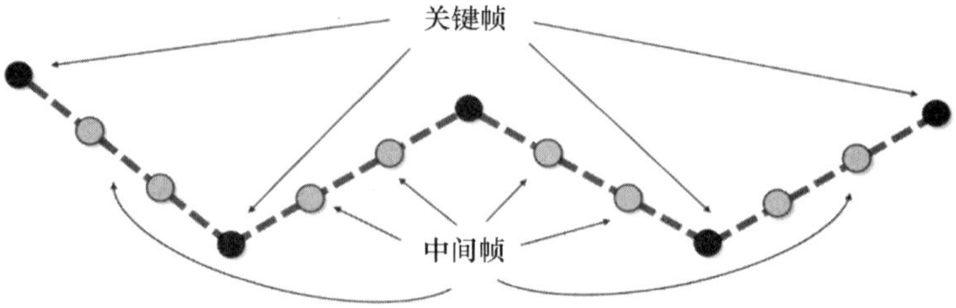

图 5－18　线性插值生成中间帧

非线性插值是在曲线轨迹上等间距生成中间帧，比较有代表性的是样条曲线插值，基于关键帧位置生成光滑的样条曲线后插值，又称为样条驱动的关键帧插值（图 5－19）。

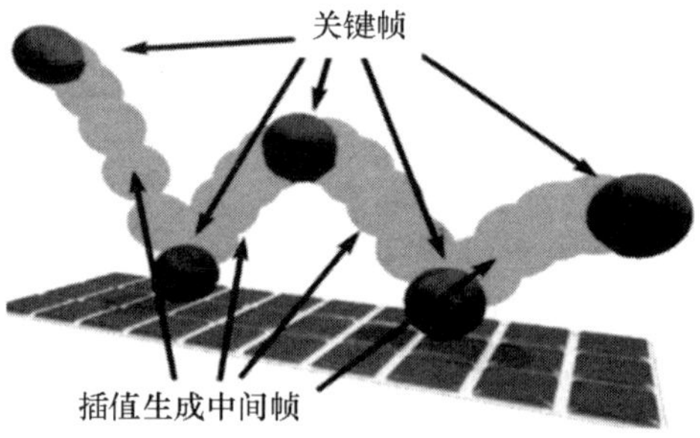

图 5－19　非线性插值生成中间帧

从原理上讲，关键帧插值问题可归结为参数插值问题，传统的插值方法都可应用到关键帧方法中，可以用插值来计算运动的任何参数，例如位置的变化、方向的变化、形状的变化、颜色的变化等。一个好的关键帧插值方法必须能够产生逼真的运动效果，并能给用户提供方便有效的控制手段。除了轨迹位置，物体运动还需要考虑朝向变化，在位置插值的同时进行朝向插值

（图 5－20）。

图 5－20　朝向插值生成正确的运动姿态

在三维动画中，除了直接控制物体运动，还可以控制虚拟摄像机的运动，通过模拟摄像机的推、拉、摇、移，产生不同的动画效果（图 5－21）。

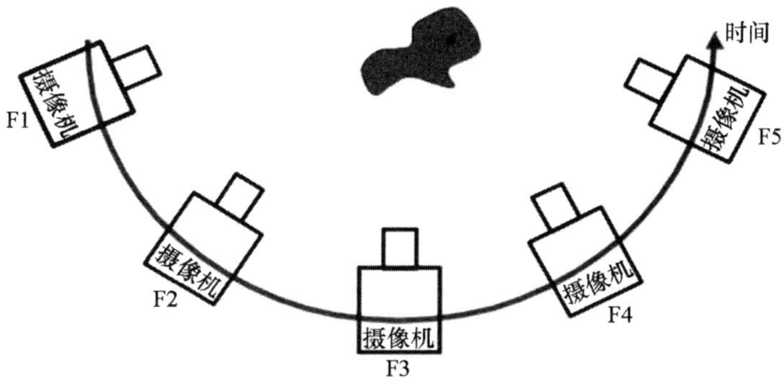

图 5－21　控制摄像机运动模拟镜头变化产生动画效果

5.3　过程动画技术

大多数基本的动画软件提供的都是以关键帧插值为代表的低层运动控制，动画师需要精确地定义运动过程中的关键帧，系统根据线性或非线性插值生成中间帧。以过程动画为代表的高层运动控制技术则致力于让计算机直接生成运动。

所谓过程就是可以由计算机执行的函数或者算法。一般来说，为了使生成的动画逼真，这个过程会基于一定的自然法则、数学模型或物理规律，允许通过参数控制运动或几何的细节。

例如，在小球落地弹跳的动画中，传统的关键帧动画，首先要手工指定运动轨迹中的关键帧，计算机通过插值获得每一帧的画面。而过程动画技术，则是根据小球的运动特点和规律，编写算法直接由计算机算出运动轨迹，从而自动生成每一帧的画面。

过程动画的核心就是使用函数或算法自动生成动画过程，通过参数控制生成几何细节和运动细节，不仅更有助于提高动画生产效率，而且比手工控制更为精细，更易于描述自然场景的不规则性和动态性。常见的过程动画有粒子系统、群体动画和基于物理的动画等。

5.3.1 粒子系统

粒子系统是迄今为止最为成功的一种过程动画技术，它主要用来模拟自然界中不规则模糊物体的运动。

所谓不规则模糊物体，就是像烟雾、火焰、瀑布、云雾、雨、雪等这一类物体，没有固定的外观形状，本质上是由成千上万的微小个体组成，个体的运动有不确定性和随机性，整体呈现出一定的运动规律，但是很难描述。

粒子系统的基本思想是将造型与动画连为一体，景物被定义为由成千上万个随机分布的微小粒子聚集而成，每个粒子均有一定的生命周期，它们不断改变形状、不断运动。

粒子的基本属性包括：初始位置和速度、运动形式、颜色、透明度、大小、形状等当前外观属性以及总生命值和当前年龄。一个粒子系统中所有粒子具有相同的属性描述，但是属性的值具有很大的随机性，并且在每一帧都会改变。每个粒子长什么样并不重要，最终呈现的是成千上万个粒子聚集在一起后的整体效果。

生成粒子系统某瞬间画面包括以下几步：

①生成新的粒子并加入系统中；

②赋予每一个新粒子以一定的属性，包括初始位置、速度、颜色、透明度等；

③删除超过其生命周期的老粒子；

④根据粒子的动态属性对所有粒子进行移动和变换；

⑤绘制并显示由有生命的粒子组成的图形。

其中最重要的步骤是根据粒子的动态属性对所有粒子进行移动和变换，为了更逼真地模拟自然现象，粒子的动态属性往往会遵循一定的自然规律或运动定律。为了更好地模拟不规则模糊物体运动的随机性与整体规律性，在进行移动和变换时往往需要加入一定的随机扰动。

5.3.2 群体动画

群体动画主要用于模拟自然界中群体与环境之间以及群体之间的互动行为，例如鸟群、鱼群、人群等。群体由大量个体构成，个体具有各自的外形与行为，但个体间行为相似，有一定的规律性，也有一定的随机性。和粒子系统相比，群体动画的特点是个体能够独立存在，有自己的动画细节，而且个体之间会互相影响。一般群体动画用于模拟生物群，而粒子系统用于模拟自然景物。

个体动画是群体动画的基础，即表示个体不同行为的动画片段，例如一个人走、跑、跳等行为的动画片段，而群体动画不是简单地把这些动画组合起来，而是要加入群体行为控制（图 5－22）。

图 5－22　紧急疏散演练中的人群模拟动画

群体行为控制通常包含两个对立的因素，即既要相互靠近又要避免碰撞，因此在将个体动画组合时，需要遵循以下三个基本原则，其优先级依次递减。

①碰撞避免原则：避免与相邻的群体成员相碰。

②速度匹配原则：尽量匹配相邻群体成员的速度。

③群体合群原则：群体成员尽量靠近。

群体动画既可用于大规模生物群体，也可用于无人机、无人车以及计算机生成兵力的仿真测试场景动画。

5.3.3 基于物理的动画

基于物理的动画，顾名思义，就是基于运动的物理规律，建立数学模型，编写算法控制物体的形变和运动的动画。例如掉落的小球做自由落地运动，钟表指针做匀速圆周运动，投掷出去的物体根据角度和自身重量的不同沿不同抛物线运动。更复杂的运动需要更复杂的物理模型，例如，基于流体动力学模型，控制粒子系统中粒子的运动，可以较好地模拟气流、水流的运动。

5.4 变形动画技术

变形是传统动画片中经常使用的一种方法，常常用来表达某些夸张效果。计算机动画技术的发展，为变形注入了新的活力，能够制作出很多在传统手工动画中难以实现的更为精美的变形效果。变形动画技术分为两大类，包括形状渐变（Morphing）和空间变形。

5.4.1 Morphing 动画

Morphing 动画又称为形状渐变动画，经典代表作品是 1982 年纽约理工学院的 Tom Brigham 制作的动画——将美女脸平滑过渡变成了山猫脸。之后，Morphing 动画被广泛应用于广告和影视作品中。Morphing 动画涉及源和目标两个对象，这两个对象可以完全不同，动画过程是从源平滑地变到目标，中间帧既有源的特征，也有目标的特征（图 5－23）。

从本质上来讲，Morphing 仍属于帧动画的范畴，将源图像和目标图像设为关键帧，通过插值生成中间帧，其关键是如何插值。

传统动画中的渐变大多通过交融技术来实现，也就是通常说的淡入淡出，通过源图像和目标图像不同透明程度的简单叠加实现渐变过渡。但是这种简单的淡入淡出叠加，最大的缺点是变化不够平滑，在渐变过程中，两幅图像没有对齐，切换的痕迹比较重（图 5－24）。

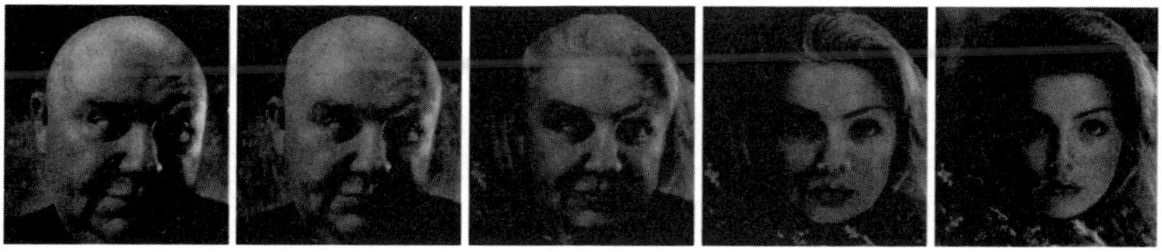

图 5－23 Morphing 生成的中间帧

图 5－24 图像交融技术生成的中间帧

Morphing 渐变中的对齐，不是简单地对齐图像边缘，而是保证图像中重要的特征是对齐的，例如眼角、鼻翼、嘴角的位置，脸庞轮廓等。所以第一步就是基于简单的几何元素建立图像特征之间的对应关系（图 5－25）。几何元素可以是网格节点、线段、曲线、点等，然后由这些对应特征之间的位置关系计算出 Morphing 所需的几何变换，由此就定义了两幅图像上点之间的几何对应关系，以实现单幅图像的扭曲变形，称为 warping。

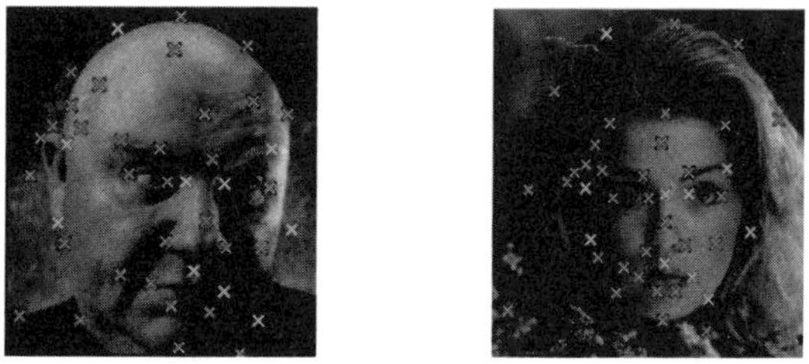

(a) 源图像　　(b) 目标图像

图 5－25 建立图像特征点间的对应关系

Morphing 动画整个过程中同时进行两种 warping（图 5－26）。第一个用于将源图像变换成与目标图像具有相同形状的源图像，第二个用于将目标图像变换成与源图像具有相同形状的目标图像，这样得到的目标图像和源图像是基于特征点对齐的，通过颜色插值即可得到 Morphing 动画的中间帧。

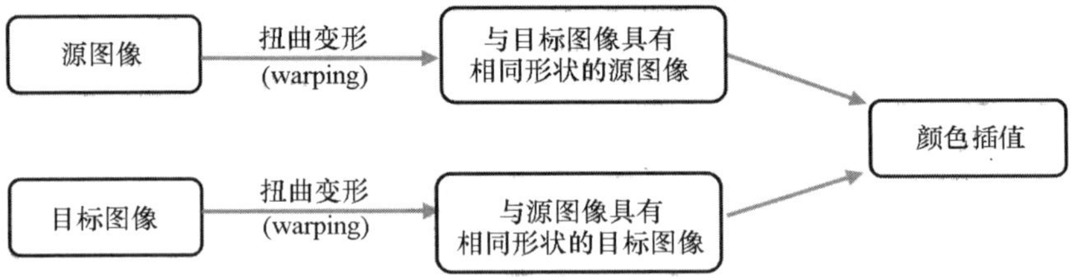

图 5－26　Morphing 的处理过程

在 Morphing 过程中，一般采用的都是均匀形状过渡，即中间帧图像各部分之间的过渡速度相同。如果用一非线性函数来决定图像扭曲和颜色插值的速度，可以产生许多更具有戏剧性的视觉效果。图 5－27 中，利用非均匀形状过渡技术加速了源图像中鼻子部分的变形速度，更加突出了变成猫的特点。

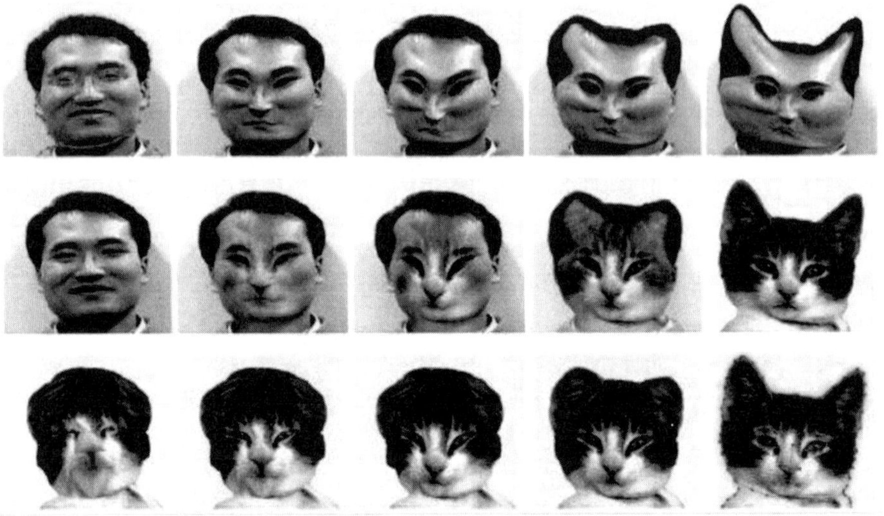

图 5－27　非均匀形状过渡技术示例

三维 Morphing 是将一个三维物体光滑连续地变换为另一个三维物体，与二维 Morphing 相比，三维 Morphing 得到的中间帧是物体的三维模型而不是图像，因此能更好地配合光照条件的变化以及虚拟相机的视角变化，生成更逼真和生动的特技效果。当源物体和目标物体的顶点数、拓扑结构都相同时，只需对对应顶点进行插值便可实现三维 Morphing（图 5－28）。但通常这个条件不一定能够满足，更通用的方法是先将两个物体都转换成体素表示，然后采用类似于图像 Morphing 的方法，在保证几何特征对齐的情况下混合生成中间模型。

图 5－28 三维 Morphing 过程（从球到易拉罐）

5.4.2 空间变形技术

空间变形是对单个几何对象形状做某种扭曲、变形，使它变换到动画师所需的形状。在这种变化中，几何对象的拓扑关系保持不变。其本质是给几何对象的所有顶点施加一个变换函数，从而变换成所需要的形状。空间变形也可以看作一种三维造型的辅助方法，通过变形生成新的三维模型，降低造型的工作量。

最早的空间变形是 Alan Barr 于 1984 年提出的整体与局部变形方法，只用于实现特定的变形。在传统的造型方法中，物体通常类似于搭积木的方法生成，通过对基本几何体的旋转、平移、缩放、求和、求交、求减等几何变换与布尔运算，来生成复杂的物体。Barr 推广了传统的运算操作，把整体和局部变形作为新的算子，他提出的算子有渐细变形（Tapering）、螺旋变形（Twisting）、弯曲变形（Blending）等，通过将这些算子组合作用于几何模型，可以产生出不同的变形效果，如图 5－29 所示。

图 5－29　空间变形

对于更复杂的物体，特别是柔性物体，可采用自由变形技术 FFD，如图 5－30 所示。FFD 的基本思想是不直接操纵物体，而是将物体嵌入一空间，当所嵌的空间变形时，物体也随之变形。由于空间可采用简单的几何体来描述，定义作用于简单几何体上的变换函数要容易得多，因此简化了对物体的变形。采用 FFD 对物体变形的步骤包括：

①确定物体的顶点（或控制顶点）在网格空间的位置；

②变形 FFD 块，即根据动画设计的需要，移动控制顶点；

③确定顶点变形后的位置。

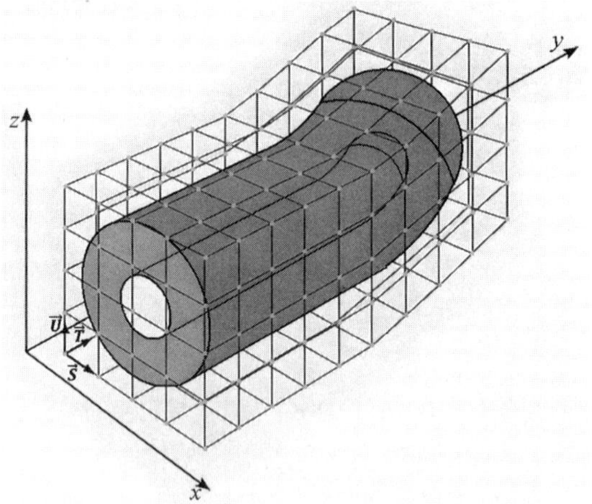

图 5－30　自由变形技术

5.5　关节动画技术

关节动画指有骨架动物的动画技术，是计算机动画技术中最具挑战性的课题之一。关节动画主要包括人、动物以及类人的虚拟角色等。相对于其他动画技术，关节动画有以下特点。

（1）建模和绘制都具有很高的复杂性。关节动画的基本原理是由骨架来控制三维角色的运动，而皮肤作为包裹骨架的顶点网格，每个顶点的位置因受到一个或多个骨件运动的影响而变化，产生变形。为了使得模型外观逼真，运动效果逼真，需要分别定义和描述角色的骨骼、关节、肌肉、皮肤、毛发。骨骼基本与角色骨骼结构一致，由关节点来控制运动的幅度。在此基础上，通过三角形网格模型描述虚拟角色的肌肉，并构建多层细节等级以降低模型绘制复杂度，通过纹理映射描述虚拟角色的皮肤和衣服。为了更加逼真，还需要单独处理皮肤和毛发，使得皮肤具有光泽度和弹性，毛发柔软，发丝能够随风飘动。

（2）运动控制的复杂性。首先是动作的自由度很高，人体有206块骨头，仅四肢就有12个大关节，210个小关节。而每一个合理的运动姿势都是若干个关节综合作用的结果，而且具有个性化特点，同样的走路动作，不同的人会有不同的风格，但很难定性或定量地描述这种风格。

（3）运动的正确性、合理性缺少定量的评价标准。在运动过程中，肌肉和衣服随着人体的运动而变形。而且由于人类对自身的运动非常熟悉，不协调的运动很容易被察觉，但是运动的协调性和自然性又难以定量地描述。

5.5.1 骨架结构

骨架在关节动画中起着主要的控制作用，在建模时通常根据人体运动的骨骼和关节结构，构建骨架的层次结构（图5-31），生成关节链。

关节链是由一系列依次相连的刚体连接而成的开链（图5-32）。两刚体的连接点称为关节，连接两相邻关节的刚体称为连杆，关节链的起点为基结点，其自由末端为末端影响器。关节链上，每一个靠上的关节的运动，都会引发下方所有部件的运动，反之不成立。

每个关节有自己的自由度（Degree of Freedom，DOF）。自由度代表了关节的运动能力，即能够支持几个方向的运动，也就决定了用几个状态变量去描述这个关节。例如腕关节有两个自由度，而且臂关节则有三个自由度。关节链的自由度是完全确定关节链结构的状态所需的独立变量个数，关节链的自由度组成了人体运动自由度（图5-33）。

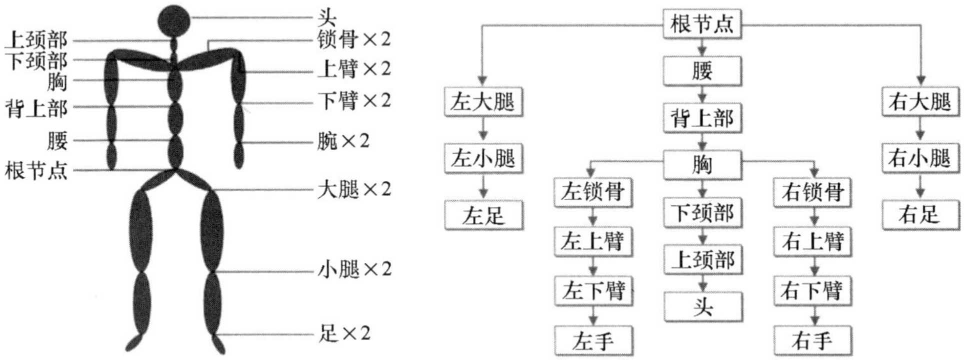

(a) 人体骨骼　　(b) 层次结构

图 5－31　人体骨架层次结构

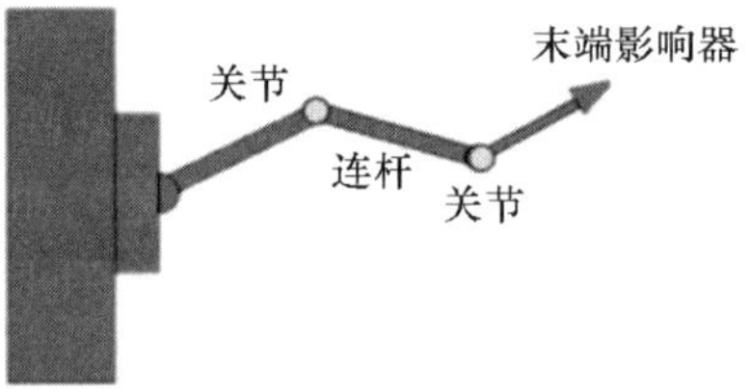

图 5－32　关节链结构

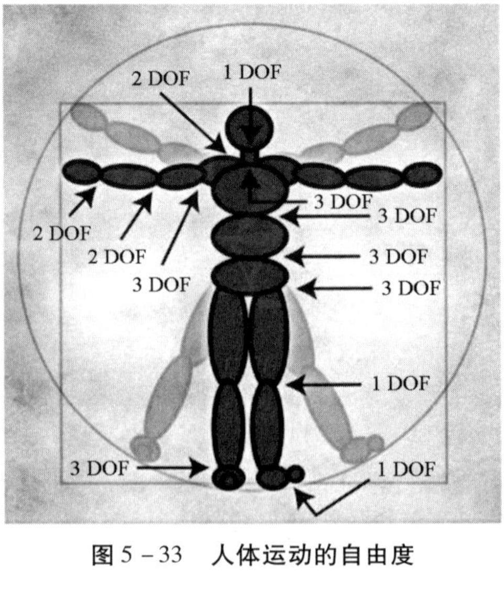

图 5－33　人体运动的自由度

5.5.2 运动描述与控制

运动描述是指用动画来体现运动姿势（图 5－34）。一般来说，一个运动由一组姿势组成，一个姿势是由所有关节的状态变量组成的高维向量。

图 5－34 运动描述

关节动画中生成运动的方法很多，常见的有正向运动学方法、逆向运动学方法、运动捕捉技术和运动编辑方法。

正向运动学方法就是通过指定每个关节的状态向量（即每个自由度的参数值），来确定所有关节及末端影响器的最终位置。如图 5－35 所示，要想制作左手抬起抱球的动画，动画师需要先设置肩关节旋转角度，然后再设置肘关节的旋转角度，动画软件根据参数值计算出它们综合作用于关节链的末端

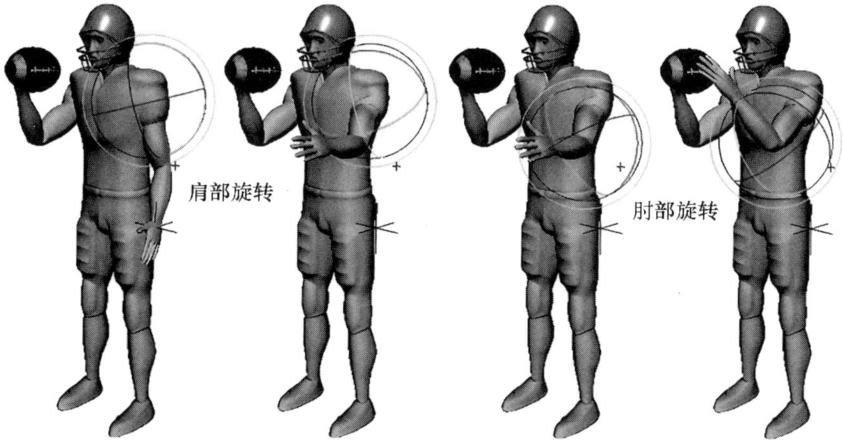

图 5－35 正向运动学方法

（即手）后，手的位置和姿态。由于肩关节的旋转必然带动大臂、小臂等部件，动画师很难估算出合适的角度值，往往需要反复调整。这种方法计算机实现起来比较简单，但对于动画师的要求非常高，不仅工作量大，而且很难保证生成的姿势是协调自然的。

逆向运动学方法正好相反，它是让动画师指定末端影响器的位置姿态，由计算机逆向求解出关节链结构中各关节的空间位置。如图 5－36 所示，动画师只需要设置希望末端（即手）到达的位置和姿态，动画软件系统会自动计算并改变相关关节的状态，以保证整个运动姿势的合理性。这是一种目标驱动的方法，它的求解过程比较复杂，而且通常存在多解及求解不稳定等问题，但用户交互非常简便，可以大大简化动画师的工作量。但要想达到理想的效果，动画软件需要机器学习等智能算法的支持，还需要有大量的同类型的自然合理姿势数据去训练计算模型。

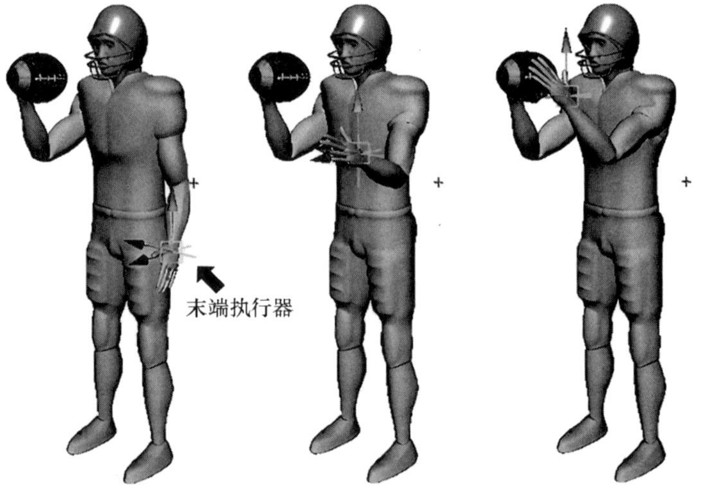

图 5－36　逆向运动学方法

目前比较热门的方法是运动捕捉技术，采用运动跟踪设备，记录演员的运动数据，再用这个数据驱动虚拟角色产生运动。运动跟踪设备包括机械式跟踪设备、电磁跟踪设备和光学跟踪设备等，在第 6 章中会有更为详细的介绍。下面以光学跟踪设备为例，介绍基于运动捕获的动画方法（图 5－37）。

①采集动作数据：在演员身上的重要关节或重点部位设置关键点（例如设置光标），在演员表演的过程中，利用事先布局好的多台高速摄影机记录关键点的信息。

②求解姿势向量：利用计算机视觉算法，对数据进行分析计算，将其转换为关节的旋转角和位移，生成组成运动的一个个姿势向量。

③运动编辑：如果运动姿势不能满足要求，可采用逆向运动学方法编辑修改。

④运动重定向：将运动数据赋予另一个具有相同关节结构的角色。如果新角色和原始角色的骨骼长度相差比较大，还需要进行在给定约束条件下的重新计算，以避免关节错位或陷入地下等。

图5－37 基于光学跟踪的运动捕获环境

目前，运动捕获技术已广泛应用于影视动画制作、游戏和仿真训练中。在电影《阿凡达》中，潘多拉世界中的角色都是由计算机生成的，但它们的动作，甚至包括面部表情，都是捕获了演员的表演后赋予虚拟角色而生成的。图5－38（a）为拍摄现场，房顶部署多个摄像机，演员服装在身体重要关节和部位处都设置有光标，演员表演时所有动作都被记录下来。图5－38（b）

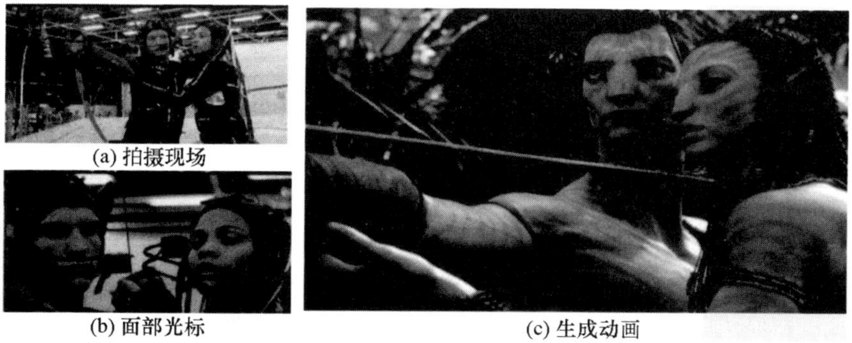

(a) 拍摄现场

(b) 面部光标

(c) 生成动画

图5－38 电影《阿凡达》中通过运动捕获生成动画

中演员脸部画有很多光标，佩戴有 6 个高清摄像头的设备近距离捕获表情变化时光标的位置。系统将捕获到的数据进行分析处理后，赋予虚拟角色，生成与演员表演完全相同的动画，如图 5－38（c）所示。

5.6 习题

1. **判断题**

（1）早期的“手翻书”“留影盘”都是通过手工的、机械的方式来控制实现一系列静止画面的连续快速播放，从而产生动画的效果。（　　）

（2）只有存在运动对象的画面，才能称为动画。（　　）

（3）生成动画的基本原理，是利用了人眼视觉暂留的现象，通过连续快速播放一系列基于时间顺序的静止画面，给人眼视觉造成连续变化的假象。（　　）

（4）动画和视频本质上都是随时间变化的动态画面，因此是同一种媒体。（　　）

（5）三维动画技术一定比二维动画技术更先进，更具有艺术性。（　　）

（6）粒子系统和群体动画都是由个体组成整体，因此它们属于同一种动画技术，可以用于模拟生物群动画，也可以用于模拟自然景物的动画。（　　）

（7）群体动画就是个体的动画片段简单地组合在一起。（　　）

2. **单选题**

（1）在三维动画技术的造型表达中，对近处的对象用精细的模型，对远处的对象用粗略的模型，在减少模型复杂度的同时，同样能够达到理想的视觉效果。这项技术称为（　　）

A. LOD 技术　　B. 几何建模技术

C. 造型表达技术　　D. 真实感绘制技术

（2）若要生成烟、雾、雨、雪等不规则模糊物体的动画，最适合的动画技术是（　　）

A. 群体动画　　B. 三维动画　　C. 变形动画　　D. 粒子系统

（3）Morphing 动画在变形过程中，源图像和目标图像是“对齐”的，这里的对齐指的是（　　）

A. 图像大小对齐

B. 图像边缘对齐

C. 图像的中心点对齐

D 源图像与目标图像中重要的特征点对齐

（4）在某动画软件中，动画师只需要拖动三维角色的脚尖或者手到达某个位置，系统会自动计算并改变全身的关节状态，以保证整个运动姿势的合理性，这里的动画生成采用的是哪种技术？（　　）

A. 正向运动学方法　　B. 逆向运动学方法

C. 运动捕获方法　　D. 关键帧方法

（5）在关节动画中，通过下列哪项来控制三维角色的运动？（　　）

A. 骨架　　B. 肌肉　　C. 皮肤　　D. 角色模型

3. **多选题**

（1）三维动画中的运动控制方法，包括（　　）

A. 通过给定规则或约束来定义物体的运动

B. 精确定义运动，直接指定各个运动参数的值

C. 通过模型和算法来控制物体的运动

D. 控制虚拟摄像机的运动，通过模拟摄像机的推、拉、摇、移，产生不同的运动效果

（2）下列有关空间变形的描述，正确的是（　　）

A. 空间变形是对单个几何对象形状的扭曲变形

B. 给几何对象的顶点作用一个变换函数，使它变细或变粗，属于空间变形

C. 空间变形技术也可看作是一种造型技术

D. 对于更为复杂的物体，例如柔性物体的变形动画，可以采用自由变形技术

（3）Morphing 动画的特点是（　　）

A. 从源光滑地变到目标

B. 中间帧既有源的特征，也有目标的特征

C. 源与目标可以完全不同

D. 和影视剪辑中的淡入淡出完全相同

（4）关于关节动画的特点，以下描述正确的是（　　）

A. 建模和绘制都比较复杂，为了使模型外观逼真、运动效果逼真，往往

需要分别定义和描述骨骼、关节、肌肉、皮肤、毛发等

B. 动作的自由度高，运动控制比较复杂

C. 除了生成运动，还需要考虑运动的协调性、自然性和个性化等要求

D. 可用于任何物体的运动模拟

第6章　虚拟现实技术

多媒体信息在人机交互中的巨大潜力主要来自它能提高人对信息表现形式的选择和控制能力，同时也能提高信息表现形式与人的逻辑和创造能力的结合程度。多媒体用户界面大大丰富了计算机信息的表现形式，使用户可以交替或同时利用多个感觉通道，提高了用户感知信息的效率，拓宽了计算机到用户的通信带宽。虚拟现实技术是多学科交叉融合的产物，它能够让用户直接进入计算机应用系统生成的虚拟世界，从而实现从人适应计算机到计算机适应人的转变。可以说，虚拟现实技术是人们共享信息和体验的一种手段，是一种高阶的信息交流媒体，更强调人与计算机之间的双向高带宽的信息传递能力，能够提供人机之间完全沉浸的感官反馈和自然的信息交互，代表了最理想化、最和谐的多媒体交互界面。

本章重点介绍虚拟现实技术的基本概念、带来的全新体验以及虚拟现实系统的基本组成，从实物虚化和虚物实化两个角度介绍虚拟现实的关键技术，并通过具体案例理解虚拟现实技术带来的应用变革。

6.1　什么是虚拟现实

6.1.1　虚拟现实及相关概念

提到虚拟现实，人们往往首先想到在科幻电影和酷炫游戏里面，佩戴立体显示头盔、穿着数据衣，完全进入虚拟世界的奇妙体验。娱乐和游戏确实是目前虚拟现实技术最广泛最成功的应用领域之一，但是毫无疑问虚拟现实带来的绝不仅仅是游戏，而是一种完全不同于以往的使用计算机的方式。

纵观计算机发展的历史，计算机应用领域的繁荣在很大程度上取决于计算机处理信息的多样性和用户使用计算机的便携性。20 世纪 40 年代第一台计算机问世时，需要使用插板、拨号、开关，通过一系列复杂烦琐的手工机械式控制操作才能完成一个并不复杂的计算［图 6－1（a）］，计算机的使用被限定在非常狭小的专业应用范围内。其后出现的穿孔卡片［图 6－1（b）］，要求用户以打孔的形式输入二进制信息，从本质上来说，还是需要将人的思维完全转换成机器语言。20 世纪 60 年代字符终端［图 6－1（c）］的出现推动了计算机应用领域的拓展，但用户仍必须记住大量操作命令。在这几十年里，计算机仅仅是只有专业人士才会使用的专业工具。直到 20 世纪 80 年代多媒体技术的出现［图 6－1（d）］，使得计算机能够接收、处理、存储、传输和显示图、文、声、像等多种形式的信息，也推动人们使用计算机的方式从以往的人适应计算机，向计算机适应人的方向发展，促使计算机走进人们工作生活的每个角落，带来了计算机应用系统的普及和繁荣。

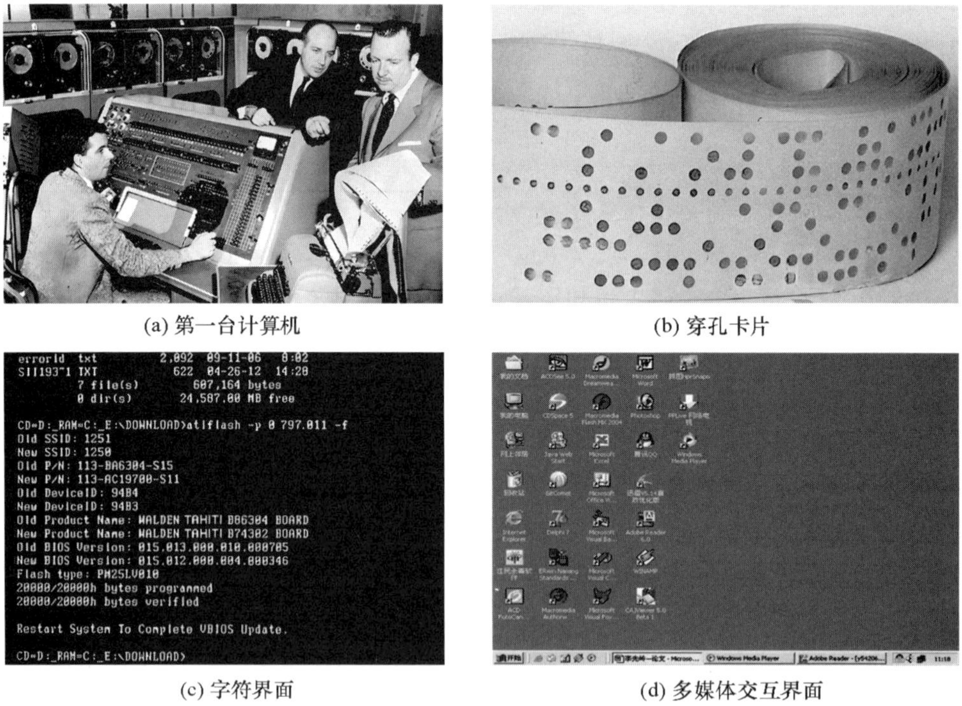

(a) 第一台计算机　(b) 穿孔卡片　(c) 字符界面　(d) 多媒体交互界面

图 6－1　人机交互界面的发展

虚拟现实技术是多媒体技术的进一步发展，它打破应用程序窗口的限制，打破鼠标和键盘窗口的限制，让人能直接进入计算机应用系统生成的虚拟世界中去，像在现实世界中那样与应用系统进行交互，从而带来计算机应用领域和应用模式的全新变革。下面简单介绍虚拟现实。

虚拟现实，是由英文术语“Virtual Reality”直接翻译过来的。早在1965年，Ivan Sutherland在国际信息处理联合会大会上提出了“终极显示”的概念。Sutherland对显示的描述包括肌肉运动知觉（力反馈）和视觉刺激。他指出通过“终极显示”用户可以与某个世界中的对象交互，在这个世界中不需要遵循物理现实中的规律，而是“数字世界的窥视镜”。“终极显示”被认为是虚拟现实技术的雏形。1989年，美国VPL公司的工程师Jaron Lanier第一次提出“Virtual Reality”这个术语，并被人们广泛接受。然而，对于什么是虚拟现实，到目前为止并没有严格的定义，从功能上可以描述为：

①由计算机生成的看起来像真的、听起来像真的、摸起来像真的虚拟世界；

②用户可以以自然的方式与之进行交互；

③虚拟世界能够提供多种感官反馈以给人一种身临其境的感觉。

从上述描述中可以看到虚拟现实的两个重要的特性：交互和沉浸。

交互：是指自然的交互，不同于图形用户界面中使用鼠标、键盘的交互界面，而是类似于人与人、人与真实世界之间的交互方式，通过手势、语言、动作，甚至用眼神、表情与计算机进行交流。

沉浸：是基于多种真实的感官反馈，包括视觉、听觉、触觉等多种通道，获得对身体感官的合成刺激，而且这种刺激是对用户自然交互的实时反应，能够使人产生身临其境的真实感觉。

达到完全的沉浸，不仅要求系统能够实时捕获到用户的位置和关节信息，并基于这些信息实时生成与之匹配的虚拟世界，而且必须屏蔽掉用户自己所处的现实世界，让用户只能感知到计算机生成的虚拟世界。这对于一些强调真实体验的应用，例如特殊环境下的操作训练来说，是非常必要的。一方面，在这种完全的沉浸的环境中，用户的所有感知都来自系统，因此对硬件设备，对系统实时计算和反馈能力的要求会非常高，这类系统不仅造价昂贵，而且以目前的技术手段，还不能完全满足要求。另一方面，是否所有的应用一定需要完全的沉浸呢？在很多的应用场合，人们需要的并不是完全虚拟的世界，而是希望在现实世界中起到增强辅助作用的虚拟对象。例如在进行城市规划时，并不一定需要完全设计出一个虚拟的城市，而是可以将设计出来的虚拟大桥显示在真实的河流上面；在进行维修检测的时候，并不需要构造出虚拟的仪器设备，而是将虚拟的信息显示在真实的设备上。在这些应用背景下，虚与实的结合会取得更好的应用效果。

在虚拟现实技术研究领域，对虚景与实景的定义，通常基于其生成的技术手段。

虚景：由计算机图形技术生成的场景。首先通过计算机构造场景的三维几何模型，在给定观察点和观察方向后，由计算机实现多边形绘制、着色、消隐、光照以及投影等一系列绘制过程，产生虚拟场景。

实景：指由现实世界中客观存在的场景或由图像合成的场景。图像可以是照相机拍摄的，也可以是从摄像机视频中采集的，特殊情况下也可以是三维建模软件事先渲染好的，通过处理、组织这些图像而得到的场景称为实景。

在虚拟世界中增加实景对象，不仅真实感好，而且可以减少虚拟环境的复杂度。例如，当用户带上封闭式的头盔显示器时，所能看到的完全是计算机生成的虚拟世界，但是在这个虚拟世界中进行漫游和操作时，有一个很棘手的问题就是无法看到自己，从而带来感觉上的障碍。比较常规的解决方案就是让计算机再生成一个虚拟角色或者虚拟手，通过传感器采集用户的运动信息赋予虚拟角色，或者只采集手部的动作赋予虚拟手，从而代替真实的人或手进行操作，称为虚拟化身。然而，要想生成一个逼真的虚拟化身，建模绘制的工作量非常巨大。如果通过采集手部的图像，处理后嵌入到虚拟世界中去，也就是用实景来增强虚拟世界，不仅降低了建模的复杂度，而且可以更好地保证模型的真实感。

由此可见，虚和实并非完成对立的两个方面，不同程度的虚实结合能很好地解决不同领域的应用问题，最大限度地发挥计算机应用系统对人们工作生活的辅助作用。

1994 年 Paul Milgram 提出了虚实统一体（Virtuality Continuum）的概念(图 6－2)。

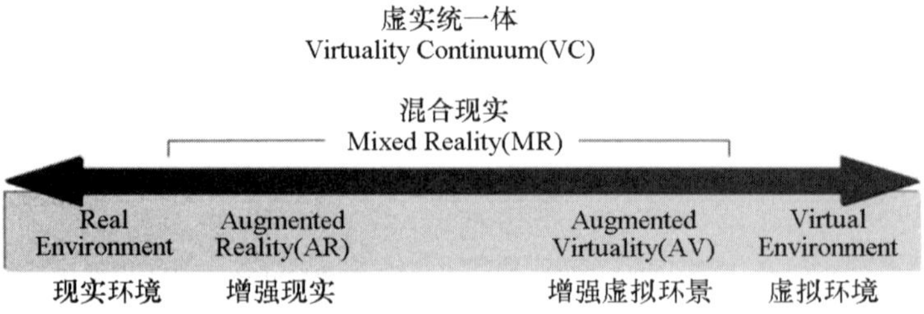

图 6－2　虚实统一体（Paul Milgram，1994）

在完全真实的现实环境和完全的虚拟环境之间，是虚实融合的混合现实（Mixed Reality，MR）。把虚拟的对象叠加在真实世界上，用虚拟信息辅助现实世界，称为增强现实（Augmented Reality，AR）。而把实景对象添加在虚拟世界中，用实景信息完善虚拟环境，称为增强虚拟环境（Augmented Virtuality，AV）。

表6-1给出了虚拟现实领域中的相关术语的解释。有时在媒体宣传中存在这样一种误区，认为VR已经过时了，AR技术优于VR，MR代表着更先进的技术发展方向，这种说法是不正确的。VR、AR、MR仅仅是针对不同应用需求采不同的技术的解决方案，并不代表技术的先进水平。目前在虚拟现实领域中，很多术语并没有严格的定义，领域研究的重点是如何更好发挥技术的应用价值，创建人机和谐的交互环境，让技术更好地服务于应用的需求。

表6-1　虚拟现实领域的相关术语

术语	简称	描述
虚拟现实（Virtual Reality）	VR	计算机生成的完全沉浸式的虚拟世界
增强现实（Augmented Reality）	AR	虚拟信息叠加在现实世界之上的产物
增强虚拟环境（Augmented Virtuality）	AV	计算机生成的虚拟世界，虚拟世界中的部分内容来自现实世界中的实景对象
混合现实（Mixed Reality）	MR	AR和AV的统称，是不同程度的虚实结合产生的应用系统

6.1.2　虚拟现实的技术优势

虚拟现实技术作为一种高端的人机接口，改变的是人们使用计算机的方式，或者说改变的是计算机服务于人类工作生活的方式。既然虚拟现实是计算机生成的一个看起来像真的、听起来像真的、摸起来也像真的的虚拟世界，那么基于虚拟现实技术构造的虚拟世界，除了神奇好玩，到底还能给人们的工作生活带来什么用处呢？理解这一点，对于更好利用VR技术，开发更有用的应用系统，是非常重要的。虚拟现实的技术优势具体表现为以下四个方面：

（1）信息的直观展示

目前大多数应用系统还是以数值计算为主，特别是在科学计算领域，可以借助于计算机强大的计算能力得到一系列运行数值结果，但是数字背景究竟隐藏着什么科学现象，即使是专业人员也需要花费大量的时间去解读。基于虚拟现实技术可以以三维立体的方式直观形象地显示原本不可见的信息。例如，图6-3显示的是龙卷风的内部运动细节，图6-4显示的是虚拟战场环境中雷达作用范围的三维显示，并且这种显示支持用户从不同角度全方位观察，在交互改变参数之后还能实时显示其影响和变化，从而使用户能够更直观更便捷地理解抽象的信息，缩短了从数据到知识的距离。

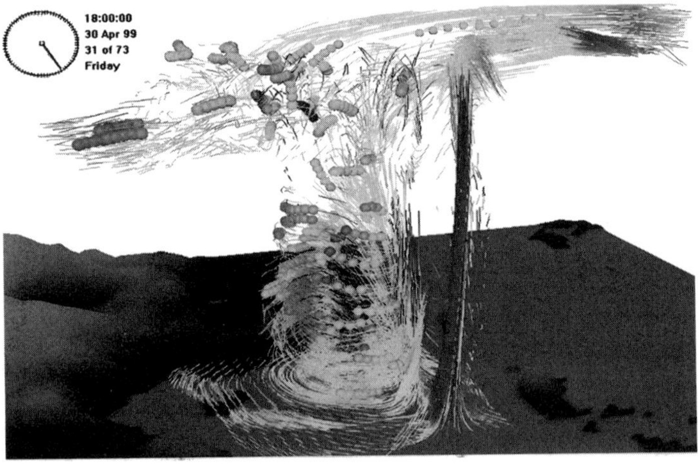

图6-3 龙卷风数值仿真结果的三维显示（见书后彩图）

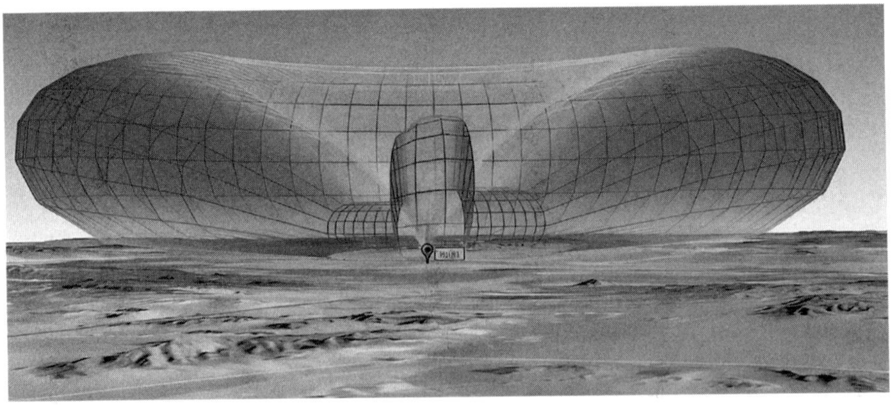

图6-4 虚拟战场环境中的雷达作用范围

（2）身临其境的真实感与沉浸感

不同于以往使用计算机的方式，虚拟现实系统允许用户全身心地获得足够真实的三维立体视觉、三维空间听觉、触觉和其他本体感觉，不再局限于显示窗口的二维空间的视觉反馈，从而使用户能更好地认识和感知应用系统所表达的虚拟世界的各种属性。

（3）方便自然的人机交互

这也是虚拟现实系统和各种体验类娱乐项目的本质区别。用户不再是被动地观察体验虚拟世界，而是可以像在现实世界中一样主动地和这个世界进行交互，通过自己最熟悉最自然的手势和动作来选择适合的观察视角，选择感兴趣的对象进行操作，获得实时的直接的反馈。自然交互和沉浸给操作类和训练类的应用系统带来颠覆性的革命。例如，图6－5左图显示的是用户看到的虚拟场景，会基于用户身体的运动、头部的转动以及各种动作做出实时的正确的反馈，即打破窗口的限制和鼠标键盘的禁锢，获得多通道的反馈。又如，在巷战虚拟训练中，用户佩戴封闭式的头盔显示器，借助全向跑步机［图6－5（a）］，可以像在真实世界中训练时一样跑动、转身、全方位地观察，也可以做出各种战术动作。

(a)　　(b)

图6－5　巷战虚拟训练

（4）多维信息构成的可交互空间

虚拟现实技术不仅仅带来个人自身体验的提升，更重要的是带来了一种全新的信息集成方式和人与系统协作交互的方式，它可以将不同时间维度、空间维度和感觉维度的信息和用户有效地集成在一个虚拟世界中，形成共享的信息空间和高度智能化的人机系统，并在远程分布的多用户之间、用户与多维信息之间实现自然的交互，达成一致认识和理解，提高协同工作的效率。

6.1.3 VR 系统的构成

虚拟现实的主要目的是实现自然人机交互，即实现一种逼真的，视、听、触觉一体化的计算机生成环境，来辅助不同应用领域的工作。显然，目前计算机应用系统的标准配置是无法实现这种可沉浸可交互环境的，因此开发虚拟现实系统必须借助必要的装备来实现人和虚拟环境的自然交互。

一个典型的虚拟现实系统，包括软件系统和硬件系统两部分。软件系统的核心就是计算机生成的虚拟环境，这不仅仅是一个看上去逼真的图形场景，更重要的是包括了环境中所有虚拟对象的属性、运动和行为的计算，用户、虚拟环境、虚拟对象之间的所有交互和反馈的规则和计算，视、听、触等多通道输出信息的计算等。因此虚拟世界对于计算机系统的性能要求非常高。

硬件系统组成如图 6－6 所示。以高性能图形计算机为核心的虚拟环境处理器，支持复杂的计算和多通道信息的显示；交互设备主要包括：方位跟踪器，如数据手套和数据衣；身体方位姿态跟踪设备，负责获得用户的输入信

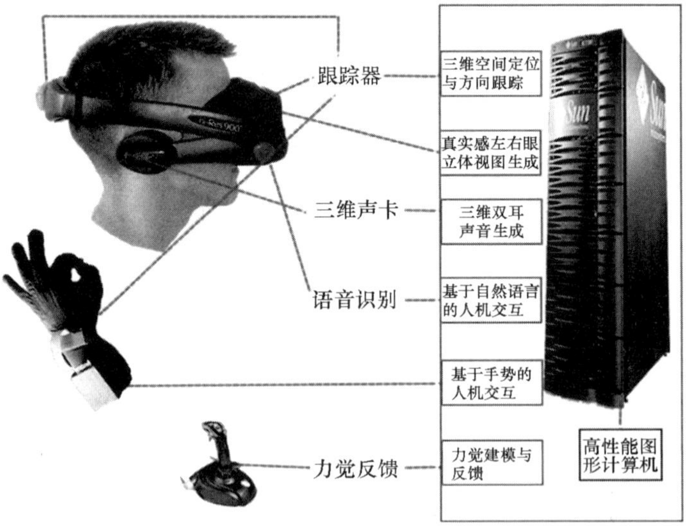

图 6－6　典型的虚拟现实系统硬件部分

息；以头盔显示器为核心的视觉系统，负责产生真实感的视觉反馈；以语音识别、声音合成与声音定位为核心的三维听觉系统，负责产生真实的听觉反馈；以触觉和力觉反馈系统为核心的其他感觉系统，负责产生真实的其他感觉反馈。

对于这样一个复杂的软硬件系统，其核心关键技术可以归纳为三个方面：实物虚化、虚物实化和信息共享。

实物虚化是虚拟现实系统运转的基础，因为用户感知到的虚拟世界，是由用户的输入驱动的，用户看到什么，取决于用户看的角度。因此要先将这些真实的信息映射到计算机数字化空间中去。具体来说，必不可少的实物虚拟技术主要包括：建模技术、位置跟踪技术和交互操纵技术。建模技术是指为了在计算机的数字空间里面，模拟现实世界中的对象和状态，要将环境、环境中的对象，它们的外观、属性、相互作用，相互关系以及发展变化映射为数字空间中的各种数据表示，这是虚拟现实系统的基础。位置跟踪技术和交互操纵技术，用于获取用户的输入信息，并提供给用户操纵虚拟对象的手段，是虚拟现实输入设备的基础。

虚物实化是指根据虚拟环境生成人可直接感受到的真实信号。这意味着计算机数字化空间里面计算和存储的信息，最终要以真实的视觉、听觉、触觉、力觉的形式反馈给人。虚物实化的目的，是让虚拟世界带给用户真实的感觉，主要包括立体视觉显示、三维听觉显示以及力觉和触觉显示技术，是虚拟现实输出设备的基础。

信息共享是如何让多个用户，特别是不在同一地理位置的多个用户参与到同一个虚拟环境中去，获得一致的视图和体验。

6.2 虚拟现实关键技术

6.2.1 位置跟踪技术

位置跟踪技术，是虚拟现实输入和显示的基础。一方面，由于用户感知到的虚拟世界，是由用户自身状态驱动的，因此需要实时获取用户头部、手部和四肢的位置、姿态，从而控制虚拟世界中的观察方向以及物体的运动，操纵虚拟对象。另一方面，位置跟踪技术可以实现将用户的动作映射给虚拟替身。

位置跟踪是计算各种感官反馈的基础。例如，只有跟踪到头部位置后才能确定用户朝什么方向看，从而确定应该显示哪些场景，然后才能将复杂的场景以三维立体方式逼真地显示出来。首先，在用户转头的过程中，跟踪、计算、绘制、显示都必须要能够实时完成，否则就会出现延迟。因此虚拟现实系统对位置跟踪的实时性要求特别高，早期的虚拟现实头盔显示器在佩戴之后往往会产生非常眩晕的感觉，主要原因之一就是位置跟踪的实时性达不到要求。其次，虚拟现实系统对位置跟踪的精度要求也比较高，特别是一些涉及精细操作的应用系统。例如，全球定位系统（GPS）的传感器在95%的时间里都能以1~5米的精度报告位置，这对于汽车驾驶应用来说足够了，但是诸如虚拟手术仿真系统之类的VR应用就需要更好的精度和分辨率。

不论是采用哪种类型的位置跟踪技术，也不论跟踪哪个部位，跟踪的结果都是三维对象的位置和方向。三维空间中的活动对象有六个自由度，其中三个用于平移，三个用于旋转，如果在活动对象上捆绑一个笛卡尔坐标系，如图6-7所示，位置跟踪技术输出的是六个自由度的参数，包括三个沿 X、Y、Z 轴的平移参数和三个沿 X、Y、Z 轴的旋转参数，分别称为偏航（yaw）、俯仰（pitch）和横滚（roll）。当对象高速运动时，需要能迅速地测量出由这些参数定义的六维数据集。

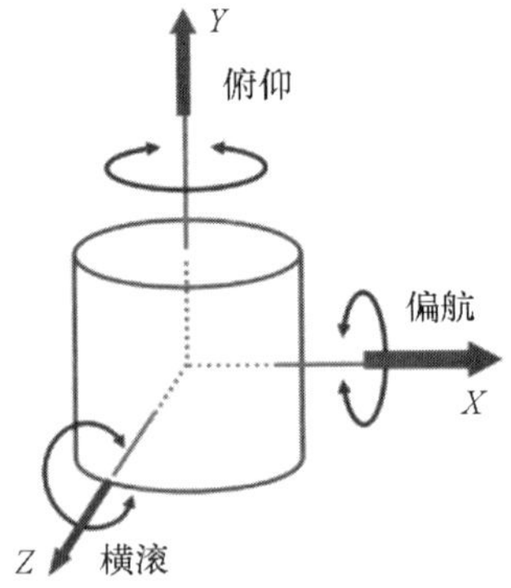

图6-7　活动对象的坐标系统

VR中用于测量三维对象位置和方向实时变化的专门硬件设备称为三维位置跟踪器。根据位置跟踪的原理不同，三维位置跟踪器可以分为机械跟踪、电磁跟踪、光学跟踪和惯性跟踪四大类。

机械跟踪由多个带有传感器的关节连接在一起的连杆构成，每个连杆的参数是事先知道的，所以很容易求解出连杆末端位置。固定端三维位置跟踪器的缺点是笨重（图 6 – 8），限制了用户的自由运动，同时受机械臂的尺寸限制，工作范围有限，但并不代表这种跟踪器已完全过时，它的成本相对较低，而且具有高精度、低延迟的特点，所以在很多应用场合依然还可以使用。

图 6 – 8　Gypsy 2 运动捕获衣中使用的机械跟踪器

电磁跟踪是非接触式三维测量的代表技术，是在各种 VR 设备中使用得最多的一种位置跟踪技术。它包括一个发射器和多个接收器。发射器由三轴正交线圈构成，在空间中位置固定。接收器绑定在移动对象上，同样有三个正交的线圈。发射器发射低频磁场，根据从发射器到接收器的电磁能量传递关系计算接收器的相对位置（图 6 –9）。VR 系统中使用的第一个电磁跟踪器是集成在 VPL 数据手套中的 Polhemus Isotrack 交流电磁跟踪器，其工作结构如图 6 – 10 所示。

电磁跟踪的优点是体积小，而且采用的是非接触的三维测量，可以体会到无线系统带来的便利性，同时不受视线阻挡的限制，能够支持多个接收器，但其缺点是容易受到环境中电磁物质和金属物质的干扰，因而产生延迟，而且它的工作范围相对有限。

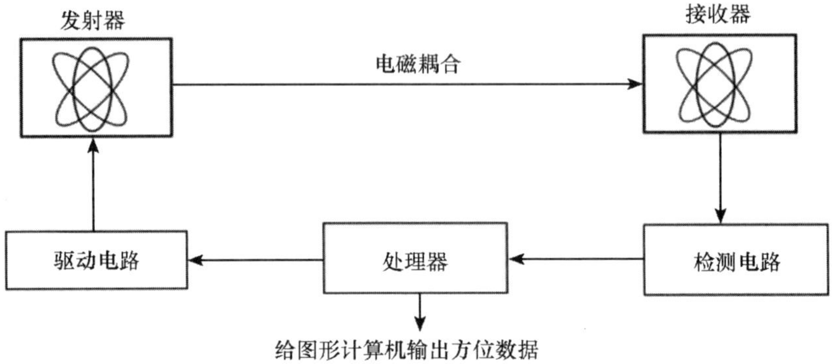

图 6－9　电磁跟踪原理

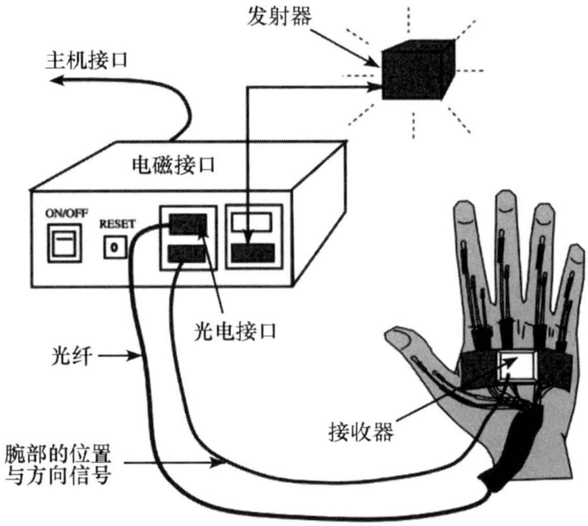

图 6－10　VPL 数据手套中使用的三维电磁跟踪器

光学跟踪器近几年发展非常快，它是基于三角测量的原理，利用环境光或者控制光源发出的光在成像平面上不同时刻或者不同位置的投影计算出被跟踪对象的方位，比较常见的是在天花板上布置多个相机之类的光传感器，并且在用户身上被跟踪的部位装有能发光的灯标，通过计算可以得到每个光标的方位信息，如图 6－11 所示。

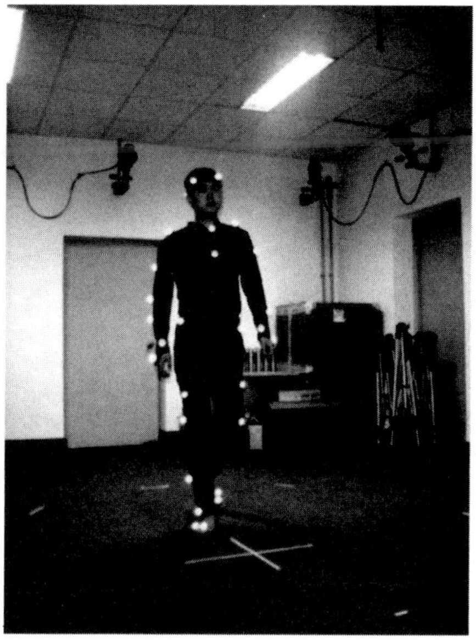

图6－11 光学跟踪

目前光学跟踪已在动画制作和生物力学的运动捕获中得到了广泛的应用。它的优点是具有较高的更新率，较低的延迟和较大的工作范围，不受金属物质的干扰。但其缺点是要求发射器与接收器之间畅通无阻，而且价格相对比较昂贵。值得一提的是目前有很多平民化的光学位置跟踪设备，比较有代表性的是KINECT深度摄像头（图6－12），它最初是作为Xbox360游戏机的外接设备发布的，通过红外发射器和红外相机组成深度传感器，结合普通光学相机实时动态追踪识别人体重要关节，让玩家通过自己的肢体动作来控制游戏。因为它的售价仅为1 000多元人民币，尽管跟踪的部位和精度都有限，但由于价格亲民，因此也被很多平民化的应用系统作为跟踪设备使用。

惯性跟踪目前用得比较多的是陀螺仪、加速计、磁力计的组合。陀螺仪测量三个坐标轴的旋转角度，加速计测量平移参数，磁力计确定东南西北方向。手机中对方位的感知，通常采用的就是这种惯性跟踪器。惯性跟踪最大的优点是无源，不需要发射器，因此可以用于大范围的跟踪，而且没有视觉阻挡等问题。同时它的体积很小，成本也比较低，目前很多大众的游戏设备里面都采用了这种跟踪技术。其缺点是精度不够高，而且存在漂移现象，累积误差比较大。

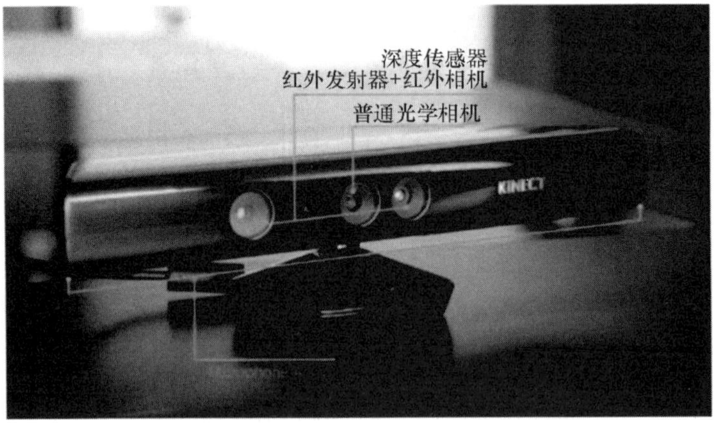

图 6－12　平民化的光学位置跟踪设备 KINECT

6.2.2　交互输入技术

交互输入技术的目的是给用户提供控制、操纵虚拟对象和虚拟世界的能力。比较典型的交互输入技术有选择操纵、手势识别、语音命令，除此之外还有眼神命令、动作命令等。

6.2.2.1　选择操纵

最典型的选择操纵设备是立体鼠标和操纵杆，用于支持用户在虚拟环境中的漫游、选择、旋转、平移、剖分虚拟对象等操作。

立体鼠标是一个双手操作的立方体结构（图 6－13）。除了能够像传统的鼠标一样，控制在三维空间中的光标位置选择和抓取对象，还提供三个平移杆，能剖分和编辑对象，每个平移杆控制着一个剖分平面，末端的按钮允许选择剖分平面的方向。此外，它还提供了多个可编程的按钮，可以自定义完成抓取等操作。

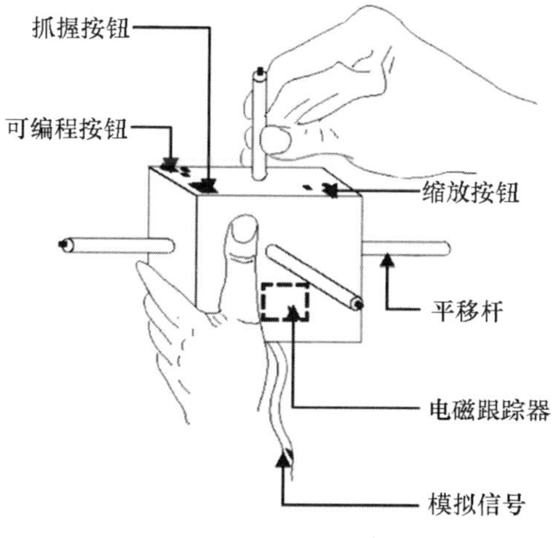

图6－13 立体鼠标

此外还有跟踪球、三维探针、操作手柄等其他选择操纵设备，虽然外观各异，但是它们的功能基本相似。选择操纵设备虽然简单紧致，但是它牺牲了用户手部的自然运动和用户与虚拟世界交互的直观性。图6－14为力反馈操作手柄。

图6－14 力反馈操作手柄

6.2.2.2 手势识别

要实现基于手势和手部动作的自然交互，就需要精确地捕捉手掌和手指的运动，嵌入了传感器的数据手套（图6－15）成为VR系统的标配之一。由于手指的关节较多，而且运动自由度较高，包括弯曲、伸展、内展、横向外展和内收等，所需的传感器的数目比较多。同时，由于人手大小差异比较大以及在运动过程中手套会发生滑落，因此佩戴这种手套需要经常进行校正。各种数据手套之间主要的区别是它们使用的传感器的类型及参数，如给每个手指分配的传感器的数目是一个还是多个，感知的分辨率是多大，手套的采样速度有多少等。这些参数的不同导致数据手套价格差异非常大。专业的数据手套往往配有相应的手势库和手势识别接口，用于识别手势并转换成相应的控制命令，完成对虚拟世界和对象的操控。

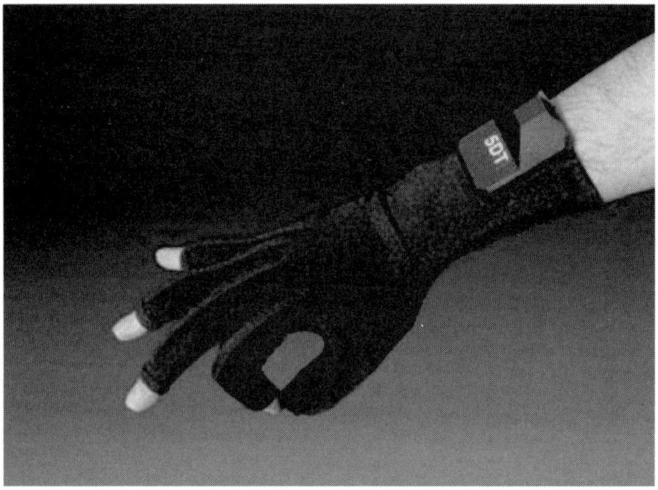

图 6－15　数据手套

近年来也出现了不少平民化的手势识别设备，比较有代表性的是美国 Leap 公司生产的 Leapmotion（图 6－16）。它于 2014 年 8 月进入中国，售价仅为 688 元，目前最新款价格为 1 000 元左右。Leapmotion 是基于双目视觉的手势识别设备，有两个摄像头，利用双目立体视觉成像原理提取手指的三维位置信息进行手势的综合分析判断。相对于数据手套，Leapmotion 非常小巧、无须穿戴，使用灵活方便，但缺点是能够跟踪的关节数目有限，对遮挡敏感。

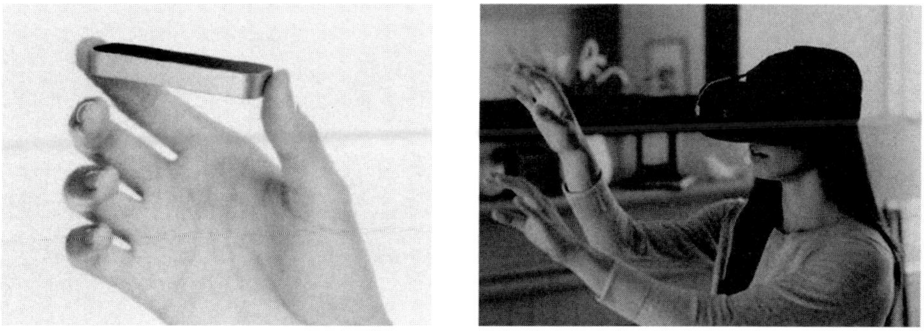

图6－16 Leapmotion 及应用

6.2.2.3 语音命令

语音命令也是虚拟现实系统中有效的操作控制方式之一，目前语音识别技术已经相对成熟，其难点在于对语音命令的设计和对模糊语义的理解上。

6.2.3 VR 显示技术

用户对虚拟世界的感知，完全基于计算机提供的显示。虚拟现实系统中术语显示，泛指为任何一种感觉通道提供信息表现，高沉浸感的虚拟现实系统除了图形反馈，还应该有三维声音和真实感的触觉，即需要支持三维听觉显示、触觉显示和三维立体视觉显示等。

6.2.3.1 三维听觉显示

三维听觉显示并不是通常所说的立体声。虚拟现实中显示的三维声音，其重点在于提供对声源的方位感知，比如在虚拟战场环境中，用户可以听到左边传来了枪声，右边传来了炮声，根据声音的大小就能够判断出声源的大致位置。如果用户转过身去，听到的炮声应该在左边，枪声则应该在右边，所以这不是一个简单的通过左声道右声道播放的问题，需要基于头部跟踪器的数据通过复杂的计算来合成，在计算过程中，不仅要考虑声源的位置和大小，而且必须考虑声音在传播过程中被墙、地面和其他物体反射的效果，以及反射后的声音和直接接收到的声音产生叠加效果。除此之外，由于人耳对声音感知的差异性，还需要有特定的三维声音显示设备支持，才能产生真实的声音感知。相对于立体视觉技术的发展，三维听觉显示目前还存在许多技术难题。

6.2.3.2 触觉显示

触觉显示比较常见的处理是在传感手套或者操作手柄中集成电激励器产生振动感，通过气泡激励器产生压力，用微型针阵列产生对物体表面纹理的触感，用温度激励器产生冷热的感觉，用机械力产生力觉等。由于可能对人体造成伤害，而且人的触觉是很难被欺骗的，因此触觉显示的研究相对比较缓慢，目前还没有办法达到令人满意的效果。在很多应用系统里都是利用感觉替换产生一定程度的感觉反馈，例如通过振动来提示用户手指接触到了物体。

6.2.3.3 三维立体视觉显示

由于人对外界的感觉80%都来自视觉，因此三维立体的视觉显示是虚拟现实系统中产生真实感、沉浸感的最重要因素。人之所以能够感受到立体视觉，是因为存在着双目的视差，因此要想使用户看到三维画面，就必须为左眼和右眼提供具有视差的两幅视图（图6-17）。

图6-17　三维立体显示的原理

（1）头戴式显示器

头戴式显示器又称头盔显示器，简称“头显”，是最典型的虚拟现实三维显示设备。典型的虚拟现实头盔显示器采用封闭式的设计，使用两个单独的小屏幕，分别为两只眼睛提供单独的图像。由于头盔里集成了对头部的跟踪，因此当转动头部的时候，眼睛看到的画面会随之发生改变，产生较强的沉浸感。由于显示屏是近在眼前的，通常需要通过特殊的光学镜片，把图像投影到眼前1~5米的位置，减少眼睛近距离聚焦的疲劳感，同时也能起到放大面板中图像的作用，使它尽可能充满人眼的整个视场。但是带来的负面影响是增加了显示的颗粒度（图6-18）。作为典型的虚拟现实外设，头显的价格一直比较昂贵，早期专业应用级的头显一般都在几千到几万美元。价格高、分辨率低、重量大、容易引起延迟，一直是头显被诟病的地方。

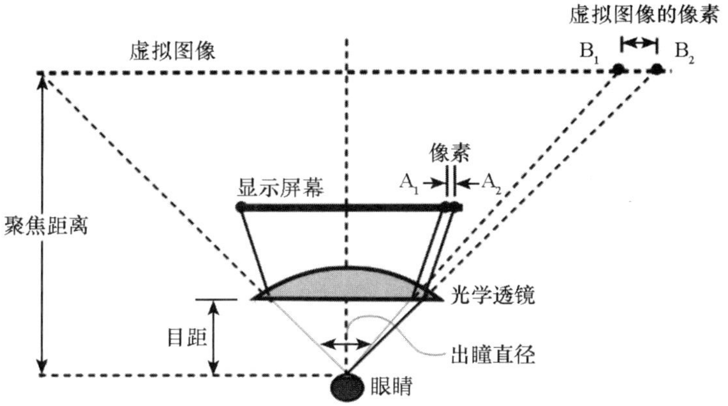

图6-18 简化的头显光学原理

（2）大型立体显示设备

基于投影的大型立体显示设备，可以提供更高的分辨率，更大的视角和观察范围，同时支持多人的共享，但是需要用户佩戴专门的活动眼镜才能观看到立体的场景，这在一定程度上跟三维电影类似。所不同的是，这种虚拟现实的大型立体显示设备显示的内容是由系统实时生成的，而且支持与环境的交互操作，适合于多人协作处理。按照投影的方式和拼接方式的不同，可以分为桌面式和墙式的立体显示设备（图6-19）。比较著名的还有大型环绕封闭式投影显示设备CAVE和DOME，提供类似于房间的多人沉浸共享立体显示空间。

用户佩戴活动眼镜观看时，显示设备要以高于正常扫描速度两倍的速度刷新屏幕，交替显示针对左眼和右眼有轻微偏移的图像序列，同步控制液晶快门，交替遮挡住用户的左眼或右眼。也就是说在任何一个时间段里用户其实只有一只眼睛能够看见画面，但是由于快门的开关时间非常短，大约只有

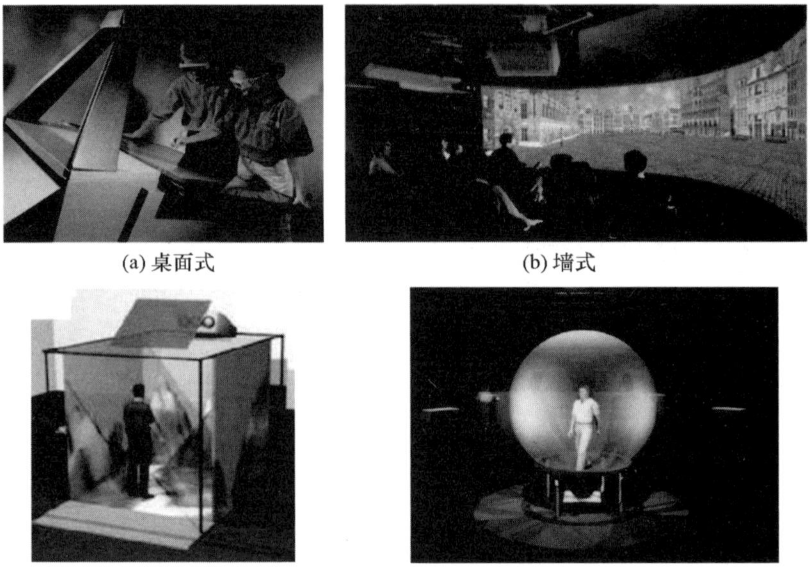

(a) 桌面式　(b) 墙式　(c) CAVE　(d) DOME

图 6－19　大型立体显示设备

几毫秒，显示设备的刷新率高达 120 赫兹，而人眼本身又有视觉暂留的特性，因此并不会觉得闪烁或者异常，而且可以在大脑中合成立体视图。

（3）自动立体显示设备

自动立体显示器又称为裸眼 3D 显示器，能够在用户没有任何辅助设施的情况下观察到立体图像（图 6－20）。它是通过光学透镜分离或者通过棱镜掩板控制照明机制交替产生分别适合于左眼和右眼观察的图像序列。很显然，为了达到较好的立体效果，需要把人的视野限制在一个很小的范围内，因此不支持随意观察，用户只能在特定的位置上才能看到三维影像，由于显示器本身尺寸有限，没有办法填满用户的视域，而且由于同一帧画面有一半分给了左眼，一半分给了右眼，因此水平分辨率会减半，沉浸感相对比较弱。其优点是没有任何的额外负担。

（4）高性价比 VR 眼镜

近年来随着传感技术和头部跟踪技术的发展，出现了一批低价格、高性能的 VR 眼镜，拓宽了三维显示和三维操作的应用领域。比较典型的有 Oculus Rift（图 6－21）和 HTC VIVE（图 6－22）等。本质上它们都属于头显的范畴，其共同特点是高分辨率、低延迟、大视角和只有几百美元的亲民价格，

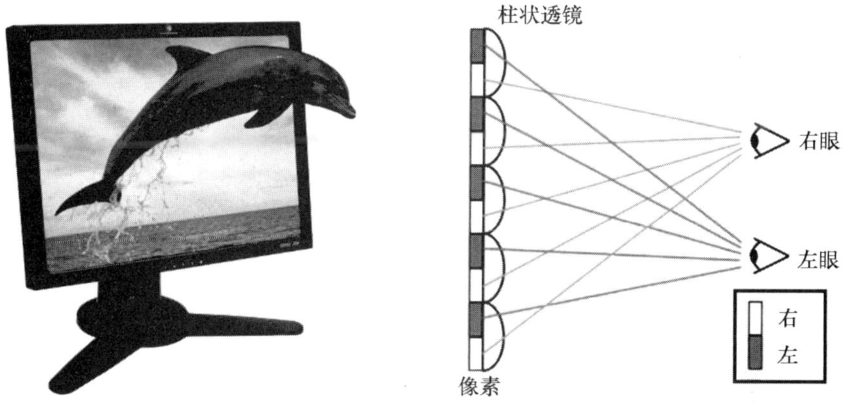

图 6－20 自动立体显示设备

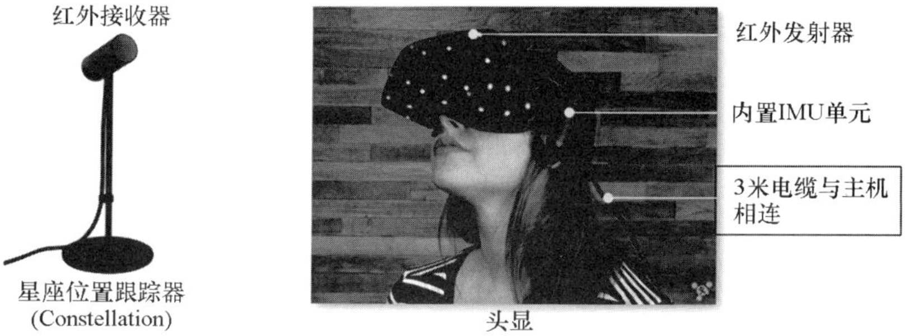

图 6－21 Oculus Rift

同时良好的人体工学设计使得舒适性也有了显著提高，使用户可以获得非常好的沉浸体验，也为开发平民化的虚拟现实应用奠定了基础。

Oculus Rift 的头显拥有 1280×800 的分辨率，使用 3 米电缆与电脑主机相连，桌面放置“星座”红外摄像头作为接收器，头显前后装有很多红外灯作为发射器，采用主动式红外光学定位技术跟踪头部方位，当出现遮挡时，启用头显内置的惯性传感器单元，实现连续的定位跟踪和显示。佩戴 Oculus Rift 头显时，活动空间不能超出“星座”红外摄像头的工作范围。

HTC VIVE（图 6－22）的头显拥有 2160×1200 的高分辨率，它采用被动式红外定位技术，需要在环境中部署两个基站作为红外激光发射器，称为灯塔（Lighting house）。每个基站里有两个转轴互相垂直的红外激光发射器，在工作过程中不停转动并快速发射激光扫过房间，头显和控制器上安装了很多红外传感器，根据捕获到各个发射器发射的激光的时间差计算方位，算法速度快，延迟低，佩戴后的活动范围也比较大，但是需要较大的安装空间，而且由于基站本身在不断高速转动，非常容易松动，因此需要不时固定校准。

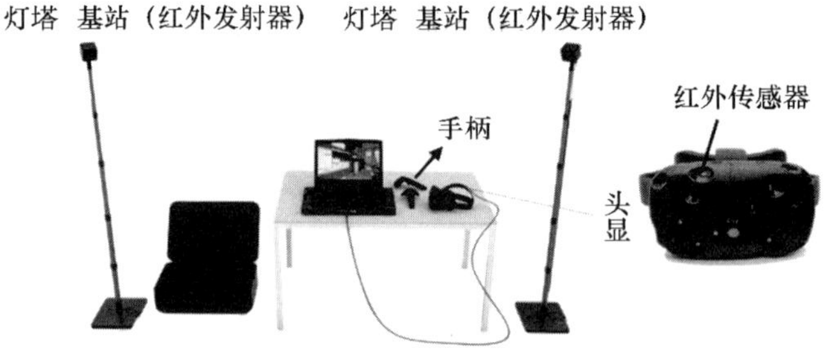

图 6－22　HTC VIVE

（5）通透式头显

通透式头显，又称为增强现实眼镜。比较具有代表性的是 Microsoft 公司出品的 HoloLens。虚拟现实头显完全屏蔽了真实世界，把用户完全带入由计算机生成的虚拟的三维图像世界中，增强现实眼镜则是连接了虚拟的世界和真实的世界，把虚拟的信息叠加在现实的场景上。

Hololens 眼镜（图 6－23）的主体部分是 2 块完全透明的波导全息透镜，不影响用户观察现实的世界。中上部有 2 个微型的投影，采用近眼三维衍射显示技术将虚拟的图像投影到透镜上，这样用户就能看到叠加在现实场景之上的虚拟信息。眼镜中还集成了惯性测量单元，用来跟踪头部获得方位角。此外还集成了 Kinect 摄像头、环境摄像头、环境光传感器、麦克风阵列等一

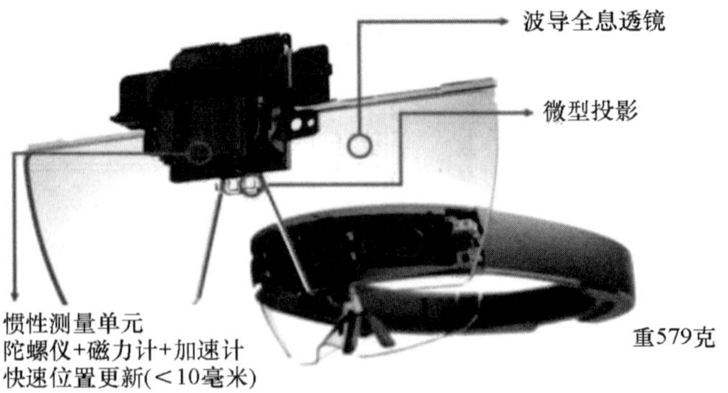

图 6－23　增强现实眼镜 Hololens

系列的传感器，提供了手势识别、眼动跟踪、语音识别等交互控制手段。特别值得一提的是 Hololens 拥有独立的计算单元，自带 CPU、GPU 和 HPU，通过电池供电，没有任何的电缆，可完全独立运行。

但是 Hololens 的水平视场角只有 30 度，相对于 VR 眼镜 110 度的大视场，Hololens 能够叠加的虚拟图像只是视野中心很小的一块。目前 Hololens 推出了 2 代产品，虚拟显示视场提高到了水平 43 度，垂直 29 度，但相对于人眼的视域范围还比较小，这也是目前所有增强现实眼镜普遍存在的问题。

虽然虚拟显示视场还比较小，但是高分辨率、低延迟的虚实信息叠加、多种交互控制手段、完全独立运行的便携式系统以及更加平民化的价格使得开发各种增强现实应用成为可能。

6.2.4 VR 建模技术

建模是虚拟现实软件系统生成逼真虚拟环境的基础。所谓建模，就是将现实环境和环境中的物体，映射为数字空间中的各种数据表示。为了达到逼真的效果，不只是模拟它们的形状外观，还包括运动约束物理特性和行为反应。例如，在虚拟环境中表示一辆车，不仅几何外观和颜色光泽等表面细节要逼真，而且车的运动要符合自然界物理规律，在转弯时会调整方向和姿态，在冰面和沙石路上行走时的速度和制动明显不同，碰到障碍不会穿墙而过，碰到红灯会遵守规则停下来等。

因此虚拟现实建模，包括几何建模、运动建模、物理建模和行为建模。为了达到真实性和实时性的要求，还需要对模型进行优化和有效管理。

几何建模解决的是在计算机中如何描述虚拟对象的形状和外观。形状指物体的几何结构和几何属性，外观指物体表面的颜色、明暗和纹理细节。多边形网络模型是最常用的物体几何表示方法，即用一系列的多边形面片来物体的表面。由于三角形是最简单的多边形，而且在计算机显卡里集成对三角形面片的硬件加速处理，因此，大多数几何模型都采用三角形网格模型，用适当的数据结构表示顶点、边和三角形面片等信息。对于简单规则的物体表面可以直接通过数学解析公式精确描述，比如说球体、柱面等。对于复杂的物体，可以通过三维建模软件手工构建，也可以借助三维测量与扫描设备自动构建，还可以通过视觉算法，利用同一物体多视角的照片完成自动三维重建。

几何建模只是获得了三维物体的几何结构，要生成具有真实感的场景，还需要通过正确的透视投影和消隐，获得符合人眼观察特性的、正确的空间位置和遮挡关系。通过光照模型计算物体表面每一点的光亮度产生明暗变化的效果，通过纹理映射技术来增加表面细节。由此可以看到要绘制出具有真实感的几何模型必然要经过大量复杂的计算。

运动建模是确定每个时间片三维对象在世界坐标系中的位置和姿态。任何复杂的运动最终都可以描述成沿三个坐标轴的平移和旋转。

物理建模用于综合体现对象的物理特性，包括物体的重量、惯性、表面的硬度、柔软度、变形的模式等，同时还要体现对象运动的物理规律，对象之间的相互作用，包括碰撞检测和对碰撞的响应。

行为建模的目的是构建虚拟世界的生命与智慧，让虚拟对象具有真实的自主反应和智能行为。行为建模主要是针对不依赖于用户操作控制的计算机生成角色。简单的行为建模基于预先设定好的规则，例如，只要直升机在飞行，螺旋桨就不停地在旋转，只要在一定距离内发现了目标就卧倒等。而复杂的行为建模依赖于人工智能的知识库以及推理和决策系统，对于构建复杂模拟训练系统具有重要意义。

6.3 虚拟现实技术的典型应用

6.3.1 复杂装备和复杂环境的操作训练

复杂装备和复杂环境的操作训练是最能体现虚拟现实技术魅力的应用领域。20 世纪七八十年代，正是由于美国军方和美国国家航空航天局（NASA）的大量资金投入用于研发训练空军飞行员的飞行头盔和宇航员训练系统，虚拟现实技术才得以迅速发展起来。如今虚拟现实技术已被广泛地应用于各类驾驶训练、射击训练和工程设备的操作训练等领域。

严格意义上的飞行模拟训练一般都是基于与飞机结构功能基本一致的飞行模拟器。虚拟现实技术的作用主要体现在生成各种训练的场景上，逼真的虚拟场景让用户沉浸其中，产生完全真实的体验，不仅有助于熟悉飞行路径、起降环境，而且可以通过交互参数的调整生成各种训练目的下的复杂场景和复杂天气条件，更好地达到训练的目的。但是毫无疑问这种虚拟训练系统的难度、研发周期和经费投入都是非常巨大的。

低成本的训练系统中，用户只需要佩戴一个几百美元的 HTC、VIVE 眼镜，使用操作杆就可以进行训练。尽管这种训练与真实的飞行操作有一定的差距，而且不能支持精细的操作训练，但是它能够产生具有沉浸感的场景，对于熟悉飞行环境和突发情况下任务的处置流程来说也是非常有意义的。

在医学领域，虚拟手术训练对于提高医疗培训水平有重要的意义。通过虚拟现实技术，医生不仅可以对罕见的病例进行模拟，增加培训的机会和范围，而且可以提前演练手术预案。虚拟手术训练最大的优点是允许在虚拟病人身上出现失误，从而可以通过反复练习加强医生的肌肉记忆，帮助他们在治疗患者时更加得心应手。图 6 – 24 显示的是 FundamentalVR 公司推出的 VR 手术远程培训平台 Fundamental Surgery。

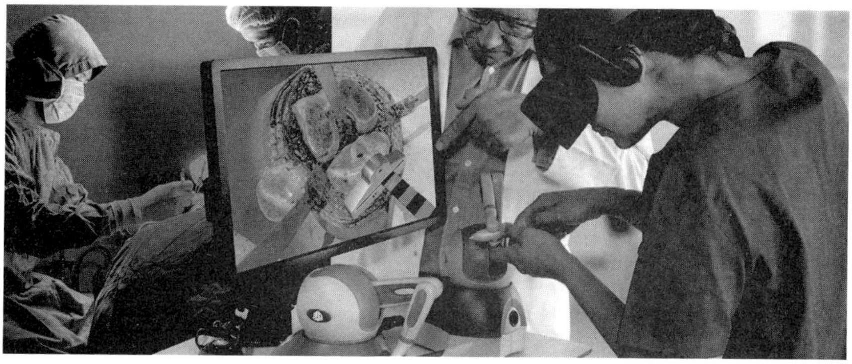

图 6 – 24　VR 手术训练仿真系统

当然，要想真正达到训练而非娱乐的目的，对人体组织建模，特别是物理模型的要求非常高。目前几何建模和真实感图形绘制技术已能够产生看上去几乎以假乱真的场景，但是物理建模技术还不足以产生足够真实的反馈，虚拟人体和真实人体组织还有很大的差异，但是仍然可以起到熟悉操作流程、规范动作的作用。而且作为虚拟训练系统，通常会提供信息提示、结果评价等教学内容，这对于学习培训来说非常必要。

除了生成可沉浸于其中的虚拟场景辅助训练，还可以通过虚拟信息辅助真实环境下的操作训练，这就是增强现实辅助实操训练。例如，在单兵实战训练中将必要的数字信息，如地图网格、友邻位置和其他一些态势情报信息叠加显示在通透式头显上，可以提高用户的环境感知能力。2018 年，美国陆军委托微软生产基于 HoloLens 技术的军用混合现实头显，亦即所谓的集成视觉增强系统（Integrated Visual Augmentation System，IVAS），如图 6 – 25 所示，旨在帮助士兵在实战中快速感知周围环境，定位队友、地点等关键目标的位置。IVAS 不仅可以将 3D 地形投影到视场，而且可以自由切换视角。例如，传统作战中，士兵通过步枪上的瞄准镜来瞄准敌人，而 IVAS 可以在士兵眼前显示瞄准器中的画面，同时士兵可以用余光去观察周围环境，进一步提升安全性，即使士兵左右转头，也能在头显中看到瞄准器中的画面。与此同时，士兵还可以通过头显来远程交流。在作战过程中，IVAS 可读取发布在战术网络中的人员位置信息，帮助士兵在黑暗或复杂的环境中快速定位队友，通过热成像技术，可以透过烟雾看到队友，或是在夜晚通过夜视镜查看队友，大幅降低友军误伤等意外。

图 6－25　美军定制的战术 AR 头显 IVAS

除此之外，还有其他一些非常著名的应用案例，例如，美军的近战战术训练系统使士兵能在虚拟环境的动态地形上进行近战战术训练，美国海军全息虚拟指挥中心能够集成显示各种情报信息，使作战人员可以最大限度地利用战场信息与周围的作战单元进行快速信息共享。图 6－26 显示了士兵通过触觉和视觉传感器完成对舰艇的控制，甚至可进行类似全息化的指挥操作。

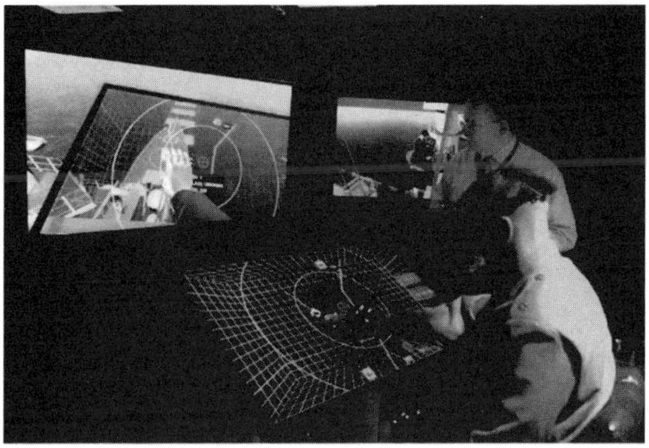

图 6－26 士兵通过触觉和视觉传感器完成对舰艇的控制

AR 电子沙盘（图 6－27）可以随时随地部署计算机生成的电子沙盘，直观反映战场真实地形地貌。它能支持多用户、多方位、多角度的观看和协同作业，有助于缩短决策时间，提高协同研讨与指挥决策的效率。

图 6－27 AR 电子沙盘

6.3.2 虚拟设计与维修

虚拟现实技术在产品设计领域的应用，不仅使得设计人员能够直观地看到设计结果，而且加入了交互反馈的虚拟样机，可以让测试者在产品成型前体验到产品的使用感受，从而辅助设计人员及早发现设计缺陷，改变产品的人机功效。图 6－28 是楼宇设计的虚拟展现，图 6－29 是产品设计的虚拟体验。

图 6－28　楼宇设计的虚拟展现

图 6－29　产品设计的虚拟体验

增强现实技术在工程设计中的应用，使得人们能够在实际环境中观察所设计产品的效果，支持多人协同设计，也便于对实物进行设计改进。

如图 6－30 所示案例，基于增强现实技术，不仅可以把电脑上的设计结果直接立体地显示在用户眼前，而且可以将改进方案叠加显示在真实的摩托车上，虚拟设计结果与真实的摩托车是完全配准的，用户还可以通过手势调整设计参数，调整后的虚拟设计结果直接在真实的车体上显示出来。

图 6－30 增强现实技术在设计中的应用：在实物上叠加显示设计改进结果

在维修培训领域，利用增加实现技术可以把平时需要查看的图纸和操作手册的信息直接叠加在实物上来指导维护的过程，如图 6－31 所示，用户佩戴增强现实眼镜后，可以在维修部件上方看到叠加的虚拟信息以提示操作细节，虚拟对象和虚拟箭头指示操作对象和如何操作。虚拟信息与真实物体是完全配准的。

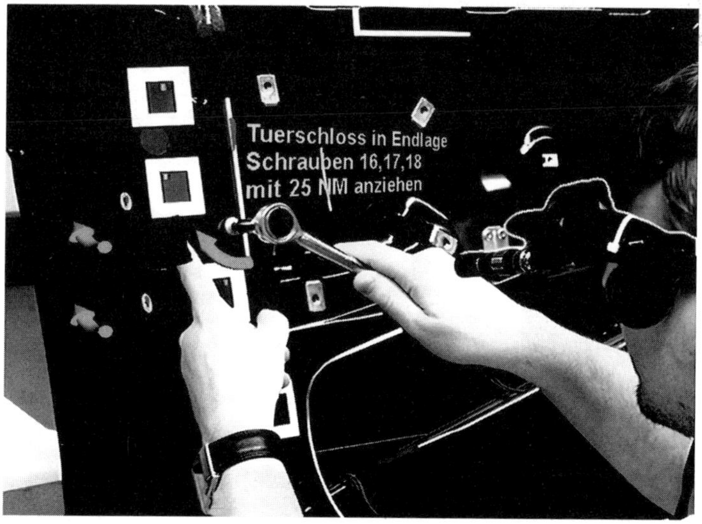

图 6－31 增强现实在维修中的应用：虚拟信息提示

6.3.3 虚拟体验与学习

虚拟现实技术另一个典型应用就是虚拟体验与学习。利用虚拟现实技术，可以形象直观地展现蛋白质结构、病毒入侵机理等复杂的微观、宏观概念和现象，相对于三维动画演示，虚拟现实的优点是允许用户自主交互。

对于陌生环境的体验学习也能彰显虚拟现实的技术魅力。例如，在谷歌公司开发的 Google Earth VR 中（图 6－32），重建还原了全球著名的城市、建筑、景观和自然风景，用户只需要佩戴 HTCVIVE 眼镜就可以获得身临其境的体验，还可以交互控制漫游的高度、速度和视角。

图 6－32　Google Earth VR 提供虚拟体验

类似地还可以通过虚拟现实技术构建情景化沉浸式教学环境，例如在《VR 酒店英语》虚拟教学案例中（图 6－33），学生佩戴虚拟现实眼镜后可以进入三维虚拟酒店环境中，可以与虚拟角色进行口语对话的学习训练，也可以扮演酒店服务人员与顾客交流，不仅可提高学生的学习兴趣，还能进一步提升学生的实训能力。

利用增强现实技术在真实的场景中增加虚拟的信息，有助于开展真实场景中的虚拟辅助的学习和训练。在复杂现实环境训练中，通过增强现实技术可以叠加显示虚拟辅助信息和引导信息，帮助用户熟悉环境，完成任务，如图 6－34 所示。

图 6－33　《VR 酒店英语》虚拟教学

图 6－34　复杂现实环境中的虚拟信息提示引导

VR 虚拟实验室（图 6－35）可以有效地支持具有一定危险系数的物理化学实验，根据用户的交互操作，产生逼真的实验效果，也可以辅助完成装配实验中的流程训练和操作训练，减少实物损耗，降低成本。

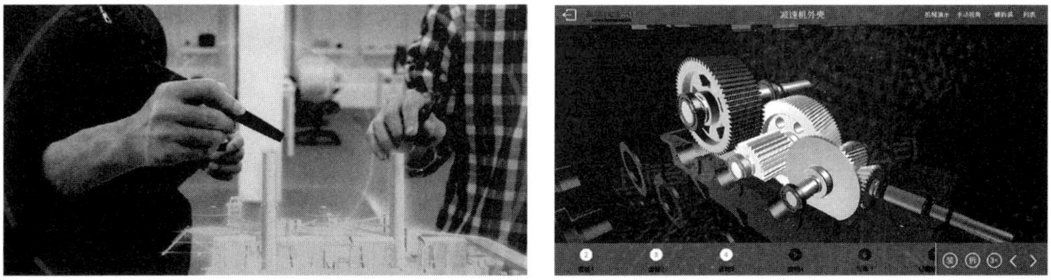

图 6－35　VR 虚拟实验室

VR 技术沉浸性和交互式的特点带来全新体验式学习和实践式教学，为解决传统教学中抽象的概念以及宏观、微观结构难以理解，高成本、高风险的操作和实验难以实施等难题，提供了一条新的技术途径。

6.4 习题

1. 判断题

（1）机械位置跟踪器没有任何优点，已经被淘汰了。（ ）

（2）立体声耳机可以显示虚拟世界中的三维声音。（ ）

（3）利用虚拟现实技术，可以在教学中形象直观地展现复杂的概念和结构，例如本来看不见的宏观结构或微观结构。（ ）

（4）虚拟训练系统必须采用完全沉浸的头盔显示器才能达到训练的目的。（ ）

2. 单选题

（1）“虚实结合”中的虚景指（ ）

A. 计算机图形技术生成的场景

B. 客观世界里不存在的场景

C. 肉眼看不见的场景

D. 靠人想象出来的场景

（2）Leapmotion 是一种（ ）

A. 方便小巧的手势识别设备

B. 立体显示设备

C. 语音识别设备

D. 触觉反馈设备

（3）以下哪种是可用于增强现实系统的通透式头盔显示器（ ）

A. HTC VIVE　B. Oculus Rift　C. Hololens　D. Kinect

（4）在虚拟世界中，为了真实描述一个柔软物体在外力作用下的变形，需要构建物体的（ ）

A. 几何模型　B. 物理模型　C. 运动模型　D. 行为模型

（5）在虚拟现实系统中，通常用哪种模型来描述物体的几何形状（ ）

A. 多边形网格模型　B. 质点－弹簧模型

C. 智能行为模型　D. 平移旋转模型

3. **多选题**

（1）以下哪些属于虚拟现实技术的重要特性 （ ）

A. 自然交互 B. 沉浸 C. 娱乐性 D. 对抗性

（2）虚拟现实技术带给我们 （ ）

A. 信息的直观表示

B. 身临其境的真实感与沉浸感

C. 方便自然的人机交互

D. 多维信息构成的可交互空间

（3）以下属于非接触式跟踪的有 （ ）

A. 机械位置跟踪器 B. 电磁位置跟踪器

C. 光学位置跟踪器 D. 混合惯性位置跟踪器

（4）关于电磁位置跟踪器的描述，正确的是 （ ）

A. 非接触式测量

B. 发射器固定在环境某一位置，接收器放在被跟踪对象上

C. 一个发射器可以配多个接收器，跟踪多个位置

D. 容易受环境中磁性和金属物质的干扰

（5）三维位置跟踪器输出的是 （ ）

A. 被跟踪对象在三维空间中的位置，即空间坐标的 x、y、z 值

B. 被跟踪对象在三维空间中的方向姿态，即绕三个坐标轴的旋转参数

C. 被跟踪对象的名称

D. 被跟踪对象的 ID

（6）下列有关立体鼠标的描述，正确的是 （ ）

A. 立体鼠标和普通鼠标在使用方式上没有什么不同

B. 立体鼠标通常带有剖分平面的操作杆

C. 立体鼠标一般带有可编程按键，可以定制一些功能

D. 在虚拟现实应用中，立体鼠标可用于选择和操纵对象

（7）关于头盔显示器，以下说法正确的是 （ ）

A. 通过为左眼和右眼提供具有视差的两幅视图达到立体显示的目标

B. 通常集成头部位置跟踪器以保证用户在转动头部时能看到正确的视图

C. 需要特殊的光学镜片把图像投影到眼前面前 1 ~ 5 米的位置，以减少眼睛近距离聚焦的疲劳感

D. 是虚拟现实系统唯一的显示设备

(8) 虚拟现实建模技术是将现实环境和环境中的物体映射为数字空间中的各种数据表示，具体包括 (　　)

A. 几何建模　　B. 物理建模　　C. 运动建模　　D. 行为建模

(9) 增强现实技术用于单兵训练的优点在于 (　　)

A. 减少了用计算机从零开始构建逼真训练环境的工作量

B. 可以将必要的数字信息，如地图网格、友邻位置和其他态势等信息，叠加显示在通透式头盔显示器上，提高用户的环境感知能力

C. 用户不需要佩戴任何设备，就可以看到虚拟场景

D. 让用户完全沉浸于虚拟世界中，忘记自己所处的真实世界

第 7 章　智能媒体处理技术

随着多媒体和网络技术的迅猛发展，海量的图像、视频、文本、音频等多媒体数据快速涌现。据统计，2024 年，全球图像、视频等多媒体数据总量已经超过 150ZB，其中图像和视频数据占到大数据的 90% 以上。这些数据在形式上多源异构，语义上相互关联，对于感知和认知客观世界至关重要。一方面，如何对这些多媒体数据进行语义分析和关联建模，以实现智能媒体语义理解，成为研究和应用的关键问题。另一方面，随着多媒体种类不断丰富、多媒体系统集成化程度逐渐提升、自然交互需求和场景不断拓展，传统媒体交互方式已经难以满足现实需要。与此同时，人工智能、大数据、5G 网络等新一代信息技术为新型多媒体交互提供了技术支撑。正是在这种背景下，智能媒体交互技术应运而生。本节就智能媒体语义理解和智能媒体交互技术两方面内容展开讨论。

7.1　智能媒体语义理解

智能媒体语义理解在态势分析、互联网内容监测、智能医疗、智慧城市等重要领域具有广阔的应用前景。相较于 2017 年国务院《新一代人工智能发展规划》对图像、视频分析技术在国家安全领域的战略定位，2024 年工业和信息化部等四部门联合发布的《国家人工智能产业综合标准化体系建设指南（2024 版）》进一步将政策重心转向技术标准化与产业协同，明确规范人工智能文本、语音、图像处理的技术要求，推动语义理解、跨媒体智能等关键技术的标准化进程，促进我国语义理解技术标准与国际接轨。此外，指南还鼓励 360 集团等企业参与大模型语料库建设与安全评测，以推动智能媒体领域的技术标准落地。这一系列举措标志着我国人工智能，尤其是智能媒体语义理解的发展进入规范化、体系化的新阶段。

7.1.1 科学问题

智能媒体语义理解面临着两大科学问题：语义鸿沟和异构鸿沟。

语义鸿沟是指对于多媒体数据中的每一种媒体，例如图像，存在数据表征和人类认知之间的矛盾。如图 7－1 所示，对于人来说，看见的是一幅坦克图像，而对于计算机来说，其看到的是一个个的像素值。

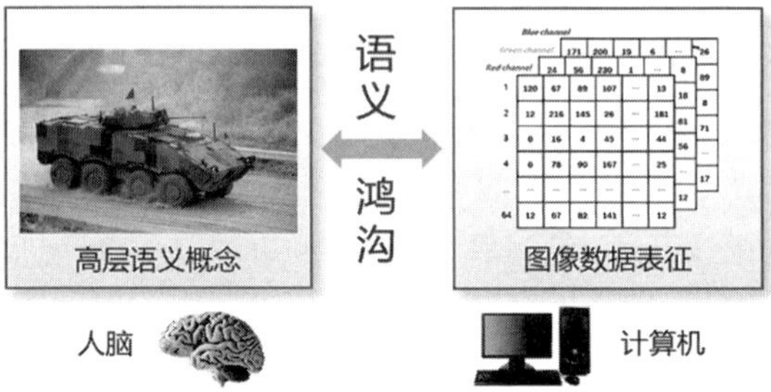

图 7－1 “语义鸿沟”示意图

异构鸿沟是指图像、视频等不同媒体数据的表征不一致，导致难以实现多种媒体数据的统一表征与综合利用，如图 7－2 所示。

(a) 图像特征提取示例

(b) 文本特征提取示例

(c) 音频特征提取示例

(d) 视频特征提取示例

图 7－2 “异构鸿沟”示意图

传统的单一媒体分析方法由于信息有限，而难以实现内容理解，因此如何综合利用多媒体数据缩短语义鸿沟和异构鸿沟，成为智能媒体语义理解研究的关键挑战。

7.1.2 热点研究方向

智能媒体语义理解是一个比较广泛的研究领域，不仅包含对文本、图像、视频等单一媒体进行数据分析的相关任务，也包含对多种媒体数据进行综合分析以实现语义协同的相关任务，涉及计算机视觉、人工智能、机器学习、模式识别等多个领域的知识。近年来，深度学习为智能媒体语义理解提供了新的方法和模型，在研究与应用上都取得了显著进展，相关热点研究任务包括，涉及单一媒体处理的图像检索、目标检测、视频分类，以及涉及跨媒体协同处理的跨媒体检索、视觉问答等。下面对这些研究任务的定义、所面临的核心问题和典型方法进行简要的描述。

（1）图像检索

任务定义：图像检索是指将一张图像作为查询条件，检索出图像库中与查询图像相似的图像，并按相似度从大到小排序，如图7－3所示。该任务在互联网搜索引擎、新闻出版等行业有着广泛的应用。

(a) 查询图像

(b) 检索结果

图7－3 图像检索任务示意图

核心问题：如何建立高效的索引结构，实现图像数据的快速检索？

典型方法：为了满足快速检索的需求，一种最典型的方法是基于哈希（Hash）的图像检索方法，通过哈希函数将图像的高维特征映射到汉明空间，利用二进制汉明编码实现图像的快速检索，同时还能节省大量的存储空间。图7－4展示了数据独立的无监督图像哈希方法，其基本思路是将原始空间中相近的数据，以较大的概率映射到同一哈希桶中。

图 7－5 展示了数据依赖的无监督图像哈希方法，其基本思路是通过分析图像数据的性质（如数据流形结构），学习更加有效的哈希函数。

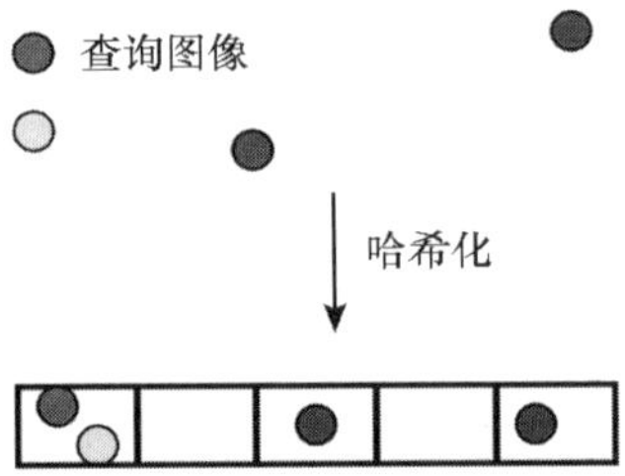

图 7－4　数据独立的无监督图像哈希方法

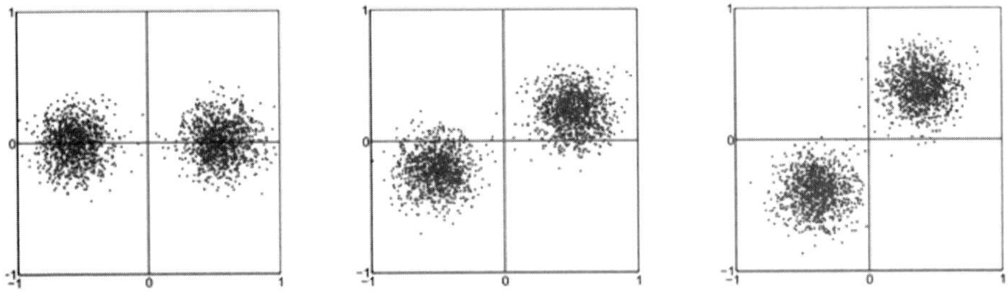

图 7－5　数据依赖的无监督图像哈希方法

随着深度学习在图像识别上的突破性进展，深度图像哈希方法也被提出，借助深度模型在图像特征学习上的优势，可实现更有效的哈希函数学习，如图 7－6 所示。

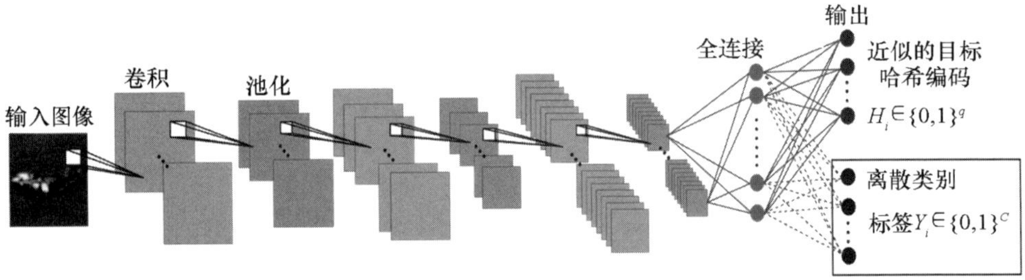

图 7－6　深度哈希模型示意图

（2）目标检测

任务定义：目标检测是指计算机自动定位并识别图像视频中的感兴趣目标，如图 7－7 所示。该任务在视频监控、无人驾驶等领域具有广泛的应用市场。

(a) 士兵、枪检测示意图　　(b) 战斗机检测示意图　　(c) 直升机检测示意图

图 7－7　目标检测任务示意图

核心问题：如何处理图像视频中运动模糊、视角变化、遮挡、形变等复杂情况，并兼顾目标检测的准确率和速度？

典型方法：近年来，目标检测得到了长足的发展，研究者们提出了基于 R－CNN 网络的一系列两阶段目标检测模型，和基于 YOLO 网络的一系列单阶段目标检测模型，如图 7－8 所示，从准确率和速度两方面显著提升了目标检测的性能。

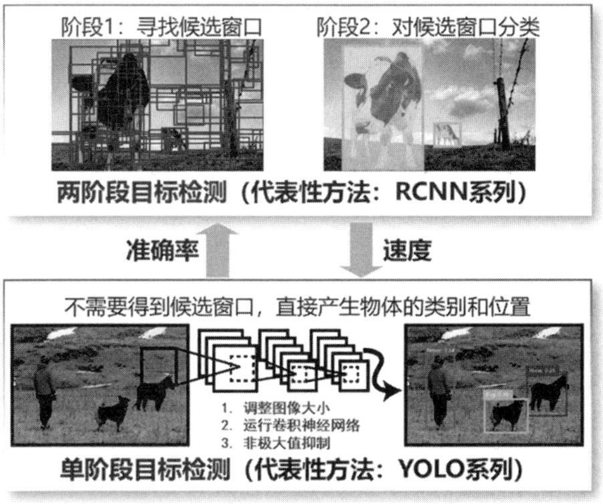

图 7－8　目标检测任务代表性方法

（3）视频分类

任务定义：视频分类旨在使计算机自动识别视频类别，如图 7－9 所示。该任务可广泛应用于视频监控、人机交互等领域。

图 7－9 视频分类任务示意图

核心问题：视频具有数据量大、时空信息复杂的特点，给视频分类带来了很大挑战。解决视频分类的核心问题是：如何有效建模视频的时空结构和运动信息?

典型方法：在深度学习兴起之前，传统的视频分类方法致力于设计手工特征对视频进行表示，例如方向梯度直方图（Histogram of Oriented Gradients，HOG）、光流直方图（Histogram of Optical Flow，HOF）、运动边界直方图（Motion Boundary Histogram，MBH）等。随着深度学习的兴起，基于深度特征的视频分类方法也取得了显著的进展，包括双流卷积神经网络、视频时序建模网络、3D 卷积神经网络等在内的众多模型被提出，逐渐成为目前的主流方法。近年来，研究者也开始尝试将不同的网络模型进行结合，或者设计面向视频分类的特定网络模块，以获得更大的性能提升，如图 7－10 所示。

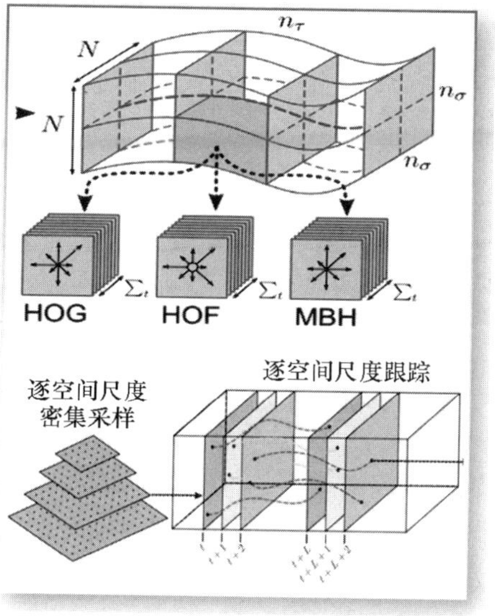

(a) 基于传统手工特征的视频表示

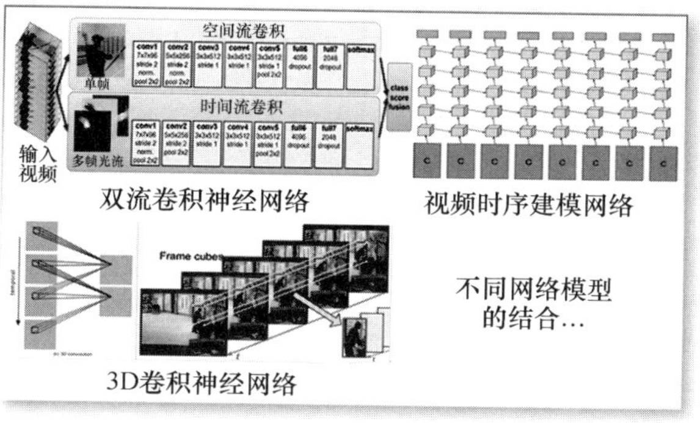

(b) 基于深度神经网络的视频特征表示

图 7-10　视频分类典型方法

（4）跨媒体检索

任务定义：跨媒体检索是指能够根据任意媒体类型的查询，检索得到多种媒体类型的结果，如图 7-11 所示。跨媒体检索能够克服传统单媒体检索信息有限、媒体类型单一的问题，更加符合人脑的多模态感知与认知方式，提升了用户的信息获取效率和检索体验。

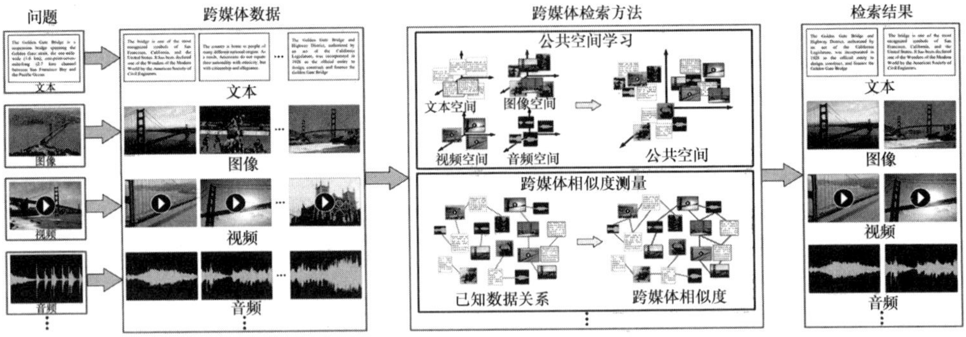

图 7－11　跨媒体检索任务示意图

核心问题：如何借鉴人脑感知与认知的跨媒体特性，通过跨媒体数据的统一表征等方法，突破“异构鸿沟”导致的相似性难以度量的问题？

典型方法：传统跨媒体检索方法主要通过统计分析的方式学习映射矩阵，其中一个代表性方法是典型相关分析（CCA）。近年来，深度学习在多媒体领域取得了巨大进展，启发了一系列基于深度学习的跨媒体检索方法，代表性方法包括基于 Deep CCA 的跨媒体检索和基于深度语义匹配的跨媒体检索等（图 7－12），这些方法旨在利用深度神经网络对非线性关系的抽象能力，促进跨媒体关联分析和统一表征学习。

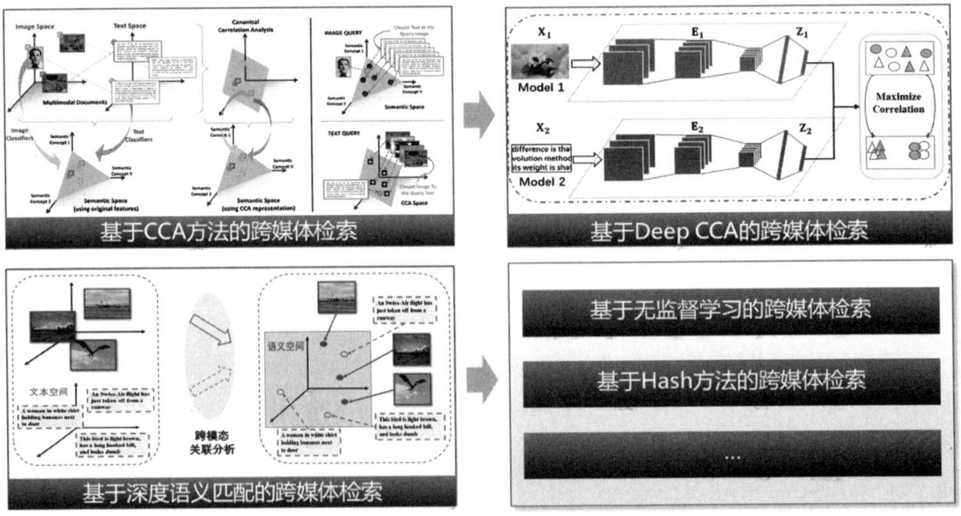

图 7－12　跨媒体检索典型方法

（5）视觉问答

任务定义：视觉问答是指根据给定的图像或视频形式的视觉信息，用户提出自然语言形式的问题，由计算机自动生成自然语言形式的答案作为输出，如图 7－13 所示。这是一种极富挑战性的媒体高层语义理解问题，且往往需要一定的常识和背景知识进行推理。

图 7－13　视觉问答任务示意图

核心问题：如何正确理解文本问题的意图和视觉内容中的对象种类、关系等信息？

典型方法：现有的视觉问答方法主要以深度网络为基本模型，首先对视觉信息和文本信息分别进行特征提取，然后再进行特征融合。同时，由于问题具备自由开放的特性，如何引入常识和背景知识进行推理，也成为目前研究的热点（图 7－14）。

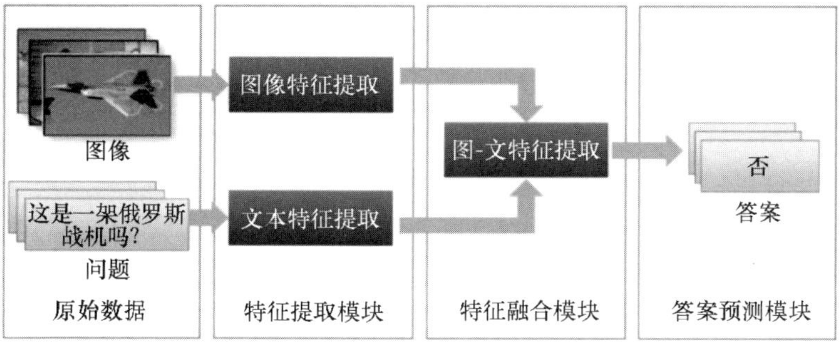

图 7－14　视觉问答典型方法

7. 1. 3　面临的挑战及未来的发展趋势

虽然近年来智能媒体语义理解取得了一系列进展，但仍然面临重要挑战，主要列举如下。

跨媒体推理。现有智能媒体语义理解方法主要是以数据驱动的深度学习模型为主，虽然在图像视频的识别、检索上取得了很大进展，但与人类的智能相比还相距甚远，无法像人一样具备学习与思考的能力。原因在于现有方法主要是针对视觉问题，即研究“看”的问题，如同人类的眼睛。然而，对于感知与认知世界来说，人类大脑的推理能力至关重要。如何实现跨越不同媒体数据的推理机制以研究“思考”问题，成为类人智能研究的关键问题。

无监督条件下的智能媒体语义理解。面对海量的多媒体数据，需要减少对标注数据的依赖，实现无监督条件下的图像检索、视频分类、跨媒体检索等应用，因为用户的分类需求或查询样例多种多样，无法在监督条件下提前训练好。而人类往往能够自主学习新的知识并发现新的规律与模式，因此，如何充分利用先验知识以及知识图谱等外部知识库，指导无监督条件下的多媒体内容理解，突破“异构鸿沟”实现跨媒体数据的统一感知与认知，是未来研究面临的重要挑战，也是多媒体内容理解走向实际应用的重要基础。

跨媒体知识图谱。知识图谱能够描述客观世界中存在的各种实体和概念，以及它们之间的复杂关系，然而，现有的知识图谱以构建文本实体概念之间的关系为核心。在智能媒体语义理解中，需要拓展传统基于文本的知识体系，通过从图像、视频、文本等多种媒体数据中抽取知识，形成跨媒体知识图谱并进行跨媒体关联知识表达，实现对多媒体数据高层语义关联的高效计算和综合推理。

多媒体内容理解的实际应用。现有研究提出并发展了如多媒体检索、分类、问答等应用场景。然而，一方面现有方法在准确率上离实际应用还有较大差距，特别是在生成、问答等高层语义理解问题上的研究还存在诸多不足。另一方面，现有的智能系统往往依赖特定的领域知识，难以满足海量多媒体数据应用的复杂需求。因此有必要研究自主演化的智能媒体语义理解技术，形成集底层跨媒体数据表征、索引、关联和高层知识表达、演化、推理等机制为一体，同时具有数据归纳、知识演绎、行为规划能力的跨媒体高效智能计算系统。

7.2 智能媒体交互技术

与传统的命令行界面、图形界面以及触摸交互界面不同，智能媒体交互技术以让计算机更好地适应人为目标，采用语音、动作等人类自然交互方式，通过智能化处理手段提高信息传递效率和用户体验，如图 7 – 15 所示。本节主要分析智能媒体交互中的一些关键技术。

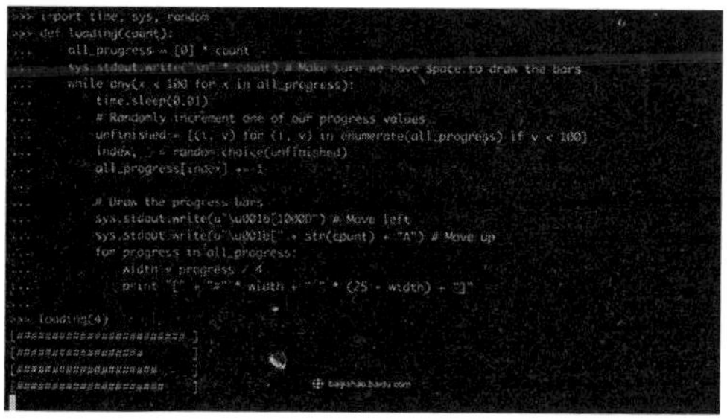

(a) 命令行界面

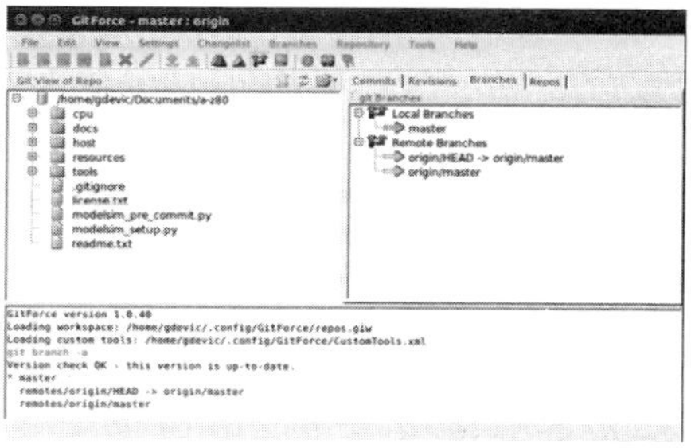

(b) 图形用户界面

(c) 触摸交互界面

(d) 三维交互界面

图 7 – 15　典型交互界面

7.2.1　语音交互技术

语音交互技术应用已普遍，比如可以通过语音与智能手机对话，完成闹钟的设置。在这样一个看似简单的场景背后，实则包含了语音识别（Automatic Speech Recognition，ASR）、自然语言处理（Natural Language Processing，NLP）、语音合成（Text – To – Speech，TTS）等多个智能处理步骤。此外，还有 Skill 技能，即人工智能时代的各种应用程序，其作用是根据用户意图做出符合预期的反馈。语音交互的基本流程如图 7 – 16 所示。

语音识别 ASR 是将语音转换为文字的过程。语音识别技术已经发展了数十年，2010 年前主要经历了模板匹配、模式和特征分析、概率统计建模等发展阶段，需要构建发音字典、声学模型和语言模型，技术复杂度较高，识别

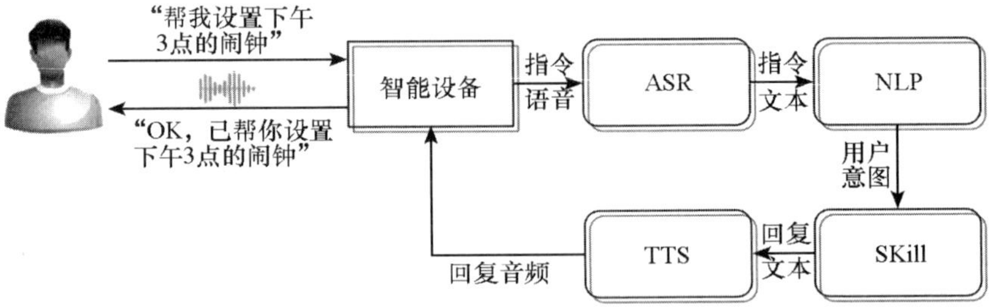

图 7－16　语音交互的基本流程

的准确率有限。

2010 年以后开始出现端到端深度神经网络语音识别技术。不同于传统语音识别系统，端到端语音识别能够提取语音片段的语音特征，然后直接将其转换为文本信息。这类方法取得了很好的识别效果，而且易于开发和部署，已经获得广泛应用。

自然语言处理 NLP 是利用计算机对自然语言文本的形、音、义等信息进行处理，完成对字、词、句、篇章的识别、分析、理解、生成等智能化处理。从技术方法分类上看，主要包括规则自然语言处理、统计自然语言处理、神经网络自然语言处理等。其中，神经网络自然语言处理直接通过深度学习建模进行端到端的训练学习，目前已在机器翻译、问答、阅读理解等领域取得了较大进展。

语音合成 TTS 也称文语转换，主要是将文本信息通过一定的软、硬件转换后合成语音。语音合成重点关注如何提高语音的自然度，丰富语音的表现力，降低语音合成技术的复杂度，以及如何实现多语种语音合成。

早期的语音合成采用波形拼接语音合成方法，通过前期录制大量的音频，尽可能全地覆盖所有的音节音素，通过对语料库中已有音节的匹配和拼接实现语音合成。参数语音合成技术主要通过数学方法对已有录音进行频谱特性参数建模，构建文本序列到语音特征的映射关系。当输入一个文本时，先将文本序列映射为对应的音频特征，再通过声学模型将音频特征转化为声音。端到端语音合成技术是目前主流的技术，通过神经网络学习的方法，实现输入文本或者注音字符到音频的直接转换，降低了对语言学知识的要求，不仅声音更加自然，还可以实现多种语言的语音合成。

7.2.2 动作交互技术

另一类常见的智能媒体交互技术是动作交互，它使用动作来控制设备或与设备交互，让计算机理解人类的行为。由于人们平常交流中会大量使用各种手势和肢体动作，因此这种方式是一种十分自然的交互方式。

本节以场景操纵动作交互为例进行讲解。如图 7－17 所示，用户根据自身意图在特定的空间中做出相应动作，系统通过数据采集设备获取原始动作数据，然后通过动作识别系统将动作数据转换为动作指令，用于控制场景的更新，并呈现在显示设备上。用户可以根据显示内容继续调整反馈新的动作。

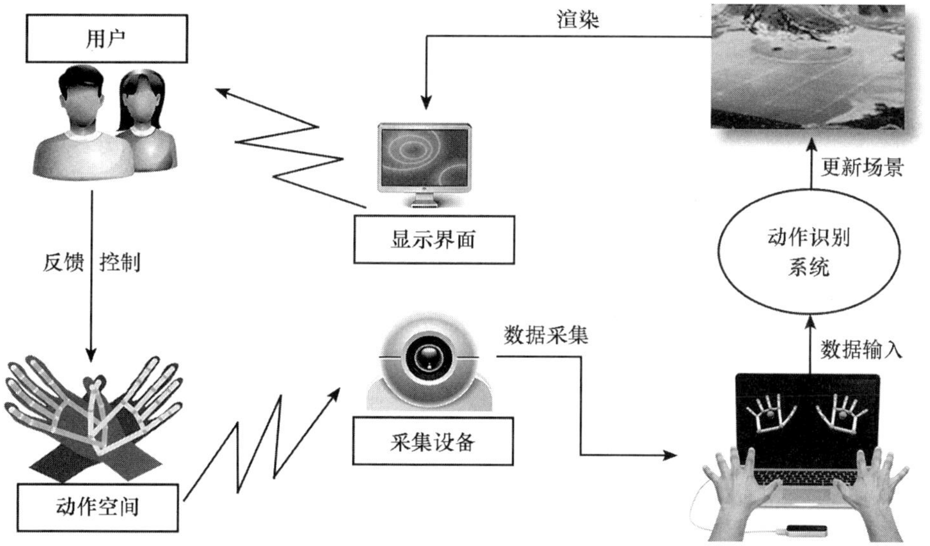

图 7－17 场景操纵动作交互典型流程

其中，动作空间和类型包括手势、面部表情、人体姿态等。动作数据采集设备有穿戴传感设备、RGB 相机、深度立体相机等。动作识别方法在整个动作交互系统中具有重要作用，其精度和效率将直接影响动作交互体验。

穿戴传感设备是可以直接穿戴在人体上的数据采集设备，这类设备具有较高的精度，但其缺点是会对动作主体产生一定限制和束缚，而且由于需要多个专用硬件，因此成本较高。尽管如此，在一些对精度有较高要求的场合，穿戴传感设备仍然是动作数据采集的首选。比如，电影《阿凡达》中就采用了高精度的面部和人体动作采集设备，实现了演员表情和肢体动作到虚拟化身表情和肢体动作的完美迁移。

与穿戴传感设备不同，采用相机拍摄动作主体的方式来采集动作数据具有更大的自由度和灵活性。随着技术的发展，多种不同的相机都被成功运用于动作数据采集研究或产品。其中，深度立体相机通过两个同步的、具有视差的相机拍摄动作主体，然后根据采集到的两路视频数据实时恢复场景的深度信息，并从中提取出动作数据和指令。LeapMotion 就属于这类设备，它专门针对手势识别应用。

RGB－D 深度相机可以同时采集 RGB 图像和场景的深度图。以 Kinect 2 相机为例，它的深度相机采用了一种时间飞行技术 ToF。通过从投射的红外线反射后返回的时间来取得深度信息。这种方式比立体相机获得的深度信息更加准确。

上面提到的立体相机和 RGB－D 相机都具有一定的专业性，其成本较传统的 RGB 相机要高。近年来，计算机视觉领域的研究人员开始尝试直接采用 RGB 相机采集视频数据作为动作识别的数据源，然后从 RGB 图像帧中估计人体姿态。相关研究不仅实现了从视频中实时提取人体的二维动作姿态，还能够从单个视频流中实时重建三维人体姿态，这类研究具有巨大的潜在应用价值。

在动作识别过程中，一般将动作数据视为时变数据进行处理。所谓时变数据，是指随时间不断变化的数据。动作识别问题可以转化为时变数据的分类问题，比较有代表性的方法有模板匹配法、隐马尔可夫模型法和深度神经网络法。其中，深度神经网络法依托强大的学习能力和海量的数据支撑，是目前性能最好的方法。

7.2.3 互动显示技术

另一类重要的智能媒体交互技术是互动显示技术，它与传统显示技术相比，更加强调内容的交互性，显示内容更加丰富，呈现方式更加多样化、智能化。

如图 7－18 所示，支持互动显示的设备不仅包括普通液晶显示器、投影显示设备，也包括手持移动终端、头显等。

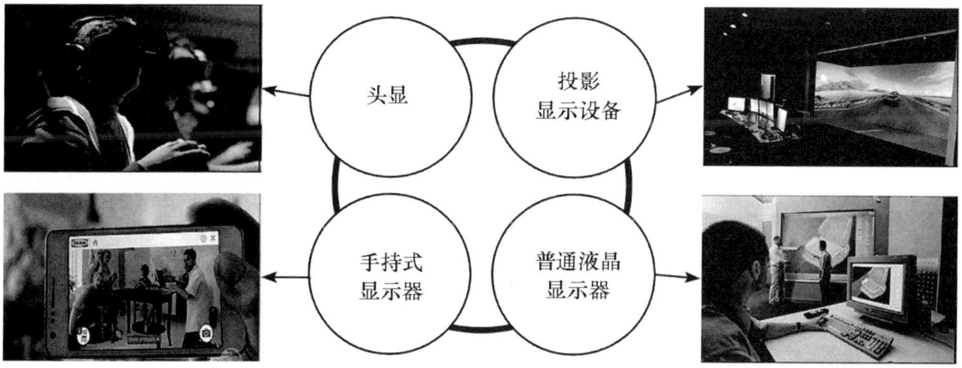

图 7－18 互动显式器示例

互动显示的内容除了传统的图、文、声、像，常见的还有真实世界的重建环境、计算机生成的虚拟环境，或微观不可见现象和环境的仿真模拟结果等。

虚拟现实技术和增强现实技术均可归属于互动显示技术。其中，虚拟现实技术 VR 是一种综合利用计算机图形系统和各种显示及控制接口设备，在计算机生成的可交互的三维环境中提供沉浸感觉的技术。具体而言，虚拟现实利用电脑模拟产生一个三维的虚拟世界空间，为用户提供关于视觉、听觉、触觉等感官模拟和实时反馈，让用户产生身临其境之感。

增强现实技术 AR 则是一种实时计算摄影机位置及姿态，对现实世界进行建模，将虚拟世界融合在现实世界并进行互动的技术。增强现实技术目前已成为一种新型的、实用的信息集成和交互技术。

7.2.4 多模态交互技术

在媒体交互过程中，为了向用户提供交互的多种选择方式，以支持自然的用户选择，还可将不同交互手段有机组合形成互补型、重复型、等价型等多模态交互模式。例如，用户可在虚拟环境中用手势来导航，与此同时，也可使用语音命令在该环境中询问关于对象的问题。这就属于并发型，即两个或多个以上的输入模态，在同一时间发出不同的命令。

7.2.5 智能媒体交互技术应用

智能媒体交互技术目前已经获得广泛应用，下面举例说明。

在军事领域，现代战争正由机械化向信息化、智能化转变，数字化战场逐渐形成。士兵作为单兵系统的载体，其与计算机的智能结合是通过人机交互作用实现的，智能媒体交互技术在该领域发挥着越来越重要的作用。例如，美军组织研发的集成视觉增强系统 IVAS 就是一个典型的智能单兵终端，从人 - 机 - 环境整体考虑、统筹规划与设计，将单兵转换为整个作战系统的一个智能化武器平台。

IVAS 的组成包括：微软 HoloLens AR 眼镜（HUD）、单兵计算单元（Puck）、电池组（CWB）、班组无线电（SRRISUR）、班沉浸式虚拟训练器（SiVT）、战术云包（TCP）、云服务（TCCS）、适应性小队构架（ASA）、士兵绩效评估系统（SPES）等。其功能包括：80 度 ×40 度大视场；与枪械同步的智能十字线瞄准；战斗数据的平视显示，如关于目标、友军单位和威胁的指针说明；实时下载来自无人机、直升机、地面车辆和其他传感器的视频及其他数据；显示器可以呈现模拟的敌人和武器火力，并将其叠加到真实地形；智能实时上传相关数据，从而帮助识别和报告优先目标等。

在医学医疗领域，将智能媒体交互技术特别是虚拟现实和增强现实技术，应用于教学演示、模拟练习、远程医疗等场景，可以极大提高学习和工作效率、降低操作风险和成本。比如，学生可以分别从皮肤上取下每一层皮肤，也包括从表层皮肤到最深层的骨骼。虚拟现实界面可以让他们更好地理解肌肉、器官、神经和血管之间的相互作用。此外，想象这样一个场景，在救援行动中，将伤者情况用 VR 眼镜实时分享给各位专家，就相当于有一个专家团驻扎在手术第一线，可以为伤者救治争取宝贵时间。

在游戏或严肃游戏中，与传统的按键控制相比，智能交互模式可采用肢体动作来直接完成自然交互，提供更加真实、多维度的感官体验，提高游戏和训练的趣味性、参与性，在轻松娱乐的同时考虑参与者的身心健康，而且能够起到加强人类感觉和动作通道的作用。

此外，人们在生活、出行中也越来越多地使用智能设备，媒体交互便捷性、高效性、智能决策水平等都在快速提高。抛弃开关按钮通过语音控制各种智能家居设备；依靠人脸识别、步态识别等技术在公共场所实现无感快捷身份验证；在川流不息的都市尽享智能驾驶的乐趣。这些场景都已经或者即将成为现实。智能媒体交互技术有着广阔的应用前景，感兴趣的读者可以关注相关领域的研究进展。

7.3　习题

1. **判断题**

（1）目前视频分类方法大多致力于设计手工特征对视频进行表示。（　　）

（2）虚拟现实技术是一种实时地计算摄影机位置及姿态，对真实世界进行建模，将虚拟世界融合在现实世界并进行互动的技术。（　　）

2. **单选题**

（1）智能媒体语义理解面临的两大科学问题是（　　）

A. 数据冗余和异构鸿沟　　B. 语义鸿沟和数据安全

C. 语义鸿沟和异构鸿沟　　D. 数据稀疏和语义歧义

（2）目标检测中，YOLO 网络属于哪类模型？（　　）

A. 单阶段目标检测模型　　B. 两阶段目标检测模型

C. 无监督学习模型　　D. 跨媒体检索模型

（3）常用的动作数据采集设备不包括？（　　）

A. RGB 相机　　B. RGB－D 相机　　C. 数据手套　　D. 近红外 LED

（4）以下不属于显示设备的是（　　）

A. VR 眼镜　　B. 液晶屏　　C. 手持扫描仪　　D. 投影仪

3. **多选题**

（1）以下任务中涉及跨媒体协同处理的任务包括（　　）

A. 图像检索　　B. 视频分类　　C. 视觉问答　　D. 跨媒体检索

（2）智能媒体语义理解涉及的领域知识包括（　　）

A. 计算机视觉　　B. 人工智能　　C. 机器学习　　D. 模式识别

（3）智能媒体语义理解面临的科学问题包括（　　）

A. 语义鸿沟　　B. 智能鸿沟　　C. 建模鸿沟　　D. 异构鸿沟

（4）智能媒体处理中语音合成技术需综合考虑以下哪些因素？（　　）

A. 语音自然度　　B. 语音表现力

C. 技术复杂度　　D. 多语种语音

（5）当今智能媒体时代，动作交互技术可以基于下列哪些硬件设备采集动作数据？（　　）

A. 穿戴传感设备　　B. 深度立体相机

C. 传统 RGB 相机　　D. 液晶显示器

习题答案

第 1 章　多媒体技术概述

1. 判断题

（1）×　（2）✓　（3）×　（4）×

2. 单选题

（1）D　（2）B

3. 多选题

（1）ABD　（2）ABCD

第 2 章　图像基础与图像处理

1. 判断题

（1）×　（2）✓　（3）✓　（4）✓　（5）✓　（6）✓
（7）✓　（8）✓　（9）✓　（10）×　（11）✓　（12）×
（13）✓　（14）×　（15）✓　（16）✓

2. 单选题

（1）B　（2）D　（3）B　（4）A　（5）C　（6）A　（7）C
（8）B　（9）C　（10）E　（11）A　（12）D　（13）D
（14）D

3. 多选题

（1）BD　（2）ABC　（3）CD　（4）ABCD　（5）ABCD
（6）ABC　（7）ABCD　（8）ABCD　（9）ABC　（10）ABCD
（11）ABCD

第 3 章　音频基础与音频处理

1. 判断题

（1）✓　（2）✓　（3）✓　（4）✓　（5）✓
（6）✓　（7）×

2. 单选题

（1）A （2）A （3）B （4）A （5）C （6）A （7）C
（8）A

3. 多选题

（1）ACD （2）BC （3）ABCD （4）ACD （5）ACD
（6）ABCD （7）AD （8）ABCD （9）ABCD （10）ABCD
（11）ABC

第 4 章 视频基础与视频处理

1. 判断题

（1）× （2）× （3）× （4）✓ （5）× （6）✓
（7）× （8）✓ （9）× （10）✓ （11）✓ （12）×
（13）✓ （14）✓

2. 单选题

（1）A （2）B （3）D （4）C （5）B （6）A （7）A
（8）D （9）C

3. 多选题

（1）ABC （2）ABC （3）AC （4）ABCD （5）ABCD
（6）ABCD （7）ABCD （8）ABCD （9）ABC （10）ABCD
（11）ABC （12）ABC （13）ABCD （14）AB

第 5 章 计算机动画技术

1. 判断题

（1）✓ （2）× （3）✓ （4）× （5）× （6）×
（7）×

2. 单选题

（1）A （2）D （3）D （4）B （5）A

3. 多选题

（1）ABCD （2）ABCD （3）ABC （4）ABC

第 6 章 虚拟现实技术

1. 判断题

（1）× （2）× （3）✓ （4）×

2. 单选题

（1）A （2）A （3）C （4）B （5）A

3. 多选题

（1） AB （2） ABCD （3） BCD （4） ABCD （5） AB

（6） BCD （7） ABC （8） ABCD （9） AB

第 7 章 智能媒体处理技术

1. 判断题

（1） × （2） ×

2. 单选题

（1） C （2） A （3） D （4） C

3. 多选题

（1） CD （2） ABCD （3） AD （4） ABCD （5） ABC

参考文献

[1] 钟忺. 视频图像语义分析及检索方法[M]. 北京：科学出版社，2017.

[2] 黄凯奇，陈晓棠. 赵鑫，视频处理与分析[M]. 北京：科学出版社，2024.

[3] 宋丽梅，王红一. 智能图像处理与分析识别[M]. 北京：机械工业出版社，2023.

[4] 胡晓峰，吴玲达，老松杨，等. 多媒体技术教程(第四版)[M]. 北京：人民邮电出版社，2015.

[5] 吕云，王海泉，孙伟. 虚拟现实——理论，技术，开发与应用[M]. 北京：清华大学出版社，2019.

[6] 鲍劲松，武殿梁. 虚拟现实与增强现实[M]. 北京：清华大学出版社，2023.

[7] 俞锫. 数字音频编辑[M]. 北京：中国传媒大学出版社，2009.

[8] MAGNENAT-THALMANN N, THALMANN D, MAGNENAT-THALMANN N, et al. Computer animation[M]. Tokyo: Springer Japan, 1985.

[9] SZELISKI R. Computer Vision: Algorithms and Applications[M]. Berlin: Springer, 2022.

[10] CHAVEZ C. Adobe Photoshop Classroom in a Book 2024 Release[M]. San Jose: Adobe Press, 2023.

[11] HARTLEY R, ZISSERMAN A. Multiple View Geometry in Computer Vision[M]. Cambridge: Cambridge University Press, 2004.

[12] OHM J, Multimedia Content Analysis[M]. Berlin: Springer, 2016.

[13] RICHARDSON I E G. H.264 and MPEG-4 video compression: video coding for next-generation multimedia[M]. Hoboken: Wiley, 2004.

[14] 彭宇新，綦金玮，黄鑫. 多媒体内容理解的研究现状与展望[J]. 计算机研究与发展，2019，56(1)：183－208.

[15] FLICKNER M, SAWHNEY H, NIBLACK W, et al. Query by image and

video content: the QBIC system[J]. Computer, 1995, 28(9): 23 -32.

[16] CHRIS S W, ERIC W, GRIMSON E L. Learning patterns of activity using real-time tracking[J]. Trans on Pami, 2000, 22(8): 747 -757.

[17] ZHAO W, CHELLAPPA R, PHILLIPS P J, et al. Face recognition: A literature survey[J]. Acm Computing Surveys, 2003, 35(4): 399 -458.

[18] HU W, XIE N, LI L, et al. A Survey on Visual Content-Based Video Indexing and Retrieval [J]. IEEE Transactions on Systems, Man, and Cybernetics, Part C (Applications and Reviews), 2011, 41(6): 797-819.

[19] DENG J, DONG W, SOCHER R, et al. ImageNet: A large-scale hierarchical image database[C]. 2009 IEEE Conference on Computer Vision and Pattern Recognition, Miami, FL, USA, 2009: 248 -255.

[20] LIU H, LU H, XUE X. A segmentation and graph-based video sequence matching method for video copy detection [J]. IEEE transactions on knowledge and data engineering. 2013, 25 (8): 1706 - 1718.

[21] YAN C, ZHANG Y, XU J, et al. Efficient parallel framework for HEVC motion estimation on many-core processors [J]. IEEE Transactions on Circuits and Systems for Video Technology. 2014, 24 (12): 2077 - 2089.

[22] PERAZZI F, PONT-TUSET J, MCWILLIAMS B, et al. A Benchmark Dataset and Evaluation Methodology for Video Object Segmentation [C]. 2016 IEEE Conference on Computer Vision and Pattern Recognition (CVPR), Las Vegas, NV, USA, 2016, pp. 724 -732.

[23] ZHANG K, CHAO W L, SHA F, et al. Video Summarization with Long Short-term Memory[J]. Springer International Publishing, 2016. DOI: 10. 1007/978 -3 -319 -46478 -7_47. S.

[24] KASHID L K, BERWAL A K, SAINI P. Spatiotemporal Feature Fusion for Video Summarization [J]. IEEE MultiMedia, 31 (3): 88 - 97, July-Sept. 2024.

[25] ZHENG C, WU W, CHEN C, et al. Deep learning-based human pose estimation: A survey[J]. ACM Computing Surveys, 2023, 56(1): 1 -37.

[26] GONG Y, LIU A H, ROUDITCHENKO A, et al. Uavm: Towards unifying audio and visual models[J]. IEEE Signal Processing Letters, 2022, 29: 2437 -2441.

[27] PENG Y X, ZHU W W, ZHAO Y, et al. Cross-media analysis and

reasoning: advances and directions[J]. Frontiers of Information Technology and Electronic Engineering, 2017, 18(1): 44-57.

[28] DUAN Y P, DU Q Y, FANG X, et al. Multimedia Semantic Communications: Representation, Encoding and Transmission [J]. IEEE Network: The Magazine of Computer Communications, 2023, 37(1): 44-50.

[29] XIAO T, XU Y, YANG K, et al. The application of two-level attention models in deep convolutional neural network for fine-grained image classification[C]//2015 IEEE Conference on Computer Vision and Pattern Recognition (CVPR). IEEE, 2015: 842-850.

[30] ZHAN T, YIN K, XIONG J, et al. Augmented reality and virtual reality displays: perspectives and challenges[J]. Iscience, 2020, 23(8): 101.

[31] XIONG J, HSIANG E L, HE Z, et al. Augmented reality and virtual reality displays: emerging technologies and future perspectives[J]. Light: Science & Applications, 2021, 10(1): 216.

[32] JAMES D L, TWIGG C D. Skinning mesh animations[J]. ACM Transactions on Graphics (TOG), 2005, 24(3): 399-407.

[33] PENG X B, ABBEEL P, LEVINE S, et al. Deepmimic: Example-guided deep reinforcement learning of physics-based character skills [J]. ACM Transactions On Graphics (TOG), 2018, 37(4): 1-14.

图 2－6(c)　索引 256 色图像

图 2－6(d)　真彩色图像

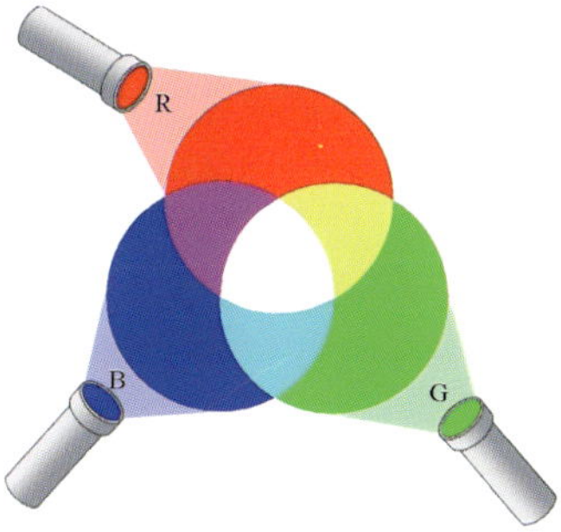

图 2－7　RGB 色彩模式

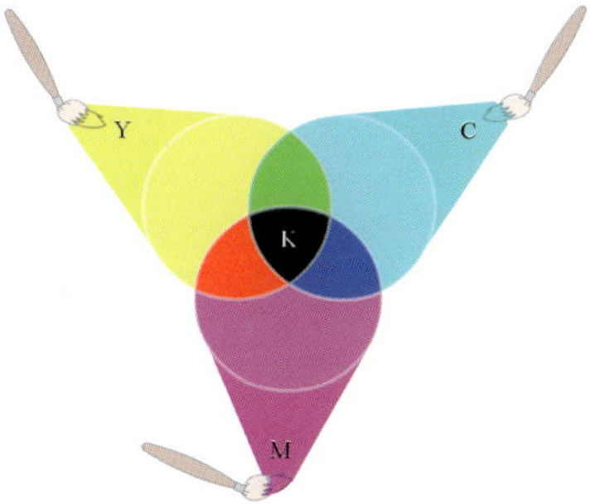

图 2－8　CMYK 色彩模式

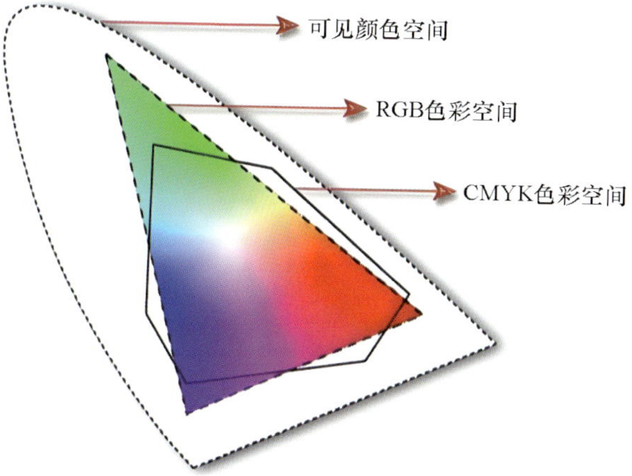

图 2－9　不同的色彩空间

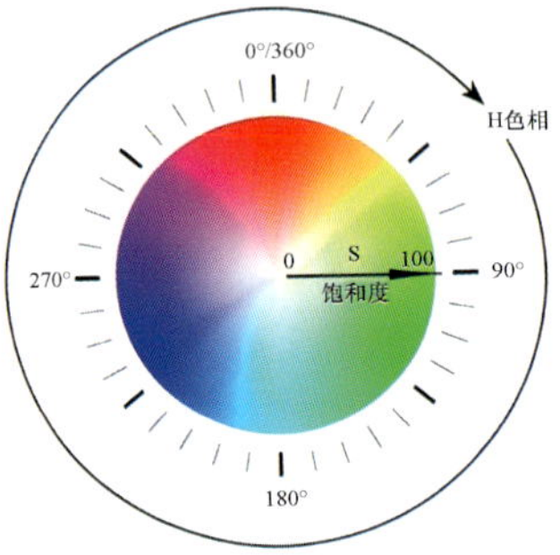

图 2－10　色相和饱和度

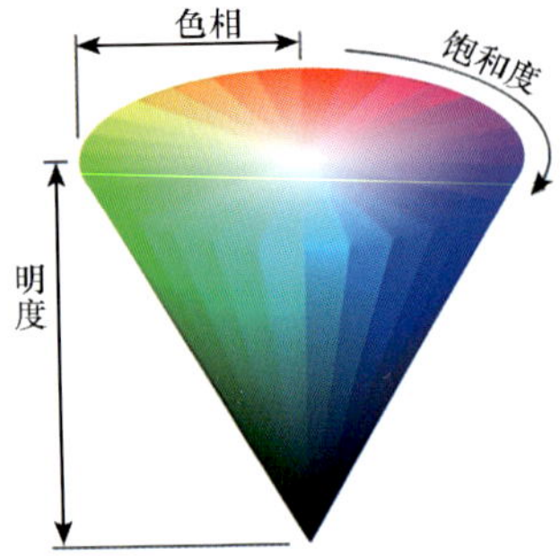

图 2－11　HSB 色彩空间

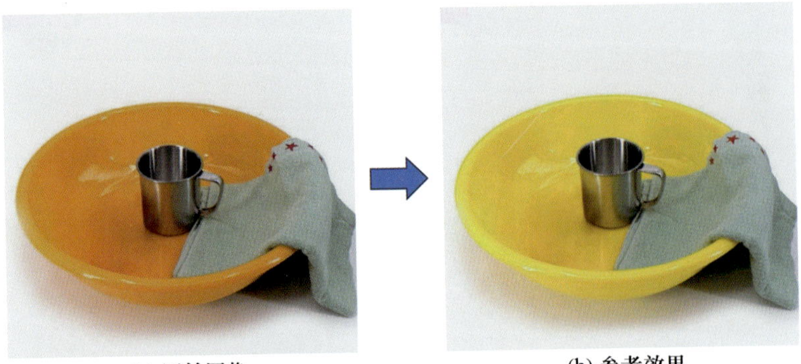

(a) 原始图像　　(b) 参考效果

图 2－51　色偏校正案例

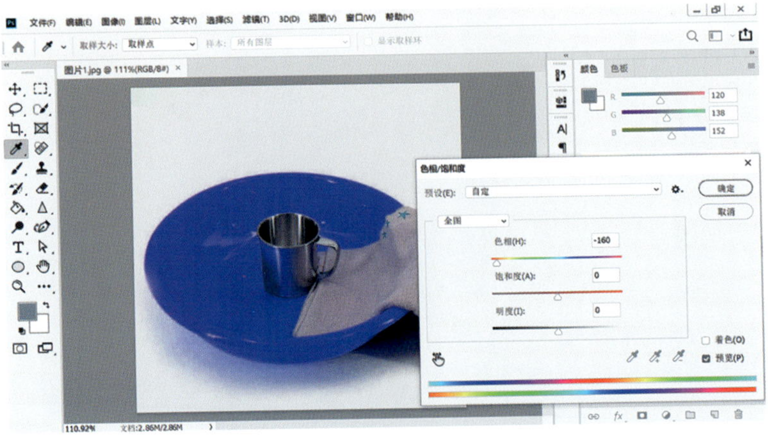

图 2－52　色相/饱和度调整

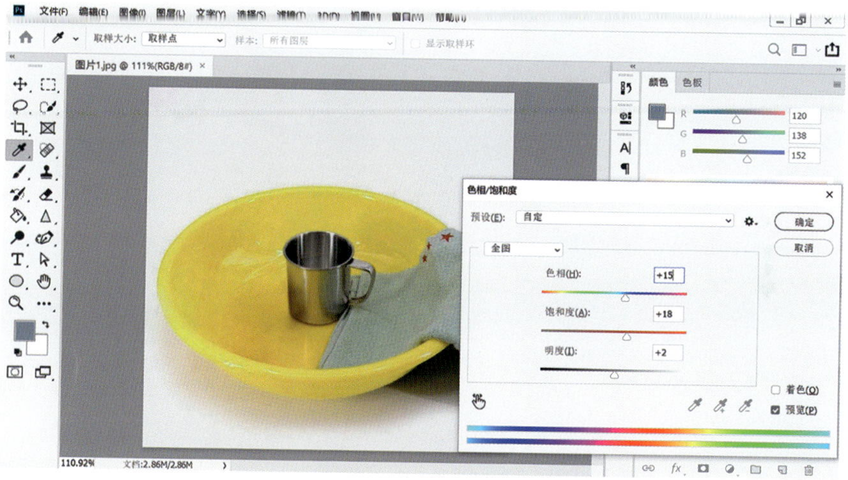

图 2－53　色偏校正案例色相/饱和度调整

图 2－144　海报背景参考效果

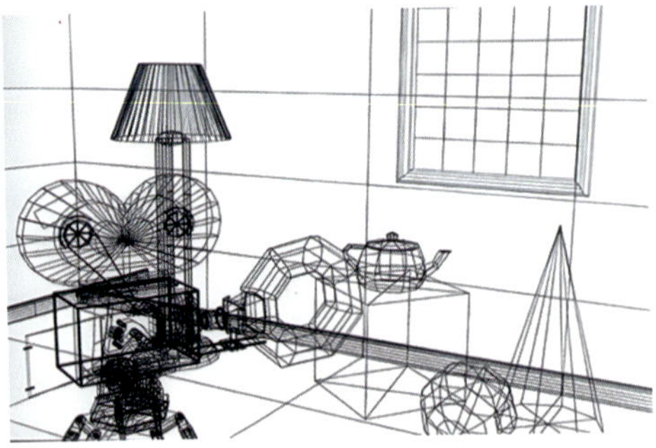

(a) 几何模型

(b) 填充颜色

(c) 简单光照模型（漫反射+镜面反射）

(d) 多光源+纹理映射（图像纹理+凹凸映射+反射纹理）

图 5－17　几何模型的真实感绘制

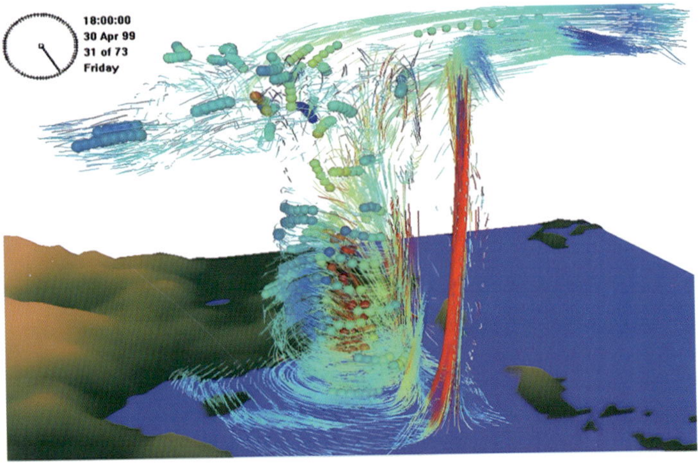

图 6－3　龙卷风数值仿真结果的三维显示